分析化学实验技能

FENXI HUAXUE SHIYAN JINENG

顾佳丽　主　编
赵　刚　蔡艳荣　副主编

U0234755

化学工业出版社
·北京·

全书分为化学分析和仪器分析两个部分，共8章。主要介绍了化学分析实验基本知识、化学分析实验基本技术、化学分析基础实验、分析化学综合设计实验、仪器分析实验基础知识、仪器分析实验基本技术、仪器分析基础实验、仪器分析综合设计实验等内容，共63个实验。每一个实验内容均包括精讲、互动、练习三个教学环节，以及思考题、练习题、相关材料等相关学习资源。

本教材可作为高等院校化学、化工、环境、食品及其相关专业本科生的实验教材，也可作为相关专业科研工作者和技术人员的参考用书。

图书在版编目（CIP）数据

分析化学实验技能/顾佳丽主编. —北京：化学工业出版社，2018.7（2025.2重印）
ISBN 978-7-122-32046-9

Ⅰ.①分… Ⅱ.①顾… Ⅲ.①分析化学-化学实验 Ⅳ.①O652.1

中国版本图书馆CIP数据核字（2018）第082541号

责任编辑：曾照华　　文字编辑：李　玥
责任校对：宋　玮　　装帧设计：刘丽华

出版发行：化学工业出版社（北京市东城区青年湖南街13号　邮政编码100011）
印　　装：北京科印技术咨询服务有限公司数码印刷分部
787mm×1092mm　1/16　印张13½　字数328千字　2025年2月北京第1版第3次印刷

购书咨询：010-64518888　　售后服务：010-64518899
网　　址：http://www.cip.com.cn
凡购买本书，如有缺损质量问题，本社销售中心负责调换。

定　　价：42.00元

前言

FOREWORD

分析化学是化学、化工、生物、环境、医药、食品、材料、农业等专业的基础课程之一，分析化学实验是分析化学教学中的重要环节，在培养方案中与理论课具有同等重要的地位。通过分析化学实验课程的学习，可以提高学生的综合能力和科学素养，是理论课所不能替代的。

本书根据《分析化学》教学大纲要求，结合多年的实验教学经验编写而成。适用于高等院校化学、化工、环境、食品及其相关专业学生使用。本书旨在加强学生对分析化学的基础知识、基本操作和基本技能的掌握，学会常用分析仪器的操作方法以及现代分析技术，加深对分析化学知识的理解和应用，树立准确的“量”的概念，培养学生的自主学习能力、独立思考能力、动手实践能力和创新能力，同时也为后续专业课程的学习以及将来从事相关工作奠定理论和技能基础。

本书在编写过程中，力求体现以下特色。

1. 教材内容上突出基础性和实用性。本书紧紧围绕基础知识和仪器操作两部分内容选材。全书突出实验操作的规范性以及分析方法的实用性，全面强化动手能力及创新能力培养。本书既可以作为理论课配套教材，也可以作为独立实验课教材。

2. 仪器选择上突出典型性和代表性。本书选择应用广泛的紫外-可见分光光度计、红外分光光度计、原子吸收分光光度计、电化学分析仪器、气相色谱仪和高效液相色谱仪作为介绍对象，在充分考虑不同高校实验室条件下，仪器介绍既分为经典的低中档仪器和新型高档仪器，又分为代表性的国产仪器和部分国外仪器。

3. 实验题目的设置上突出综合性和设计性。以专业需求为导向，以岗位胜任力为标准，精选50个实验项目，其中定量分析实验14个，仪器分析实验16个，综合实验20个。此外还增设设计实验案例13个。通过综合实验和设计实验，培养学生查阅文献、归纳整理、实验设计、数据处理、分析总结的能力。

4. 实验课程的训练上突出学生的主体性和能动性。每个实验题目后均附若干思考题，教师在精讲实验原理和基本操作的基础上，重点启发学生思考如何解决实验问题，不仅可以提高实验课效率，还可以充分发挥学生的主动性和积极性。

参与本书编写和整理工作的有渤海大学陈宏、蔡艳荣、刘国成、周颖、朱烈，渤海大学包德才副院长在百忙中对本书进行了审阅并提出宝贵意见，本书还借鉴了大量同行书籍和相关国家标准，在此一并表示感谢。

限于编者水平和经验，书中难免存在不足，恳请专家和读者批评指正。

编者

2018 年 1 月

目录
CONTENTS

第一部分　分析化学实验

第二部分　仪器分析实验

第一部分

分析化学实验

第一章 分析化学实验基础知识

第一节　分析化学实验基本要求

一、分析化学实验目的

分析化学实验与分析化学理论课密切结合，是化学及其相关专业学生的基础课程之一。通过本课程的学习，可以掌握分析化学的基本概念、基础知识、基本操作、基本技能、典型的分析方法和实验数据处理方法；确立“量”的概念，掌握影响分析结果的主要因素，合理地选择实验条件和实验仪器，正确处理实验数据，以确保实验结果的可靠性；培养学生良好的实验习惯、实事求是的科学态度、严谨细致的科学作风；培养学生良好的环保和公德意识；通过自拟方案实验，培养学生分析归纳的能力、动手能力、理论联系实际的能力、统筹思维能力、团结协作精神、创新精神和独立工作能力。为后续课程的学习和将来从事化学教学及科研工作打下良好的基础。

二、分析化学实验目标

1. 知识目标

(1) 掌握常用玻璃仪器（如滴定管、容量瓶、移液管等）的规范操作；

(2) 掌握滴定分析法和重量分析法的基本原理、基本操作和应用；

(3) 掌握实验数据的记录及处理方法，并正确评价实验结果；

(4) 确立“量”的概念，掌握影响分析结果的主要因素。

2. 训练目标

(1) 能够正确使用滴定管、容量瓶和移液管等常用分析仪器；

(2) 能够正确选择实验条件和实验仪器；

(3) 能够正确记录和处理实验数据，并准确表述实验结果；

(4) 能够通过查阅相关资料和文献，独立设计实验方案；

(5) 能够综合应用所学理论知识和实验方法，解决实际问题。

3. 能力目标

(1) 具备查找和阅读文献的能力；

(2) 具备规范使用常用分析仪器的能力；

(3) 具备良好的实验习惯、实事求是的科学态度、严谨细致的科学作风；

(4) 具备良好的环保意识和公德意识；

（5）具备独立设计实验方案、归纳整理实验数据、正确表达和评价实验结果的能力；

（6）具备一定的动手能力和解决实际问题的能力；

（7）具有良好的团队合作精神与竞争意识。

三、实验课学生守则

（1）实验前认真预习并做好预习报告，经教师检查通过后开始实验。进入实验室后先整理个人实验台，清点、清洗各种玻璃仪器，若发现有仪器破损、短缺应及时报告。

（2）实验课不允许迟到、早退，随意与其他学生对调实验；有事、有病须本人与任课教师请假，无故缺席两次者实验成绩不及格。

（3）听从教师指导，严格按照实验规程及仪器使用说明进行操作；实验时精神集中，认真操作，仔细观察实验现象，积极思考，详细如实地做好记录；忌在实验室喧哗、打闹；实验过程中如果实验结果达不到要求，要认真检查原因，必要时实验要重做。

（4）按规定的量取用药品，注意节约使用试剂。取用试剂时，应注意滴管、移液管等不可混用，以免沾污药品和试剂。称取药品后，及时盖好原瓶盖，放在指定地方的药品不得擅自拿走。绝对不允许用手直接接触任何药品。

（5）使用精密仪器时，必须严格按照操作规程进行操作，细心谨慎，避免因粗枝大叶而损坏仪器。严格遵守实验室安全守则和仪器操作安全注意事项；爱护仪器，规范操作；实验过程中出现异常情况或遇到问题时不要惊慌，及时告知老师，注意实验安全。

（6）实验过程中保持实验室、实验台和实验仪器设备的清洁和整齐；废纸、火柴梗和碎玻璃等应倒入垃圾箱内，切勿倒入水槽，以免堵塞水槽；剧毒或腐蚀性废液应倒入指定的废液缸后统一处理，产生有毒气体的实验应在通风橱中进行。

（7）爱护公物。节约使用水、电、煤气和药品试剂，公用仪器及药品等应就地使用，用毕立即送回原处。如有仪器破损，应及时报告登记后领取，并按规定赔偿。

（8）实验完毕后，清洗所用仪器，整理实验台，擦净台面，经老师检查后方可离开。值日生打扫教室地面、水槽、共用实验台、黑板等，严格检查水、电、煤气及门、窗是否关闭，以确保实验室的整洁和安全。

四、分析化学实验学习方法

1. 课前预习

了解与实验有关的理论知识，明确实验目的、要求和原理，预习实验内容、实验步骤、仪器使用方法和实验过程中的注意事项，书写预习报告（包括实验数据记录表格、实验操作提纲等）。

2. 实验数据记录要求

及时、清晰、真实、准确地记录实验数据；专用数据记录本，不能随意抄袭、篡改和撕毁记录；按照有效数字的要求规范记录和整理实验数据。

3. 实验结束后及时书写和提交实验报告

实验报告要求字迹整齐、内容完整、条理清晰、图表规范、步骤详略得当、实验数据正确、实验结论合理、实验讨论深入。具体内容应包括以下方面。

（1）实验名称、实验日期、实验地点、实验者姓名等；

（2）实验目的和要求；

(3) 实验原理：简要介绍实验基本理论、化学反应方程式、反应的条件、影响因素、试样的处理、定性定量分析的依据、实验装置图、方法的应用范围等内容；

(4) 实验仪器与试剂：注明试剂浓度、仪器型号；

(5) 实验步骤：记录实验实际操作过程，可用表格、图表、方框图、流程图等形式描述，要求直接明了、详略得当、条理清晰；

(6) 实验数据记录与处理：采用表格或谱图形式记录实验数据，同时附上简要的文字说明；通过计算、作图、查表等形式正确处理和分析数据并得出实验结果，计算实验偏差或误差；

(7) 实验讨论：可以是对实验中出现的异常现象、实验中存在的问题、实验中的影响因素等的分析讨论，也可以是实验的收获、经验教训和改进等。

第二节 分析化学实验常识

一、分析化学实验室规则

化学实验室是教学实验和科学研究的场所。凡进入实验室的一切人员，必须遵守实验室的各项规章制度，消除事故隐患，具体要求如下。

(1) 学生进入实验室后，不准大声喧哗，不得乱抛纸屑、杂物等。

(2) 学生实验前要认真预习实验内容，了解实验目的及所要使用仪器的操作要求，写出实验预习报告。进入实验室后，要检查实验桌上的各种仪器物品是否与实验要求相符，如有不符立即报告任课教师，不允许自行取用其他实验桌上的仪器物品。根据实验要求，检查仪器的完好情况，如有异常，及时报告老师。

(3) 要爱护仪器，在了解仪器的性能及使用方法后方能进行实验，实验时严格按照操作过程进行，未经教师许可，不准擅自动手。

(4) 爱护实验仪器设备，做到经常检查、维护和保养，使仪器设备处于良好状态。在使用仪器过程中，如因违反操作规定或不爱护公物等而造成仪器、工具等损坏、丢失的，视情节赔偿。

(5) 实验完毕后，清理并整理仪器，如有损坏和缺少应报告任课教师，等教师允许后方可离开。

(6) 实验室所有仪器设备都不得带出实验室，非实验人员不得进入实验室。

(7) 对精密、贵重仪器和大型设备，应建立技术档案和使用记录，并由经过专门培训的指定人员负责。

(8) 实验室内必须严格执行实验室安全制度，落实防火、防盗、防事故措施，发现不安全因素要及时处理，防患于未然，确保人员和财产安全。

(9) 任何人在进行实验时不得抽烟、喝水和吃东西。

(10) 保持实验室内卫生，努力创造良好的实验室环境。

(11) 实验室的上下水道、电源、消防器材等必须经常保持通畅和完好，以便随时使用。

(12) 实验完毕离开实验室前必须做好清洁卫生工作，同时检查关闭电源和水源。

(13) 实验中如发生中毒、失火、爆炸等意外事故，不要惊慌，应按照安全规则及时处理，事后要检查原因并记入事故登记簿。严重的要及时上报。

二、分析化学实验室安全守则

（1）加强安全教育，提高广大师生的安全意识和自我保护意识。学生实验必须在教师指导下进行操作，严格遵守操作规程。

（2）实验室供电线路的布设，必须考虑电源线路负载程度，安装电器设备要做到电流、电压与用电器的标称值相匹配。

（3）安全使用水、电。离开实验室时，应仔细检查水、电、气、门窗是否关好。使用热水器、电炉等电热器时，不可直接放在可燃物上。

（4）禁止将食物和饮料带进实验室，严禁在实验室内用煤气、电炉烹调食物、做饭菜及取暖等。实验中注意不用手摸脸、眼等部位。一切化学药品严禁入口，实验完毕后必须洗手。

（5）易燃、易爆、剧毒药品应严格按规定存放。当大量酒精、汽油撒落在地面上时，要立即打开窗户通风，严禁室内明火。万一发生火灾，要保持镇静，立即切断电源或燃气源，并采取针对性的灭火措施。一般小火用湿布、防火布或沙子覆盖燃烧物灭火。不溶于水的有机溶剂以及能与水起反应的物质如金属钠，一旦着火，绝不能用水浇，应用沙土压或用二氧化碳灭火器灭火。如电器起火，不可用水冲，应当用四氯化碳灭火器灭火。情况紧急时应立即报警。

（6）使用气体钢瓶时要严禁将氢气和氧气放在一起使用，并严格避免氟、氯等危险品。使用高压气体钢瓶（如氢气、乙炔）时，要严格按照操作规程操作，钢瓶应存放在远离明火、通风良好的地方。钢瓶在更换前应保持一部分压力。

（7）实验室烘箱不能开过夜，冰箱内不得存放易爆物品，对存放有机溶剂的冰箱，要经常打开冰箱门让气体挥发，防止易燃气体浓度凝聚引起爆炸。

（8）实验室要做好通风排气工作。有强刺激或有毒烟雾的实验必须在通风橱内进行。

（9）使用各种仪器时，要在教师讲解或自己仔细阅读并理解操作规程后，方可动手操作。

（10）备好急救药品箱，配全实验室一般伤害处理药品，实验教师要学习和掌握实验室伤害救护常识，做好急救工作。如发生烫伤和割伤应及时处理，严重者应立即送医院治疗。

（11）使用浓酸、浓碱以及其他腐蚀性试剂时，切勿溅在皮肤和衣物上。涉及浓硝酸、盐酸、硫酸、高氯酸、氨水等的操作，均应在通风橱内进行。夏天开启浓氨水、盐酸时一定先用自来水将其冲冷却，再打开瓶盖。使用汞、汞盐、砷化物、氰化物等剧毒品时，要实行登记制度，取用时要特别小心，切勿泼洒在实验台面和地面上，禁止往水槽内倒入杂物和强酸、强碱及有毒的有机溶剂，用过的废物、废液切不可乱扔，应分别回收，集中处理。实验中的其他废物、废液也要按照环保的要求妥善处理。接触过有毒药品的手，应及时清洗干净。

（12）使用易燃的有机溶剂（如乙醚、乙醇、三氯甲烷、丙酮、苯等）时，必须远离火焰和热源，使用完毕立即盖紧瓶盖，于阴凉通风处保存。用过的试剂回收，低沸点的有机溶剂不能直接在明火或电炉上加热，应在水浴中加热。

（13）定期检查、更新实验室的消防器材，保证其完好。

三、常见意外事故的紧急处理

（1）创伤：伤处勿用手抚摸和用水洗涤，若创伤处有异物，应先从伤处取出。轻伤可涂以紫药水（或红汞、碘酒），必要时撒些消炎粉或敷些消炎膏，用绷带包扎。

(2) 烫伤：勿用冷水洗涤伤处。伤处皮肤未破时，可涂擦饱和碳酸氢钠溶液或用碳酸氢钠粉调成糊状敷于伤处，也可抹獾油或烫伤膏；如果伤处皮肤已破，可涂些紫药水或高锰酸钾溶液，再用烫伤膏，如氧化锌烫伤膏、万花油等。

(3) 受酸（或碱）伤：先用大量水冲洗，再用饱和碳酸氢钠溶液（或用乙酸溶液）洗，最后再用水冲洗。如果酸（或碱）液溅入眼中，用大量蒸馏水（或3%硼酸溶液）冲洗后，送医院诊治。

(4) 吸入刺激性或有毒气体：吸入氯气、氯化氢气体时，可吸入少量酒精和乙醚的混合蒸气使之解毒。吸入硫化氢或一氧化碳气体而感到不适时，应立即到室外呼吸新鲜空气。但应注意氯气、溴中毒不可进行人工呼吸，一氧化碳中毒不可施用兴奋剂。若毒物进入口内，将5～10mL稀硫酸铜溶液加入一杯温水中，内服后用手指伸入咽喉部，促使呕吐，吐出毒物，然后立即送医院。

(5) 触电：首先切断电源，在必要时采用人工呼吸等急救措施抢救触电者。

(6) 起火：首先应切断火源，防止蔓延。一般的小火可用湿布、石棉布或沙子等覆盖燃烧物即可灭火，大火则可使用泡沫灭火器。若是活泼金属引起的着火，应用干燥的细沙覆盖。有机溶剂引起的着火，则用沙子、干粉或二氧化碳灭火器灭火。若电器设备所引起的火灾，只能使用二氧化碳或四氯化碳灭火器灭火，不能使用泡沫灭火器，以免触电。

四、化学实验室废弃物的处理

实验室对排出的废气、废渣和废液（也称三废）进行处理，把用过的酸类、碱类、盐类等各种废液、废渣，分别倒入各自的回收容器中，再根据各类废弃物的特征，采取中和、吸收、燃烧、回收循环利用等方法来进行处理。

1. 实验室的废气

实验室中凡可能产生有害废气的操作都应在通风装置的条件下进行，如加热酸、碱溶液及产生少量有毒气体的实验等应在通风橱中进行。汞的操作室必须有良好的全室通风装置，其抽风口通常在墙的下部。实验室若排放毒性大且较多的气体，可参考工业上废气处理的办法，在排放废气之前，采取吸附、吸收、氧化、分解等方法进行预处理。毒性大的气体可参考工业上废气处理的方法处理后排放。

2. 实验室的废渣

实验室产生的有害固体废渣虽然不多，但决不能将其与生活垃圾混倒。固体废弃物经回收、提取有用物质后，其残渣仍是多种污染物的存在形式，此时方可对它做最后的安全处理。

(1) 化学稳定：对少量高危险性物质（如放射性物质等），可将其通过物理或化学的方法（玻璃、水泥、岩石）固化，再进行深埋处理。

(2) 土地填埋：这是许多国家作为固体废弃物最终处置的主要方法。要求被填埋的废弃物应是惰性物质或经微生物分解成为无害物质。填埋场地应远离水源，场地底土不透水、不能穿入地下水层。

3. 实验室的废液

(1) 废酸液可先用耐酸塑料纱网或玻璃纤维过滤，滤液加碱中和，调pH值至6～8后就可排出，少量滤渣可埋在地下。

（2）废洗液可用高锰酸钾氧化法使其再生后使用。少量的废洗液可加废碱液或石灰石使其生成 $Cr(OH)_3$ 沉淀，将沉淀埋于地下即可。

（3）氰化物是剧毒物质，少量的含氰废液可先加 NaOH 调至 pH>10，再加入几克高锰酸钾使 CN^- 氧化分解。大量的含氰废液可用碱性氯化法处理，即先用碱调至 pH>10，再加入次氯酸钠使 CN^- 氧化成氯酸盐，并进一步分解 CO_2 和 N_2。

（4）含汞盐的废液先调 pH 值至 8～10，然后加入过量的 Na_2S，使其生成 HgS 沉淀，并加入 $FeSO_4$ 与过量的 S^{2-} 生成 FeS 沉淀，吸附 HgS 共沉淀下来。离心分离，清液含汞量降到 $0.02mg \cdot dm^{-3}$ 以下可排放。少量残渣可埋在地下，大量残渣可用焙烧法回收汞，但注意要在通风橱中进行。

（5）金属离子的废物，最有效和最经济的方法是加碱或加 Na_2S 把重金属离子变成难溶性的氢氧化物或硫化物从而沉淀下来，过滤后，残渣可埋在地下。

五、标准物质和标准溶液

（一）标准物质

1. 标准物质的性质

1986 年，我国国家计量局接受了由国际标准化组织提出的并为国际计量局所确认的标准物质的定义。标准物质——已确定其一种或几种特性，用于校准测量器具、评价测量方法或确定材料特性量值的物质。

标准物质是由国家最高计量行政部门颁布的一种计量标准，起到统一全国量值的作用。它具有材质均匀、性质稳定、批量生产、准确定值等特性，并有标准物质证书（其中表明特性量值的标准值及定值的准确度等内容）。此外，某些标准物质的试样还应系列化，以消除待测试样与标准试样两者间因主体成分性质的差异给测定结果带来的系统误差。例如要分析某牌号钢铁试样时，应选择牌号相同而且组成近似的钢铁标准试样配制标准系列。

2. 标准物质的分级

我国的标准物质分为一级、二级两个级别。一级标准物质采用绝对测量法定值，定值的准确度要具有国内最高水平。它主要用于研究和评价标准方法、二级标准物质的定值和高精确度测量仪器的校准。二级标准物质采用准确可靠的方法或直接与一级标准物质比较的方法定值，定值的准确度一般要高于现场（即实际工作）测量准确度的 3～10 倍。二级标准物质主要用于研究和评价现场分析方法及现场标准溶液的定值，是现场实验室的质量保证，二级标准物质又称为工作标准物质，它的产品批量较大，通常分析实验室所用的标准试样都是二级标准物质。

3. 化学试剂中的标准物质

目前我国的化学试剂中只有滴定分析基准试剂和 pH 基准试剂属于标准物质，其产品只有几十种，我国规定第一基准试剂（一级标准物质）的主体含量为 99.98%～100.02%，其值采用准确度最高的精确库仑滴定法测定。工作基准试剂（二级标准物质）的主体含量为 99.95%～100.05%，以第一基准试剂为标准，用称量滴定法（重量滴定法）定值。工作基准试剂是滴定分析实验中常用的计量标准，可是被标定溶液的不确定度在±0.2%以内。

一级 pH 基准试剂（一级标准物质）的 pH（S）的总不确定度为±0.005。它通常只用于 pH 基准试剂的定值和高精度酸度计的校准。

pH 基准试剂（二级标准物质）的 pH（S）的总不确定度为±0.01，用该试剂按规定方法配制的溶液称为 pH 标准缓冲溶液，它主要用于酸度计的标准。

基准试剂仅是种类繁多的标准物质中很小的一部分。分析化学实验室中还经常使用非试剂类的标准物质，例如纯金属、合金、矿物、纯气体或混合气体、药物、标准溶液等。

(二) 标准溶液

标准溶液是已确定其主体物质浓度或其他特性最值的溶液。分析化学中常用的标准溶液主要有三类，即滴定分析用标准溶液、仪器分析用标准溶液和测量溶液 pH 用标准缓冲溶液。

1. 滴定分析用标准溶液

滴定分析标准溶液用于测定试样中的常量组分，其浓度值保留四位有效数字，其不确定度为±0.2%左右。主要有两种配制方法。一是直接法，即用分析天平准确称量一定质量的工作基准试剂或相当纯度的其他标准物质（如纯金属）于小烧杯中，用适量水或其他试剂溶解后，定量转移至容量瓶中，用水稀释至刻度，摇匀。这种配制方法简单，但成本高。不宜大批量使用，而且很多标准溶液无合适的标准物质配制（如 NaOH、HCl、$KMnO_4$ 等）。二是间接配制法（标定法），即最普遍使用的方法，先用分析纯试剂配成接近所需浓度的溶液（用台秤和量筒），然后利用该物质与适当的工作基准试剂或其他标准物质或另一种已知准确浓度的标准溶液的反应来确定其准确浓度。

我国习惯上将滴定分析用的工作基准试剂和某些纯金属这两类标准物质称为基准物质。基准物质具有确定的化学组成、其组成与化学式相符、纯度高（含量>99.9%）、在空气中稳定等特点。

基准物质要预先按规定的方法进行干燥。配制标准溶液要选用符合实验要求的纯水，络合滴定和沉淀滴定对纯水的质量要求较高，一般要求高于三级水的标准，其他标准溶液通常使用三级水。配制 NaOH、$Na_2S_2O_3$ 等标准溶液时，要使用临时煮沸并快速冷却的纯水。配制 $KMnO_4$ 溶液要加热至沸，并保持微沸 1h，放置 2～3d 后用微孔玻璃漏斗过滤，滤液储存于棕色瓶中。

当标定 EDTA 溶液浓度时，可用多种标准物质及指示剂，此时要注意保持标定和测定试样的条件相同或相近，以减免系统误差。

标准溶液应密闭保存，避免阳光直射甚至完全避光，见光易分解的标准溶液用棕色瓶储存。储存的标准溶液，由于水分蒸发，水珠凝于瓶壁，使用前应将溶液摇匀。溶液的标定周期长短，除与溶质本身性质有关外，还与配制方法、保存方法及实验室气氛有关。较稳定的标准溶液的标定周期为 1～2 个月。

当对实验结果的精确度要求不是很高时，可用优级纯或分析纯试剂代替同种的工作基准试剂进行标定。本书定量化学分析实验中的溶液标定，一般以优级纯或分析纯（主体含量同于优级纯）试剂代替工作基准试剂。

2. 仪器分析中的标准溶液

仪器分析种类繁多，不同的仪器分析实验对试剂的要求也不同。配有仪器分析中的标准溶液可能用到专门试剂、高纯试剂、纯金属及其他标准物、优级纯及分析纯试剂等。同种仪器分析方法，当分析对象不同时所用试剂的级别也可能不同。配有仪器分析用标准溶液的纯水应使用二级水。

仪器分析标准溶液的浓度都比较低，除用物质的量浓度表示外，还常用质量浓度 μg·

mL^{-1}或$g·L^{-1}$表示。稀溶液的保质期较短，通常配成比使用的溶液（操作溶液）高1～3个数量级的浓溶液作为储备液，临用前进行稀释。当稀释倍数高时，应采取逐次稀释的方法。为防止溶液在存放过程中，容器对标准溶液的污染和吸附，有些金属离子的标准溶液宜储存于聚乙烯瓶中。

3. pH测量用标准溶液

用酸度计测量溶液的pH时，必须先用pH基准试剂配制的pH标准缓冲溶液对仪器进行校准（定位）。pH标准溶液的浓度用$mol·kg^{-1}$表示，并接近待测溶液的pH。pH标准缓冲溶液的pH是在一定的温度下，经过实验精确测定的。常用pH标准缓冲溶液的配制见表1.1。

表1.1　常用pH标准缓冲溶液的配制

pH值标准溶液	标准物质质量(水中)/$g·L^{-1}$	pH值(25℃)	使用温度/℃
饱和酒石酸氢钾	>7	3.557	25～95
0.05$mol·L^{-1}$邻苯二甲酸氢钾	10.12	4.004	0～95
0.025$mol·L^{-1}$磷酸二氢钾 0.025$mol·L^{-1}$磷酸氢二钠	3.387 3.533	6.863	0～50
0.01$mol·L^{-1}$硼砂	3.80	9.183	0～50
饱和氢氧化钙	72	12.454	0～60

配制pH标准缓冲溶液纯水的电导率应不大于0.02$mS·m^{-1}$，配制碱性溶液所用纯水应预先煮沸15min以上，以除去其中的CO_2。

有的pH基准试剂有袋装产品，使用很方便，直接将袋内的试剂全部溶解并稀释至规定体积即可使用。缓冲溶液一般可保存2～3个月，若发现浑浊、沉淀或发霉，则须重新配制。

（三）一般的溶液配制及保存方法

分析实验室中所用的试剂及溶液的品种繁多。有定性分析用的阴、阳离子试液，大量的酸、碱、盐溶液和有机试剂等等。如何正确地配制和保存这些溶液，是做好实验的基本保证。

1. 配制及保存溶液的原则

（1）配制溶液时，要牢固地树立“量”的概念，要根据溶液浓度的准确度的要求，合理地选择称量用的天平（台秤和分析天平）及量取溶液的量器（量筒或移液管），记录数据应保留几位有效数字，配好的溶液应如何储存。

（2）定性分析用的阴、阳离子试液，一般先配成储备液（100$g·L^{-1}$），将其稀释10倍成练习液（10$g·L^{-1}$）。

（3）易侵蚀或腐蚀玻璃的溶液，如含氟的盐类及苛性碱等应保存在聚乙烯瓶中。

（4）易挥发、易分解的溶液，如$KMnO_4$、I_2、$Na_2S_2O_3$、$AgNO_3$、$NaBiO_3$、$TiCl_3$、溴水、氨水以及CCl_4、$CHCl_3$、丙酮、乙醚、乙醇等有机溶剂应存放在棕色瓶中，密封好放在暗处阴凉地方。

（5）有些易水解的盐类，配制成溶液时，需先加入适量的酸（或碱），再用水或稀酸（或碱）稀释。有些易氧化或易还原的试剂及易分解的试剂，常在使用前临时配制，或采取措施防止氧化或分解。

（6）配好的溶液存放于试剂瓶中，大量地储存于塑料桶内，并立即贴上标签，注明试液名称、浓度及配制日期。

2. 溶液中待测组分含量的表示方法

一般用物质的量浓度（简称浓度）c_B（$mol \cdot L^{-1}$），质量浓度ρ_B（$g \cdot L^{-1}$、$mg \cdot L^{-1}$或$\mu g \cdot mL^{-1}$、$ng \cdot mL^{-1}$）和质量摩尔浓度m_B（$mol \cdot kg^{-1}$）表示。

在分析化学实验中有时还用体积比$\Psi(A:B)=m:n$表示。如1体积浓HCl与3体积水配制成的HCl溶液，可记为$\Psi(HCl:H_2O)=1:3$，因B物质为H_2O，可简写为$\Psi(HCl)=1:3$，一般俗称1∶3HCl。

六、化学试剂

1. 化学试剂规格

化学试剂种类繁多，分类标准不尽相同，常用的化学试剂根据其纯度不同分成不同的规格。我国生产的试剂一般为四种规格（见表1.2）。此外尚有一些特殊规格的试剂，如超纯试剂（光谱纯）、指示剂、生化试剂等。

表 1.2 试剂规格

规格	名称	英文名称	符号	标签	适用范围
一级品	优级纯	guaranteed reagent	G. R.	绿色	基准物质,精密分析
二级品	分析纯	analytical reagent	A. R.	红色	科研及分析鉴定
三级品	化学纯	chemical pure	C. P.	蓝色	一般分析实验
四级品	实验试剂	laboratory reagent	L. R.	棕色	普通实验

2. 化学试剂的取用

在分析工作中所选用试剂的纯度、级别要与所用的分析方法相当，要结合具体的实验情况，根据分析对象的组成、含量，对分析结果准确度要求和分析方法的灵敏度、选择性要合理地选用相应级别的试剂。在满足实验要求的前提下，要注意节约的原则，就低不就高。

化学分析实验通常使用分析纯试剂，仪器分析实验一般使用优级纯、分析纯或专用试剂。

如实验对主体含量要求高，宜选用分析纯试剂；若对杂质含量要求高，则要选用优级纯或专用试剂。

试剂在存放和使用过程中要保持清洁，取用下的瓶盖应倒放在实验台面上，取用后应立即盖好，防止污染和变质。

(1) 液体试剂的取用　从平顶塞试剂瓶中取用试剂时，先取下瓶塞倒放在实验台上，以免沾污。拿试剂瓶时注意让瓶上的标签贴着手心，倒出的试剂应沿试管壁或玻璃棒流入容器，然后缓缓竖起试剂瓶，将瓶塞盖好，并将试剂瓶放回原处。

从滴瓶中取用试剂时，提起滴管，使管口离开液面，用手指捏滴管上部的乳胶帽排除空气，再把滴管伸入试剂瓶中吸取试剂。往试管中滴加试剂时，切勿使滴管伸入试管中，以免污染滴管。滴加完后，应立即将滴管插回原滴瓶内。

(2) 固体试剂的取用　要用清洁、干燥的药勺取用固体试剂（药勺除专用勺外，使用前必须擦拭干净），注意多取的药品不能倒回原瓶，可放在指定位置供他人使用。一般的固体试剂可放在干燥的纸上称量，具有腐蚀性或易潮解的固体应放在表面皿或玻璃容器内称量。固体颗粒较大时，可在清洁干燥的研钵中研碎，有毒药品要在教师指导下取用。往试管中加入固体试剂时，应用药勺或干净的对折纸片装上后伸进试管约 2/3 处。加入块状固体时，应将试管倾斜，使其沿管壁慢慢滑下，以免碰破管底。

取用强碱性试剂后的小勺应立即洗净，以免腐蚀。氧化剂、还原剂必须密闭、避光保存。易挥发的试剂应低温存放，易燃、易爆试剂要储存于避光、阴凉通风的地方，并要有安全措施。剧毒试剂要专门妥善保管。所有试剂瓶上应标签完好。

七、化学实验用水

1. 分析用水级别

纯水是分析化学实验中最常用的纯净溶剂和洗涤剂。根据分析任务和要求的不同，对水纯度的要求也不同。一般分析工作采用蒸馏水或去离子水即可，而对于超纯物质的分析，则要求使用高纯水。分析实验室用水的原水应为饮用水或适当纯度的水。我国将分析实验室用水共分为三个级别：一级水、二级水和三级水。

(1) 一级水：一级水用于有严格要求的分析试验，包括对颗粒有要求的试验。如高效液相色谱分析用水。一级水可用二级水经过石英设备蒸馏或交换混床处理后，再经 0.2μm 微孔滤膜过滤来制取。

(2) 二级水：二级水用于无机痕量分析等试验，如原子吸收光谱分析用水。二级水可用多次蒸馏或离子交换等方法制取。

(3) 三级水：三级水用于一般化学分析试验。三级水可用蒸馏或离子交换等方法制取。

2. 实验用水的规格

分析实验室用水的水质规格见表 1.3。

表 1.3　分析实验室用水的水质规格

名称	一级	二级	三级
pH 值范围(25℃)	—	—	5.0～7.5
电导率(25℃)/$mS \cdot m^{-1}$	≤0.01	≤0.10	≤0.50
可氧化物质含量(以 O 计)/$mg \cdot L^{-1}$	—	≤0.08	≤0.4
吸光度(254nm,1cm 光程)	—	≤0.001	≤0.01
蒸发残渣[(105±2)℃]/$mg \cdot L^{-1}$	—	≤1.0	≤2.0
可溶性硅(以 SiO_2 计)/$mg \cdot L^{-1}$	≤0.01	≤0.02	—

注：1. 由于在一级水、二级水的纯度下，难以测定其真实的 pH 值，因此，对一级水、二级水的 pH 值范围不作规定。

2. 由于在一级水的纯度下，难以测定可氧化物质和蒸发残渣，对其限量不作规定。可用其他条件和制备方法来保证一级水的质量。

3. 实验用水的取样及储存

(1) 容器：各级用水均使用密闭的专用聚乙烯容器。三级水也可使用密闭、专用的玻璃容器。新容器在使用前需用盐酸溶液（质量分数为 20%）浸泡 2～3d，再用待测水反复冲洗，并注满待测水浸泡 6h 以上。

(2) 取样：按本标准进行试验，至少应取 3L 有代表性水样。取样前用待测水反复清洗容器，取样时要避免沾污。水样应注满容器。

(3) 储存：各级水在储存期间，其沾污的主要来源是容器可溶成分的溶解、空气中的二氧化碳和其他杂质。因此，一级水不可储存，使用前制备。二级水、三级水可适量制备，分别储存在预先经同级水清洗过的相应容器中。各级用水在运输过程中应避免沾污。

4. 纯水的制备方法

(1) 蒸馏水：自来水在加热器中加热汽化，水蒸气冷凝即得蒸馏水。蒸馏器的材料有铜、玻璃、石英等，其中石英蒸馏器制备的蒸馏水含杂质最少。该法能除去水中非挥发性杂质，但不能除去易溶于水的气体。

(2) 离子交换法：这是应用离子交换树脂分离水中杂质离子的方法，故制得的水称为去离子水。目前多采用阴、阳离子交换树脂的混合床来制备纯水。该法制备水量大、成本低、去离子能力强，但不能除掉水中非离子型杂质，而且设备及操作较复杂。

(3) 电渗析法：它是在外电场的作用下，利用阴、阳离子交换膜对溶液中的离子选择性透过，使杂质离子自水中分离出来的方法。该法不能除掉非离子型杂质，而且去离子能力不如离子交换法。但再生处理比离子交换柱简单，电渗析器的使用周期也比离子交换柱长。好的电渗析器制备的纯水质量可达到三级水的水平。

三级水是最常用的纯水，可用上述三种方法制取。除用于一般化学分析实验外，还可用于制取二级水、一级水。二级水可用多次蒸馏或离子交换法制取，它主要用于仪器分析实验或无机痕量分析。一级水可用二级水经石英蒸馏器蒸馏或阴、阳离子混合床处理后，再经 0.2μg 微孔滤膜过滤制取。它主要用于超痕量（$w<10^{-6}$）分析及对微粒有要求的实验，如高效液相色谱分析用水。一级水应存放于聚乙烯瓶中，临用前制备。

5. 纯水的检验

纯水的检验有物理方法（测定水的电导率）和化学方法两类。

(1) 电导率：水的电导率越小，表明水中所含杂质离子越少，水的纯度越高。测量一级水、二级水时，电导池常数为 0.01～0.1，进行在线测量；测量三级水时，电导池常数为 0.1～1，用烧杯接取 400mL 水样，立即进行测定。

(2) pH：用酸度计测定纯水的 pH 值通常在 6 左右。

(3) Cu^{2+}、Pb^{2+}、Zn^{2+}、Fe^{3+}、Ca^{2+}、Mg^{2+} 等金属离子：取 25mL 水于小烧杯中，加 1 滴 $2g \cdot L^{-1}$ 铬黑 T，5mL pH=10 的氨性缓冲溶液，若呈蓝色，说明上述离子含量甚微，水合格；若呈红色，则说明水不合格。

(4) 氯化物：取 20mL 水于试管中，用 1 滴 $4mol \cdot L^{-1}$ HNO_3 酸化，加入 1～2 滴 $0.1mol \cdot L^{-1}$ $AgNO_3$，如出现白色乳状物，则水不合格。

(5) 硅酸盐：取 10mL 水于小烧杯中，加入 $4mol \cdot L^{-1}$ HNO_3 5mL，$50g \cdot L^{-1}$ 钼酸铵 5mL，室温下放置 5min 后，加入 $100g \cdot L^{-1}$ Na_2SO_3 5mL，观察是否出现蓝色，如呈蓝色则不合格。

高纯试剂中的杂质含量低于优级纯或基准试剂，其主体含量与优级纯试剂相当，而且规定检测的杂质项目要多于同种的优级纯或基准试剂。它主要用于痕量分析中试样的分解及试液的制备。如测定试样中的超痕量铅，就须用高纯盐酸溶液，因为优级纯盐酸所引入的铅可能比试样中的铅还多。

专用试剂是指具有专门用途的试剂。例如仪器分析专用试剂中的有色谱分析标准试剂、薄层分析试剂、核磁共振分析用试剂、光谱纯试剂等。专用试剂主体含量较高，杂质含量很低。如光谱纯试剂的杂质含量用光谱分析法已测不出或者杂质的含量低于某一限度，它主要用于光谱分析中的标准物质。但光谱纯试剂不能作为化学分析中的基准试剂。

第二章 分析化学实验基本技术

第一节 玻璃仪器的洗涤与干燥

分析化学实验中使用的玻璃器皿应洁净透明，其内、外壁能被水均匀地润湿且不挂水珠。

一、洗涤方法

实验室常用的烧杯、锥形瓶、量筒和离心管等可用毛刷蘸合成洗涤剂刷洗去仪器上附着的尘土、可溶性物质和易脱落的不溶性杂质，用自来水冲净洗涤液至内壁不挂水珠后，再用纯水（蒸馏水或去离子水）淋洗内壁三次。

滴定管、移液管、吸量管和容量瓶等具有精密刻度的玻璃量器，不宜用刷子刷洗，可以用合成洗涤剂浸泡一段时间，再用自来水洗净。若仍不干净，可用铬酸洗液洗涤。洗涤时先尽量将水沥干，再倒入适量铬酸洗液，转动仪器使洗液布满仪器内壁，待与污物充分作用后，将用完的洗液倒回原瓶（切勿倒入水池），再用自来水洗净，最后用纯水润洗三次。

光学玻璃制成的比色皿易被有色物污染，可用热的合成洗涤剂或盐酸-乙醇混合液浸泡内外壁数分钟（时间不宜过长），再用自来水和纯水洗净。

洗涤过程中，注意节约用水，遵循少量多次的原则，每次用水量约为总容量的10%～20%。已经洗净的仪器不能用布或纸擦干，否则布或纸上的纤维将会附着在仪器上。

二、常用的洗涤剂

1. 铬酸洗液

铬酸洗液是含有饱和 $K_2Cr_2O_7$ 的浓硫酸溶液，具有强氧化性，能除去无机物、油污和部分有机物。其配制方法是：称取 10g 工业级 $K_2Cr_2O_7$ 于烧杯中，加入约 20mL 热水溶解后，在不断搅拌下，缓慢加入 200mL 浓 H_2SO_4，溶液呈暗红色，冷却后，转入玻璃瓶中，备用。

使用铬酸洗液时应注意以下几点：

(1) 尽量把仪器内的水倒掉，以免把洗液冲稀；

(2) 洗液用完应倒回原瓶内，可反复使用，不可将其倒入水池；

(3) 铬酸洗液具有强的腐蚀性，会灼伤皮肤、破坏衣物，使用时应特别注意安全，如不慎把洗液洒在皮肤、衣物和桌面上应立即用水冲洗；

(4) 已变成绿色的洗液（重铬酸钾还原为硫酸铬的颜色），表示已经失效，不能继续使用，须重新配制；

(5) 铬（Ⅵ）有毒，清洗残留在仪器上的洗液时，第一、第二遍的洗涤水不要倒入下水道，应回收处理。

2. 合成洗涤剂

主要是洗衣粉、洗洁精等，适用于去除油污和某些有机物。

3. 碱性高锰酸钾洗涤液

用于洗涤油污和某些有机物，其配制方法为：将 4g $KMnO_4$ 溶于少量水中，缓慢加入 100mL $100g\cdot L^{-1}$ 的 NaOH 溶液即可。

4. 酸性草酸和盐酸羟胺洗液

适用于洗涤氧化性物质，其配制方法是：取 10g 草酸或 1g 盐酸羟胺溶于 100mL 1∶1 的 HCl 溶液即可。

5. 盐酸-乙醇溶液

用于洗涤被有色物污染的比色皿、容量瓶和移液管等，将化学纯盐酸和乙醇（1∶2）混合即可。

6. 有机溶剂洗涤液

用于洗去聚合物、油脂及其他有机物，主要是丙酮、乙醚、苯或 NaOH 的饱和乙醇溶液。

三、仪器的干燥

1. 烘干

洗净的玻璃仪器可以放在电热干燥箱（烘箱）内烘干。放进去之前应尽量把水沥干净。放置时应注意使仪器的口朝下（倒置后不稳的仪器则应平放）。可以在电热干燥箱的最下层放一个搪瓷盘，以接收从仪器上滴下的水珠，不使水滴到电炉丝上，以免损坏电炉丝。

2. 烤干

烧杯和蒸发皿可以放在石棉网的电炉上烤干，试管可直接用小火烤干。操作时，先将试管略为倾斜，管口向下，并不时地来回移动试管，水珠消失后再将管口朝上，以便水汽逸出。

3. 晾干

洗净的仪器可倒置在干净的实验柜内或仪器架上，倒置后不稳定的仪器，应平放让其自然干燥。

4. 吹干

用压缩空气或吹风机把仪器吹干。

5. 用有机溶剂干燥

一些带有刻度的计量仪器不能用加热方法干燥，否则会影响仪器的精密度。将少量易挥发的有机溶剂，如酒精或酒精与丙酮的混合液，倒入洗净的仪器中，倾斜并转动仪器，使仪器壁上的水与有机溶剂混合，然后倾出，少量残留在仪器内的混合液，很快挥发使仪器干燥。

第二节　电子天平的使用

分析天平是定量分析操作中最主要最常用的仪器，常见的天平有以下三类：普通的托盘天平、半自动电光天平、电子天平。

（1）普通的托盘天平　采用杠杆平衡原理，使用前须先将调平螺丝调平。称量误差较大，一般用于对质量精度要求不太高的场合。调节 1g 以上质量使用砝码，1g 以下使用游标。如图 2.1 所示。

（2）半自动电光天平　一种较精密的分析天平，称量时可以准至 0.0001g。调节 1g 以上质量用砝码，10～990mg 用圈码，尾数从光标处读出。使用前须先检查圈码状态，再预热半小时。称量必须小心，轻拿轻放。称量时要关闭天平门，取样、加减砝码时必须关闭升降枢。如图 2.2 所示。

（3）电子天平　如图 2.3 所示，是最新一代的天平，是根据电磁力平衡原理，直接称量，全量程不需要砝码，放上被测物质后，在几秒钟内达到平衡，直接显示读数，具有称量速度快、精度高的特点。它的支撑点采取弹簧片代替机械天平的玛瑙刀口，用差动变压器取代升降枢装置，用数字显示代替指针刻度。因此具有体积小、使用寿命长、性能稳定、操作简便和灵敏度高的特点。此外，电子天平还具有自动校正、自动去皮、超载显示、故障报警等功能，以及具有质量电信号输出功能，且可与打印机、计算机联用，进一步扩展其功能，如统计称量的最大值、最小值、平均值和标准偏差等。电子天平目前广泛应用于企业和实验室，用来测定物体的质量。

图 2.1　托盘天平

图 2.2　半自动电光天平

图 2.3　电子天平

称量时，要根据不同的称量对象和不同的天平，根据实际情况选用合适的称量方法操作。一般称量使用普通托盘天平即可，对于质量精度要求高的样品和基准物质应使用电子天平来称量。电子天平的使用方法如下。

1. 称量前的检查

（1）取下天平罩，叠好，放于天平后。

（2）检查天平盘内是否干净，必要的话予以清扫。

（3）检查天平是否水平，若不水平，调节底座螺丝，使气泡位于水平仪中心。

（4）检查硅胶是否变色失效，若已变色则应及时更换。

2. 开机

关好天平门，轻按“ON”键，LTD指示灯全亮，松开手，天平先显示型号，稍后显示为0.0000g，即可开始使用。

3. 称量方法

（1）直接称量　用于称量一物体的质量、洁净干燥的不易潮解或升华的固体试样的质量。在LTD指示灯显示为0.0000g时，打开天平侧门，将被测物小心置于托盘中央，关闭天平门，待稳定后读数。记录后打开左门，取出被测物，关好天平门。

（2）增量法　用于称量某一固定质量的试剂或试样。这种称量操作的速度很慢，适用于称量不易吸潮、在空气中能稳定存在的粉末或小颗粒（最小颗粒应小于0.1mg）样品，以便精确调节其质量。如图2.4所示，将干燥小烧杯轻放在天平托盘上，关闭天平门，待显示平稳后，按“TAR”键清零，打开天平门向小烧杯中加入试样，用左手手指轻击右手腕部，将药勺中样品慢慢振落于容器内，当达到所需质量时停止加样，关上天平门，显示平衡后即可记录所称取试样的质量。记录后打开左门，取出容器，关好天平门。若加入量超出，则需重称试样，已用试样必须弃去，不能放回到试剂瓶中。操作中不能将试剂撒落到容器以外的地方。称好的试剂必须定量转入接收器中，不能有遗漏。

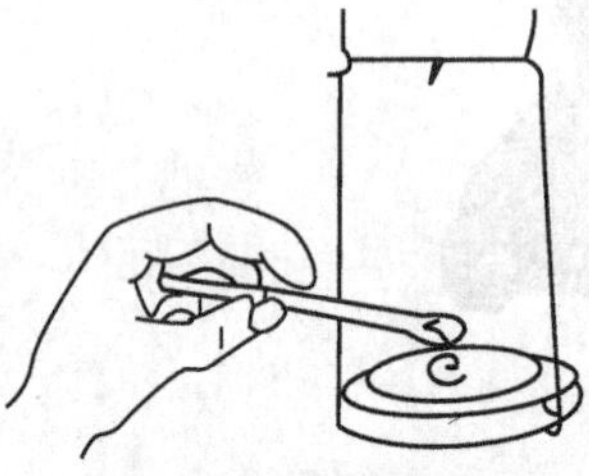

图2.4　增量法

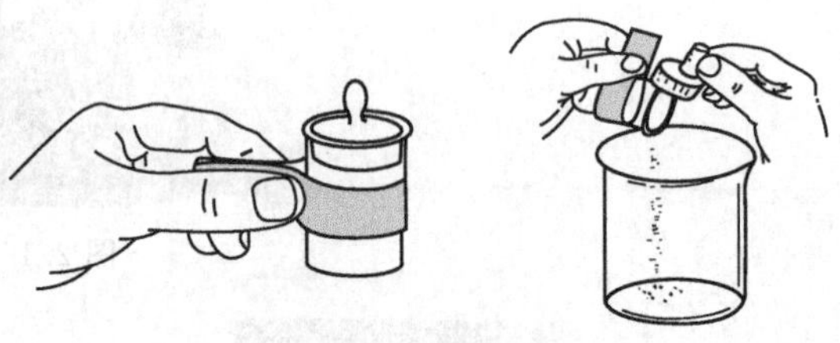

图2.5　减量法

（3）减量法　用于称量一定范围内的样品和试剂。主要针对易挥发、易吸水、易氧化和易与二氧化碳反应的物质。用滤纸条从干燥器中取出称量瓶，用纸片夹住容器打开瓶盖，用药勺加入适量试样（多于所需总量，但不超过称量瓶容积的2/3），盖上瓶盖，置入天平中，显示稳定后，按“TAR”键清零。用滤纸条取出称量瓶（如图2.5所示），在接收器的上方倾斜瓶身，用瓶盖轻击瓶口使试样缓缓落入接收器中。当估计试样接近所需量（0.3g或约1/3）时，继续用瓶盖轻击瓶口，同时将瓶身缓缓竖直，用瓶盖敲击瓶口上部，使粘于瓶口的试样落入瓶中，盖好瓶盖。将称量瓶放入天平，显示的质量减少量即为试样质量。若敲出质量多于所需质量时，则需重称，已取出试样不能收回，须弃去。

4. 结束工作

称量结束后，按“OFF”键关闭天平，将天平还原。在天平的使用记录本上记下称量操作的时间和天平状态，并签名。整理好台面之后方可离开。

5. 使用天平的注意事项

(1) 电子天平安装室的环境要求：房间应避免阳光直射，最好选择阴面房间或采用遮光办法；应远离震源，如铁路、公路、震动机等振动机械，无法避免时应采取防震措施。

(2) 电子天平应处于水平状态，使用前应按说明书的要求进行校正和预热。

① 在开关门放取称量物时，动作必须轻缓，切不可用力过猛或过快，以免造成天平损坏。

② 对于过热或过冷的称量物，应使其回到室温后方可称量。

③ 称量物的总质量不能超过天平的称量范围，在固定质量称量时要特别注意。

④ 所有称量物都必须置于一定的洁净干燥容器（如烧杯、表面皿、称量瓶等）中进行称量，以免沾染称量物腐蚀天平。

⑤ 称量易挥发和具有腐蚀性的物品时，要盛放在密闭的容器内，以免腐蚀和损坏电子天平。

第三节 容量仪器的校准

滴定管、移液管和容量瓶是分析实验室常用的玻璃容量仪器，容量误差应小于或等于国家标准规定的容量允差，但由于温度的变化、试剂的腐蚀、容器的清洁度等原因，容量器皿的实际容积与它所标称的容积往往不完全相符，有时甚至会超过分析所允许的误差范围，因此，在准确度要求较高的分析工作中，必须对容量器皿进行校准。

特别值得一提的是，校准是技术性很强的工作，操作要正确、规范。校准不当和使用不当都是产生容量误差的主要原因，其误差可能超过允差或量器本身固有误差，而且校准不当的影响将更有害。所以，校准时必须仔细、正确地进行操作，使校准误差减至最小。凡是使用校正值的，其校准次数不可少于 2 次，2 次校准数据的偏差应不超过该量器容量允差的 1/4，并以其平均值为校准结果。

由于玻璃具有热胀冷缩的特性，在不同的温度下容量器皿的体积也有所不同。因此，校准玻璃容量器皿时，必须规定一个共同的温度值，这一规定温度值为标准温度。国际标准和我国标准都规定以 20℃为标准温度，即在校准时都将玻璃容量器皿的容积校准到 20℃时的实际容积，或者说量器的标称容量都是指 20℃时的实际容积。

1. 容量瓶的校准

如果使用容量瓶配制水溶液，则用蒸馏水清洗后可不必干燥。稀释水溶液的方法推荐如下：把待溶解的物质加入适量的水，在必要时可适度加热并摇动使之溶解。接着加水使液面升到刻度线几厘米以下。盖上瓶塞混合后，用洗瓶水流冲洗使液面升到刻度线以下 1cm 处，打开容量瓶塞，静置 2min，让瓶颈的液体沥下，要使溶液重新达到室温可以盖上瓶塞多等待一些时间。最后从刻度线以下 1cm 以内的一点沿着瓶颈流下一定的水，使弯月面的最低点调定在刻度线上。盖上瓶塞摇动颠倒容量瓶，使溶液均匀备用。

2. 量筒和量杯

量筒经清洗和干燥后，充以待测液体至标称容量刻线或所需的刻线上几毫米，接着用吸管将多余的液体吸出。

3. 滴定管

滴定管（包括旋塞阀和流液口）用蒸馏水清洗后，再用待用的试液冲洗 3 次。如果滴定管尺寸不够大，其顶部插不进温度计用于观测液体温度，可设置一根足以容纳温度计的普通玻璃试管夹在滴定管旁，将夹在垂直位置的滴定管充水至零刻度线以上几毫米，如果管壁沾湿，则在调定零刻度线以前应有充分的沥液时间，为了排除旋塞阀和流液口间气泡，在调定零刻度线之前应从流液口排放一些液体再注液。流出时间是指当旋塞阀全开时液体从零刻度线至标称容量自由流出所用的时间。为了得到最佳准确度，应使用分度修正值。在放液时旋塞阀应全开，流液口不得与接收容器及液面接触。因此，对滴定管来说，最好能估算出试样需耗用多少毫升，溶液方可到达终点，如果有足够的试样可进行一次预先的滴定来得到这一点。如果规定了等待时间则为旋塞阀关闭后与最后读数之前的那段时间，通常不得在滴定进行时观测等待时间，因为达到滴定终点的时间一般比规定的等待时间长。上述使用情况适用于黏度与水相似的透明液体，特别黏稠的液体不能准确而方便地使用，因为这样会在管壁上留下大量的黏液，而且流速很慢，但是通常用于容量分析的稀释水溶液是适用的，而且无明显的误差。

4. 吸量管

(1) 量出式吸量管　吸量管用蒸馏水清洗之后，再用待用液冲洗。吸量管吸取液体至零标线以上或所需刻度线以上几毫米。注意：当吸取有毒和腐蚀性液体以及所有生物液体时(以防对人体感染)，建议使用能使待测液体自由流动的吸具，如吸球等。为了得到正确的量出容量，吸量管应按其产品标准中有关容量定义所述的方法操作。

吸量管与接收容器脱离之前，应遵守规定的等待时间。通常吸量管挂壁液体流至流液口的等待时间规定 3s 已足够了，而且不需要准确测定。一旦确定弯月面达到流液口并趋于静止，吸量管即可与接收容器脱离接触。留在流液口的余液不得排出，而“吹出”式吸量管则应吹出其最后余液作为量出容量的一部分。与滴定管一样，非常黏稠的液体不能方便和准确地吸取。通常用于容量分析的稀释水溶液是适用的，而且无明显误差。

(2) 量入式吸量管　用蒸馏水清洗之后进行干燥或用待测溶液冲洗 3 次。吸取液体至零标线以上或所需刻度线以上。为了得到正确的量入容量，吸量管应按有关容量定义所述方法操作。

第四节　定性分析基础知识及基本操作

一、定性分析基础知识

1. 定性分析的任务

定性分析的任务是鉴定物质中所含有的组分。对于无机定性分析来说，这些组分通常表示为元素或离子，而在有机分析中鉴定的通常是元素、官能团或化合物。本节只讨论常见的无机离子的定性分析。

2. 定性分析学习的目的和意义

无机定性分析实验的学习目的是使学生在掌握元素周期律的基础上进一步熟悉常见离子的共性和个性，以便为选择和设计离子的定性和定量分析方法提供依据。定性分析是理论与实际结合很紧密的内容，通过学习可以进一步获得运用理论知识（特别是对于平衡理论）解决问题的能力。定性分析的操作技术可以培养学生细致认真的态度，提高实验操作的技能、技巧。

3. 定性分析的方法

无机物的定性分析主要有化学分析和发射光谱法。化学分析由于设备简单、经济、方法灵活性大等优越性，仍为常用的方法。化学分析法所依据的是物质的化学反应。如果化学反应是在溶液中进行的，这种方法为湿法；如果反应是在固体之间进行的，这种方法为干法。焰色反应、熔珠试验、粉末研磨法等属于干法分析。

根据分析时试样的用量、操作技术、被检出组分量的不同，可以分为常量分析、微量分析和半微量分析。常量分析所用的试样量为0.5～1g或20～30mL溶液，所用的仪器和操作与普通的化学试验相同，如普通的试管、烧杯、漏斗等，使用过滤的方法分离沉淀与溶液。这种方法操作比较简单、易于掌握，但是费时、药品消耗量大。微量分析所用的试样量为常量分析的1/100，即固体数毫克，溶液数滴。使用的仪器为小巧而特殊的仪器。半微量分析是介于上述二者之间，试样量为常量法的1/20～1/10，即固体试样几十毫克，液体试样1～3mL，沉淀与溶液的分离使用离心机，离子的检出以点滴反应为主。这种方法基本上保留了常量法的优点，又有灵敏、快速、节约试剂等优点。

二、试剂和试液

1. 试剂

半微量定性分析所需要的试剂量很少，对溶液来说每次不过几滴，对固体来说不过几毫克，因此试剂大多装在一些体积较小的试剂瓶中，试剂瓶再按一定的顺序排列在试剂架上。试剂可按其性质分为以下几种类型：酸、碱、盐、特殊试剂、固体试剂、有机试剂、试纸等。其中酸碱溶液又各有不同浓度，以满足使用中的不同需要。试剂在使用中要防止污染。除试剂瓶所附带的滴管外，不得使用其他滴管吸取试剂，而且试剂瓶上的滴管除非用以取药，不能随便拿下，更不准放在别处。取药时要注意不使尖端接触到其他药品。试剂瓶用后要放在试剂架固定位置上，以保证实验者可以很快找到所需要的试剂。

2. 试液

试液是研究各离子性质、配制混合分析试液和未知试液时用的，分为储备试液和练习试液两种。储备试液的浓度，一般为$100g \cdot L^{-1}$，存放在教师实验室备用；发给学生用的叫练习试液，简称试液，浓度为$10g \cdot L^{-1}$。

三、主要仪器

1. 离心管及离心管架

离心管的容量为5～10mL，尖端呈锥形（图2.6）。在离心沉降时，沉淀集中在尖端较细部分，便于对沉淀进行观察和将离心液分出。为了估计溶液或沉淀的体积，可备有1～2支刻度离心管，离心管放在离心管架上。

2. 点滴板

点滴板是带有凹槽的瓷板或厚玻璃板（图2.7），点滴反应在凹槽中进行。为了适应不

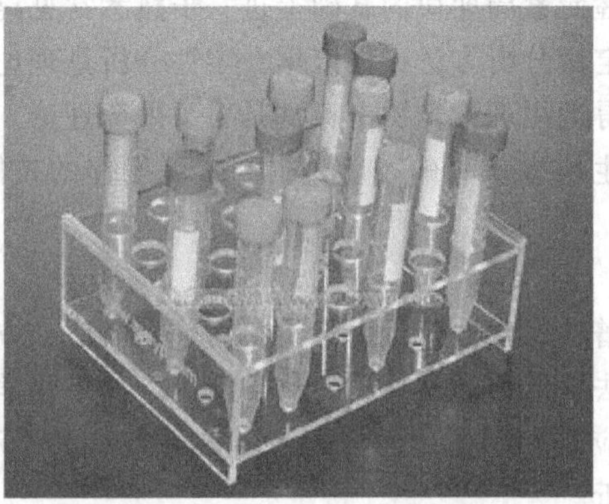

图 2.6 离心管和离心管架

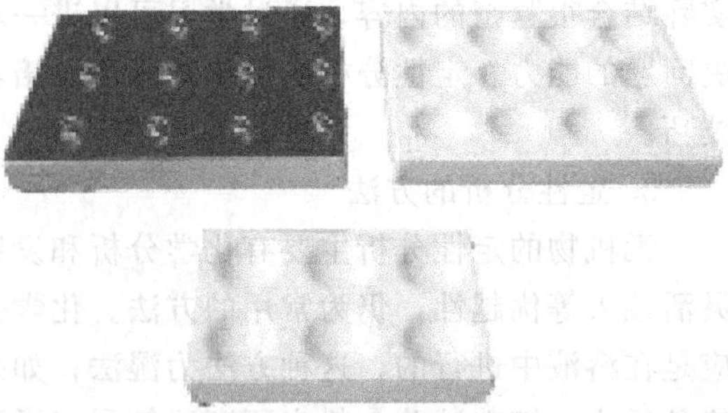

图 2.7 点滴板

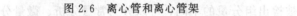

同的情况，点滴板有白的、黑的和透明的三种。在白瓷点滴板上适于做有色反应；在黑瓷点滴板上适于做生成白色沉淀的反应；如果沉淀颜色和母液颜色相同，则使用厚玻璃制的透明点滴板效果最好，没有透明点滴板时可以用表面皿代替。

3. 表面皿

表面皿以直径 5～7cm 的最为适用。在半微量定性分析中，表面皿既可作鉴定反应的容器，又可把两块合成起来作为气室（图 2.8）。

4. 坩埚

在半微量定性分析中用于蒸发溶液，灼烧分解铵盐（图 2.9）。

图 2.8 表面皿

图 2.9 坩埚

5. 洗瓶

用 500mL 平底烧瓶或软质塑料瓶制作（图 2.10），用于以蒸馏水洗涤离心管或滴管等。

6. 滴管、毛细滴管、搅拌棒和药匙

滴管［如图 2.11(a) 所示］用于滴加一定体积的水或溶液，每滴为 0.05mL，制作时安橡皮乳头的一端应稍加扩大以免透气。

毛细滴管［如图 2.11(b) 所示］的主要用途是从离心管中吸出沉淀上的离心液，其尖

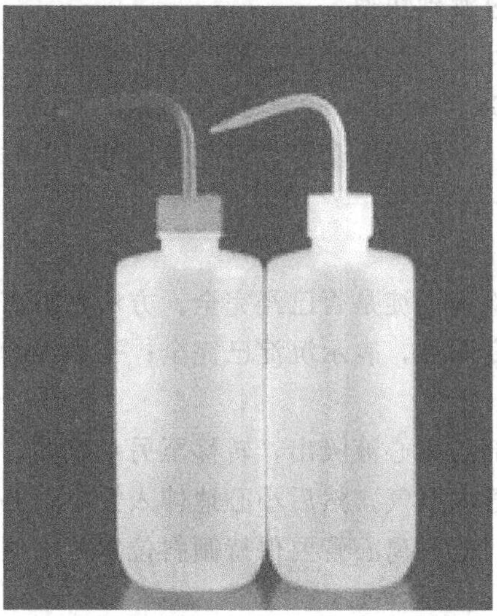

图 2.10　洗瓶

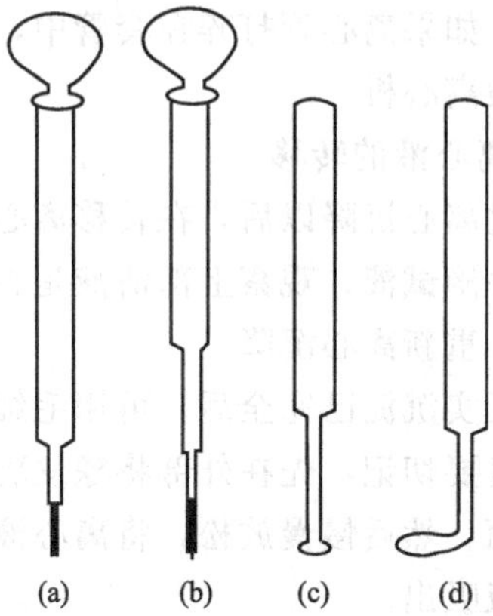

图 2.11　滴管（a）、毛细滴管（d）、搅拌棒（c）、药匙（d）

端较滴管细而长。有时也用于滴加少量试剂，其 1 滴为 0.02mL，制作方法与滴管相似。

搅拌棒［如图 2.11(c) 所示］是细长的玻璃棒，用于搅拌离心管的内容物，洗涤沉淀，加速反应。

药匙［如图 2.11(d) 所示］是将玻璃棒的一端烧红用镊子压扁制成的，用于取少量固体试剂。

7. 离心机

这是利用离心沉降原理将沉淀同溶液分开的设备，如图 2.12 所示。

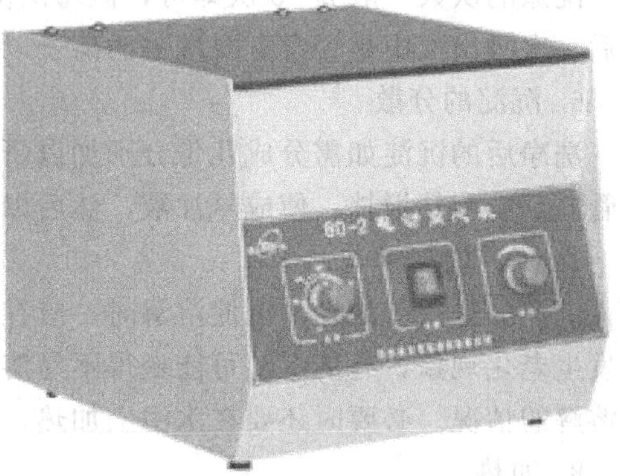

图 2.12　电动离心机

四、操作技术

1. 仪器的洗涤

半微量定性分析的鉴定方法都很灵敏，虽少量杂质也会造成很大影响，因此经常保持仪器的清洁是实验中的一项重要的要求。

2. 滴加试剂

滴加试剂时，只能使用试剂瓶所附带滴管，不准用其他滴管伸到试剂瓶中去吸取试剂；滴管必须保持垂直，避免倾斜或倒立，以免试剂流入橡皮乳头；滴管尖端要略高于容器口，不要碰到其他任何东西，用后放回原处，不许放在桌子上或其他地方。

3. 离心沉降

离心沉降是半微量定性分析中分离沉淀与溶液的基本方法，用离心机完成。离心机在使用中应注意以下几点：

（1）为防止旋转中碰破离心管，离心机的套管底部应垫以棉花。

（2）尽量使对称位置上有质量相近的离心管。如果只准备处理一支离心管，则在对称位置上应放一盛有等量水的离心管，以保持平衡。

(3) 开动时应由慢速开始，运转平稳后再逐渐过渡到快速。

(4) 转速和旋转时间视沉淀性状而定，晶形沉淀以 $1000r \cdot min^{-1}$ 的转速，离心 1～2min 即可，无定形沉淀以 $2000r \cdot min^{-1}$ 的转速分离，需 3～4min。

(5) 如果离心管打碎在套管中，应取出碎玻璃，立即清洗套管，以免被腐蚀，平时取放切忌污染离心机。

4. 离心液的转移

经过离心沉降以后，在转移离心液之前，应先检查沉淀是否已经完全。方法是沿离心管壁再加一滴试液，观察上部清液是否变浑浊。如不变浑浊，表示沉淀已完全；否则继续加足量试剂，重新离心沉降。

在证实沉淀已完全后，可用毛细滴管将沉淀上部的离心液吸出，转移至另一容器。吸出离心液时要切记：先在外部将橡皮乳头捏瘪，排出管内空气，然后小心地伸入管中，并接近沉淀表面，然后慢慢放松，将离心液吸入毛细滴管；此时离心管要保持倾斜位置，以便将全部离心液吸出。

在沉淀比较紧密的情况下，离心液也可以用比较简单的倾斜法转移。

5. 沉淀的洗涤

沉淀与离心液分离后，沉淀中仍包藏着少量离心液，这部分离心液必须洗去。洗涤的方法是向沉淀上加 2～3 倍于沉淀体积的洗涤液搅拌，离心沉降，转移洗涤液。

洗涤液视沉淀的不同而异，对溶解度小的晶形沉淀可以用冷水洗；对胶性沉淀宜用稀电解质溶液洗，必要时还要加热洗涤液，以免发生胶溶现象；对溶解度较大的沉淀，应考虑在洗涤液中加入同离子盐，以免在洗涤过程中发生溶解损失。

洗涤的次数一般 2～3 次即可，但每次洗后要尽量将洗涤液全部吸出。必要时还要检查最后一次吸出液中是否含有要洗去的离子以确定洗涤的完全与否。

6. 沉淀的分散

洗净后的沉淀如需分成几份分别加以研究时，可在含有沉淀的离心管中加入几滴水，以滴管向其中吹气搅拌，使成悬浊液，然后以滴管分别吸出，置于适当容器中研究。

7. 沉淀的溶解

沉淀的进一步处理如沉淀溶解时，应在沉淀洗涤后立即进行，否则放置时间过长，沉淀会发生老化现象，有的沉淀可能变得不易溶解。溶解时应一边滴加试剂，一边搅拌，同时观察溶解的情况。必要时还要在水浴上加热，以促进沉淀的溶解。

8. 加热

离心管不得在火上直接加热，应放在水浴中加热，水浴中的水应保持微沸。水浴可由一个 300mL 烧杯和一个铝制离心管座组成。如果没有特制的离心管座，也可简单地用铁丝或铜丝扭成。

9. 蒸发

蒸发可在蒸发皿或坩埚（或烧杯）中进行。直接放在石棉网上小火加热。蒸发至将干时，须及时停止加热，利用石棉网上的余热蒸发，以免在强热下使某些盐分解为难溶性的氧化物，变得不好处理。

10. 气体的鉴定

在定性分析中，鉴定气体可在气室中进行，也可在验气装置中进行。图 2.13(a) 为在离心管的软木塞上插一尖端为球形的玻璃棒，试剂就悬在球形处。图 2.13(b) 为插一玻璃管，试剂保持在管的尖端。当离心管中试液产生气体时，便于试剂发生作用。如作用的结果是产生了白色沉淀［例如 CO_2 与 $Ca(OH)_2$ 的反应］，则图 2.13(a) 的玻璃棒使用蓝色的更为合适。但更为简单适用的是图 2.13(c)。选择两个合适的离心管，一支插在另一支上，使之恰好堵住下管管口。为了更好地气密，可使两只离心管的接合处保留一薄层蒸馏水。插入的离心管尖端，悬一滴试液。

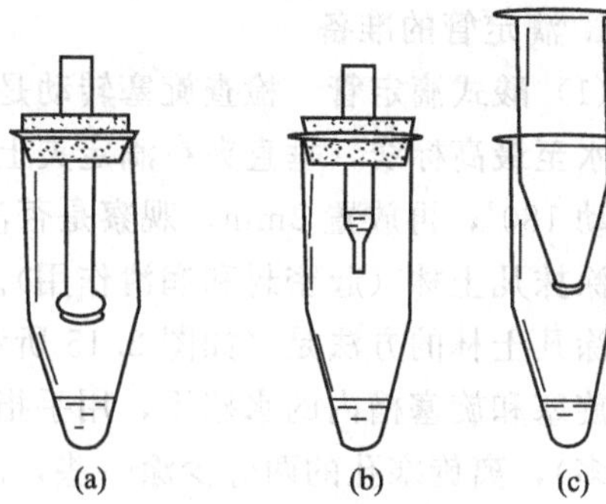

图 2.13　验气装置

11. 纸上点滴反应

取定性滤纸（反应纸）一小块（约 2cm × 2cm），以手悬空拿住或放在坩埚上。将吸有试液的毛细滴管尖端与滤纸垂直接触，不必挤压橡皮乳头，让试液慢慢被滤纸吸收，成一湿斑，然后移开毛细滴管。用同法将试剂滴在湿斑上，观察反应的结果。注意，不可用毛细滴管直接从试剂瓶吸取试剂，而应先把试剂滴在点滴板上待取。

第五节　滴定分析的仪器和基本操作

一、滴定管及其使用

滴定管是滴定过程中用来准确测量流出标准溶液体积的量器。其主要部分管身由细长而且内径均匀的玻璃管制成，上面刻有均匀的分度线，下段由一尖嘴作为流液口，中间通过玻璃旋塞或乳胶管连接以控制滴定速度。

常量分析的滴定管容量有 50mL 和 25mL，半微量或微量滴定管容量有 10mL、5mL、2mL、1mL 等容量规格。

滴定管一般分为两种：一种是酸式滴定管，一种是碱式滴定管，如图 2.14 所示。酸式滴定管：滴定管下端有玻璃旋塞开关，用来装酸性溶液和氧化性溶液，不宜盛放碱性溶液（避免腐蚀磨口和活塞）。碱式滴定管：管身与下端的细管之间用乳胶管连接，胶管内放一粒玻璃珠以控制溶液的流出，乳胶管下端再连一尖嘴玻璃管，不宜盛放对乳胶管有腐蚀作用的溶液或是能与乳胶管反应的氧化性溶液，如 $KMnO_4$、I_2 等溶液。

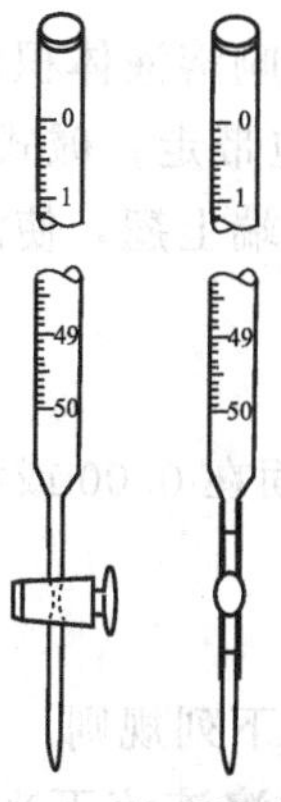

图 2.14　酸式滴定管和碱式滴定管

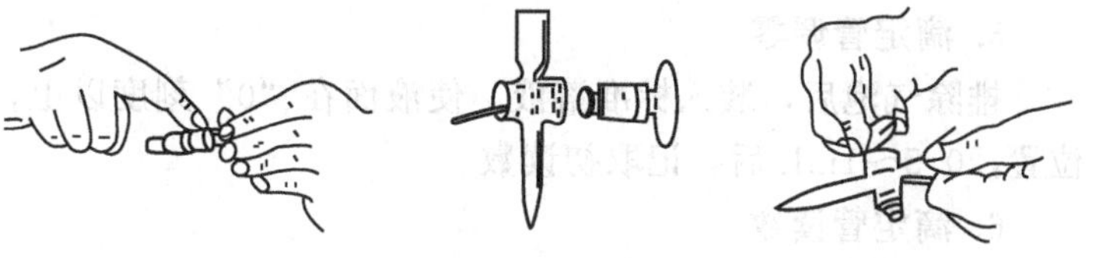
(a) 活塞涂油　(b) 安装活塞　(c) 转动活塞

图 2.15　酸式滴定管涂凡士林

1. 滴定管的准备

(1) 酸式滴定管　检查旋塞转动是否灵活，是否漏水。检漏方法：先将旋塞关闭，管内充满水至最高标线，垂直夹在滴定夹上，放置 2min 后观察旋塞边缘及管口是否渗水；将旋塞转动 180°，再放置 2min，观察是否渗水。若无渗水且旋塞转动灵活，即可使用。否则要重新涂抹凡士林（起密封和润滑作用）。

涂凡士林的方法是（如图 2.15 所示）：将管内的水倒掉，平放在台上，抽出旋塞，用滤纸将旋塞和旋塞槽内的水擦干，用手指蘸少许凡士林在旋塞两头均匀地涂上薄薄一层（涂量不能多），离旋塞孔的两旁少涂一些，以免凡士林堵住塞孔。将旋塞沿旋塞孔与滴定管平行的方向插入旋塞槽内，按紧，向同一方向旋转旋塞，直至旋塞中油膜均匀且呈透明状态。如发现转动不灵活或出现纹路，表示凡士林不够；若有凡士林从旋塞缝内挤出，表示凡士林过多。上述情况均需重新涂凡士林。为避免旋塞松动脱落，涂凡士林后的滴定管应在旋塞末端套上小橡皮圈。

(2) 碱式滴定管　首先检查玻璃珠和乳胶管，玻璃珠大小要适当，玻璃珠过小会漏水或使用时上下滑动，过大则在放出液体时手指吃力，操作不方便，应及时更换。

2. 滴定管的洗涤

选择合适的洗涤剂和洗涤方法。通常滴定管可用自来水或管刷蘸肥皂水或洗涤剂洗刷（避免使用去污粉），而后用自来水冲洗干净，蒸馏水润洗；有油污的滴定管要用铬酸洗液洗涤。用铬酸洗液洗涤时，应将滴定管内的水沥干，倒入 10mL 洗液（碱式滴定管应卸下乳胶管，套上旧橡皮乳头，再倒入洗液），将滴定管逐渐向管口倾斜，用两手转动滴定管，使洗液布满全管，打开旋塞将洗液放回原瓶中。如果内壁沾污严重时，则需用洗液充满滴定管（包括旋塞下部尖嘴出口），浸泡 10min 至数小时或用温热洗液浸泡 20～30min。先用自来水冲洗干净，再用纯水洗三次，每次用水约 10mL。

3. 标准溶液的装入

标准溶液装入前，为避免溶液稀释，应用滴定液润洗滴定管 3 次。润洗方法是：两手平端滴定管，慢慢转动，使标准溶液流遍全管，并使溶液从滴定管下端流尽，以除去管内残留水分。将标准溶液装入滴定管之前，应将其摇匀，使凝结在瓶内壁上的水珠混入溶液。混匀后的标准溶液应直接倒入滴定管中，不得借用任何别的器皿（如烧杯、漏斗），以免标准溶液浓度改变或造成污染。

4. 滴定管排气

装液后检查滴定管尖端内有无气泡，否则在滴定过程中气泡逸出影响溶液体积的准确测量。排气方法为：酸式滴定管迅速转动旋塞，使溶液快速冲出，将气泡带走；碱式滴定管，右手拿滴定管上端，使管身倾斜，左手捏挤乳胶管玻璃珠周围，并使尖端上翘，使溶液从尖嘴喷出，排除气泡（如图 2.16 所示）。

5. 滴定管调零

排除气泡后，装入标准溶液，使液面在“0”刻度以上，再调节液面在 0.00 或稍下一点位置，0.5～1mL 后，记取初读数。

6. 滴定管读数

滴定管读数不准确是滴定分析误差的主要来源之一，读数时应遵守下列规则：

(1) 装满溶液或放出溶液后，需等 1～2min 后，使附着在内壁的溶液流下来再读数。每次读数前检查管壁是否挂水珠，管尖是否有气泡，是否有液滴。

(2) 读数时应将滴定管从架上取下，捏住管上端无刻度处，使滴定管保持垂直，操作者视线与零刻度线或弯月面水平。为使弯月面下边缘更清晰，调零和读数时可在液面后衬一纸板。

(3) 无色或浅色溶液，读数时视线与弯月面下缘实线最低点相切；深色溶液，由于其弯月面不清晰，读数时视线与弯月面两侧的最高点水平处相切［如图 2.17(a) 所示］；在光线较暗处读数时可用白纸板作后衬［如图 2.17(b) 所示］。

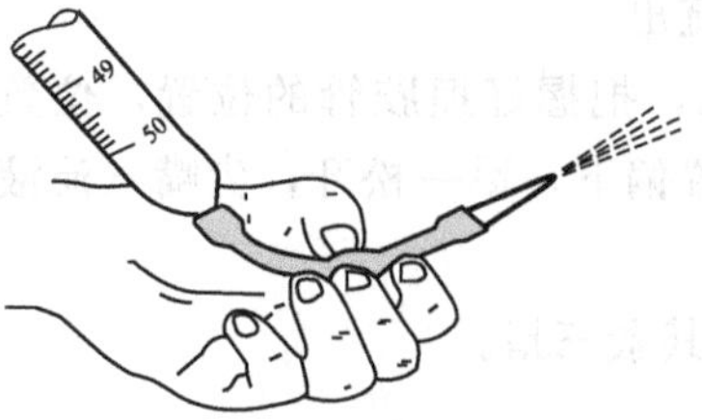

图 2.16　碱式滴定管排气

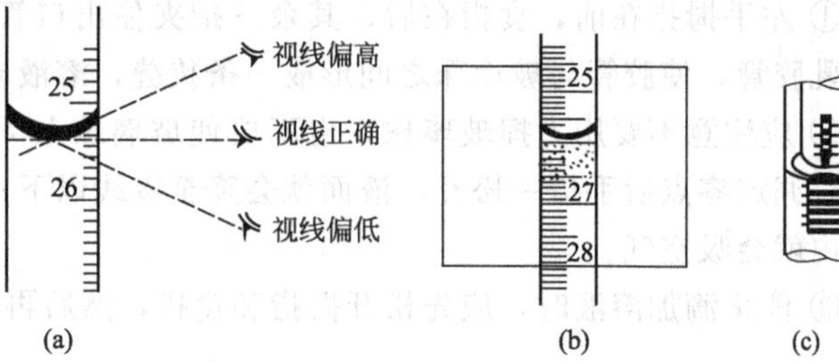

图 2.17　滴定管读数

(4) 使用蓝带滴定管时，读数时取液面三角交叉点的刻度，如图 2.17(c) 所示。

(5) 每次滴定前将液面调节在 0.00 处或稍下一点位置，固定在某一段体积范围内滴定，以减少体积测量误差。

(6) 读数时必须读到小数点后第二位，并且要求准确至 0.01mL。

(7) 读取初读数时，应将管尖嘴处悬挂的液滴除去，滴定至终点时应立即关闭旋塞，注意不要使滴定管中溶液流至管尖处悬挂。

7. 滴定管操作

滴定时将滴定管垂直悬挂在滴定管架上，滴定台应呈白色或放置一块白瓷板作背景，以便观察滴定过程溶液颜色的变化。滴定应在锥形瓶或烧杯中进行。滴定操作如图 2.18 所示。

(1) 酸式滴定管

① 左手控制滴定管的旋塞，拇指在前，食指和中指在后，手指略微弯曲，轻轻向内扣住旋塞，转动旋塞时手心顶住旋塞，以防止旋塞松动，溶液渗漏。滴定过程中左手不能离开旋塞。

② 右手握持锥形瓶，滴定管尖端稍伸进瓶口为宜，边滴定边摇动（应做同一方向的圆周运动），使瓶内溶液混合均匀，反应及时完全（如图 2.18 所示）。

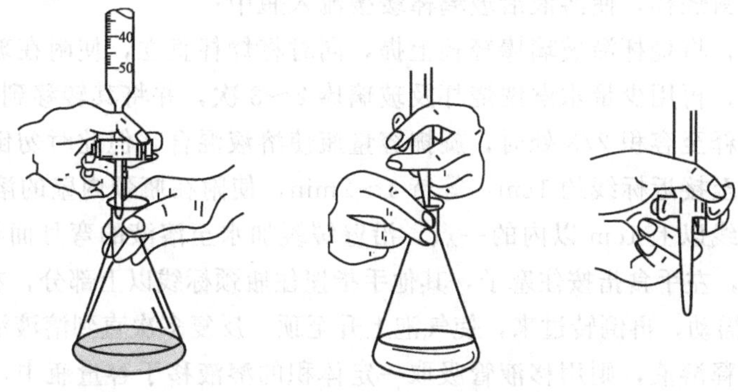

图 2.18　滴定操作

③ 开始滴定时溶液滴加的速度可以稍快，但不能成流水状。

④ 滴定时眼睛注意观察滴定剂落点处周围颜色的变化，以判断终点，临近滴定终点时

滴定速度减慢，应一滴一滴或半滴半滴加入，并且加一滴摇几下。

⑤ 半滴的操作方法是：将旋塞稍稍转动，使半滴溶液悬于管口，用锥形瓶内壁轻触管口使液滴流出，用洗瓶吹入少量纯水冲洗锥形瓶内壁。

⑥ 滴定至溶液颜色发生显著变化，迅速关闭旋塞，停止滴定，即为终点。

(2) 碱式滴定管

① 左手拇指在前，食指在后，其余三指夹住出口管。用拇指与食指指尖捏挤玻璃珠周围的乳胶管，使胶管与玻璃珠之间形成一条狭缝，溶液即可流出。

② 应注意不要用力捏玻璃珠，也不要使玻璃珠上下移动，把握好捏胶管的位置，位置偏上，调定零点后手指一松开，液面就会降至零线以下；位置偏下，手一松开，尖嘴（流液口）内就会吸空气。

③ 停止滴加溶液时，应先松开拇指和食指，然后再松开其余三指。

二、容量瓶

容量瓶主要是用来精确地配制准确浓度的溶液或定量地稀释溶液。容量瓶是常用的测量容纳液体体积的量入式量器，其容量定义为：在20℃时，充满至标线所容纳水的体积，以cm^3计。其形状是细颈梨形平底玻璃瓶，由无色或棕色玻璃制成，带有磨口玻璃塞或塑料塞，颈上有一标线，在指定温度下，当溶液充满至弯月面下缘与标线相切时，所容纳的溶液体积等于瓶上标示的体积。常用的容量瓶有10mL、25mL、50mL、100mL、250mL、500mL、1000mL等规格。

1. 容量瓶检漏

使用容量瓶前先检查是否漏水，检漏方法是：在容量瓶内装满水至标线附近，盖上瓶塞，一手拿瓶颈标线以上部位，食指按住瓶塞，另一只手用指尖拖住瓶底边缘，倒立2min，如不漏水，将瓶直立并转动瓶塞180°，再倒立2min，如不漏水即可使用。因为容量瓶的磨口塞与瓶是配套使用的，所以应用橡皮筋将瓶塞系在瓶颈上，以防瓶塞与瓶不配套引起漏水。

2. 容量瓶的使用

如用固体物质配制溶液，应先准确称取一定量的固体物质在烧杯中溶解后，再将溶液定量转移至容量瓶中。转移溶液的方法如图2.19所示：

(1) 一手拿玻璃棒伸入瓶中，使玻璃棒的下端靠近瓶颈内壁，另一手拿烧杯，烧杯嘴贴紧玻璃棒，慢慢倾斜烧杯，使溶液沿玻璃棒缓缓流入瓶中；

(2) 倾完溶液，将烧杯沿玻璃棒轻轻上提，同时将烧杯直立，使附在玻璃棒和烧杯嘴之间的液滴回到烧杯，再用少量水淋洗烧杯及玻璃棒2～3次，并将其转移到容量瓶中；

(3) 用纯水稀释至容积2/3处时，旋摇容量瓶使溶液混合，但此时勿倒转容量瓶；

(4) 继续加水至接近标线约1cm，等待1～2min，使附在瓶颈内壁的溶液流下后，最后用滴管或洗瓶从标线以上1cm以内的一点，沿壁缓缓加水至溶液的弯月面与标线相切为止；

(5) 塞紧瓶塞，左手食指按住塞子，其他手指捏住瓶颈标线以上部分，右手指尖托住瓶底边缘，将瓶倒转并摇动，再倒转过来，使气泡上升至顶，反复多次直到溶液混匀（见图2.20）。

如用容量瓶稀释溶液，则用移液管吸取一定体积的溶液移于容量瓶中，按上述方法加水稀释至标线，摇匀。

3. 容量瓶注意事项

(1) 热溶液应冷至室温后才能稀释至标线，否则造成体积误差。

（2）需避光的溶液应用棕色瓶配制。

（3）容量瓶不能久储溶液，尤其是碱性溶液，它会侵蚀瓶塞使其无法打开。也不能用火直接加热及烘烤。使用完毕后应立即洗净。如长时间不用，磨口处应洗净擦干，并用纸片将磨口隔开。

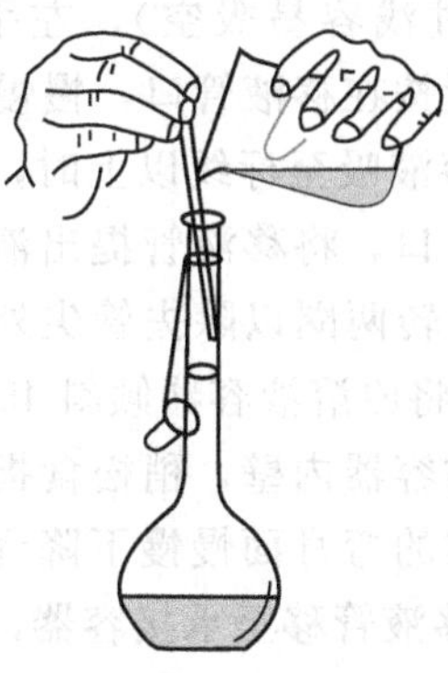

图 2.19 容量瓶移液

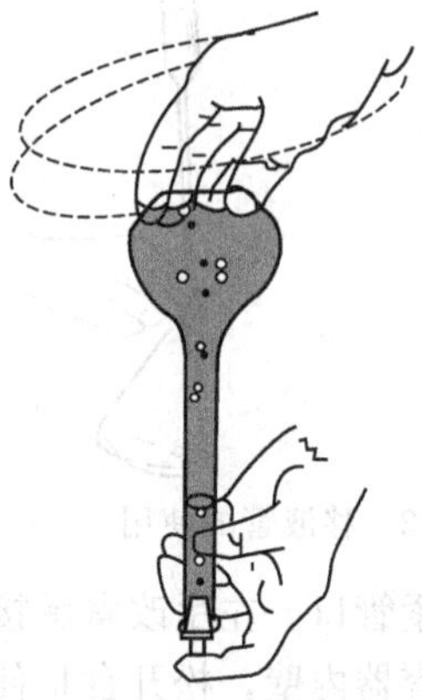

图 2.20 溶液混匀

三、移液管和吸量管

移液管用于准确移取一定体积溶液的量出式玻璃量器，全称“单标线吸量管”。它是一根细长而中间膨大的玻璃管，管颈上部有一环形标线，膨大部分标有容积和温度［如图 2.11(a) 所示］。常用移液管有 5mL、10mL、25mL、50mL 等规格。

吸量管用于移取不同体积的量器，全称“分度吸量管”。它是一根直形的玻璃管，管上带有分刻度线［如图 2.21(b)、(c)、(d) 所示］的量出式玻璃量器。常用移液管有 1mL、2mL、5mL、10mL 等规格。

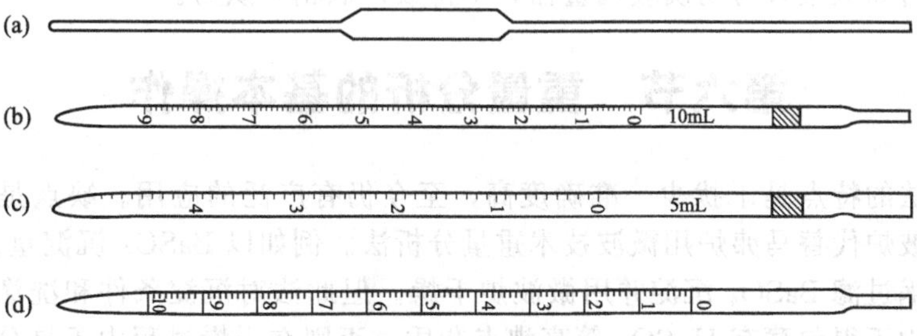

图 2.21 移液管和吸量管

1. 移液管和吸量管的洗涤

移液管和吸量管可用铬酸洗液洗涤，也可以在高型玻筒和量筒内用洗液浸泡，取出沥干洗液后，用自来水冲洗，再用蒸馏水润洗，润洗的水应从管尖放出，洗至管内壁及下端的外壁不挂水珠为止。

2. 移液管和吸量管的使用

（1）润洗：移液前用滤纸将管尖内外的水吸干，用待移取液润洗 3 次。润洗方法是：用洗耳球吸取溶液刚入移液管的膨大部分，注意切勿让吸入的溶液回流至原试剂瓶，立即用右手食指按住管口，将管身慢慢倾斜至横向，用双手的拇指和食指分别拿住移液管的两端，同

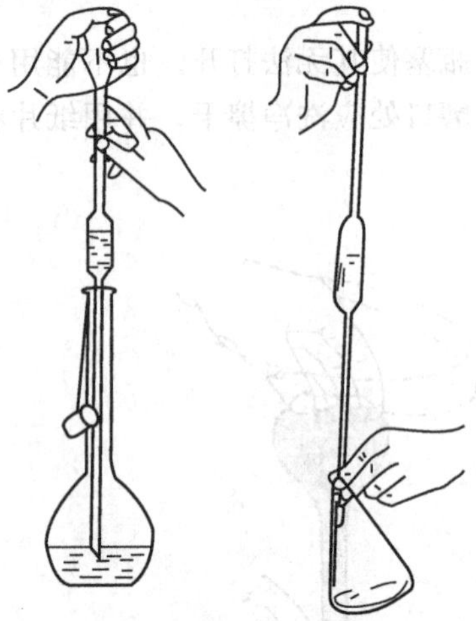
图 2.22 移液管的使用

时转动移液管使溶液布满全管内壁，当溶液流至距管口 2～3cm 时，直立管身使溶液由管尖流出。

（2）移液：一般用右手拇指和食指拿住管颈标线的上方（图 2.22），其余二指辅助拿住移液管，将移液管插入液面 1～2cm（插入过深，管外壁沾附过多溶液，影响量取溶液的准确性；插入过浅容易吸空）。左手拿洗耳球，排出球内空气后将球尖紧按在移液管口，慢慢松开左手使溶液吸入管中。当管中溶液吸至标线以上时，立即移去洗耳球，用右手食指按住管口，将移液管提出液面，将管尖原插入溶液的部分贴内壁转两圈以除去管尖外壁沾附的溶液。左手放下洗耳球，再将原溶液容器倾斜 45°，右手竖直拿住移液管，使管尖紧贴容器内壁，稍松食指并用拇指及中指转动管身，管内液体的弯月面慢慢下降到标线处，立即用食指压紧管口。左手改拿承接容器并倾斜 45°，右手将移液管移至承接容器，管身竖直并使管尖紧贴容器内壁，松开食指使液体自由地沿壁流下，待溶液流完后再等 15s 取出移液管。

3. 移液管和吸量管注意事项

（1）吸量管吸取溶液操作，应将溶液吸至最上刻度处，然后将溶液放出至适当刻度，两刻度之差即为放出溶液的体积。与移液管操作基本相同，但其转移溶液的准确度不如移液管。

（2）管上未标有“吹”、“快”字样的移液管，残留于管尖内的液体不必吹出，因为在校正移液管时，未把这部分液体体积计算在内。

（3）管上标有“吹”、“快”字样的移液管，使用全量程时，应将管尖残留的液滴立即吹入承接容器中，这类管精度较低，流速较快，适合仪器分析实验，最好不用于移取标准溶液。

（4）平行实验，应尽量使用同一个管的同一段，并尽量避免使用管尖，以免带来误差。

（5）移液管和吸量管为精确玻璃量器，不得放入烘箱中烘烤。

第六节 重量分析的基本操作

重量分析法的特点是干扰少、准确度高，至今仍有广泛的应用。缺点是操作烦琐、费时。也可以微波炉代替马弗炉用微波技术重量分析法。例如以 $BaSO_4$ 沉淀重量法测定 Ba^{2+} 时，用玻璃坩埚过滤 $BaSO_4$ 沉淀并用微波炉干燥。但此法对沉淀条件和洗涤操作的要求更加严格，沉淀中不得包藏有 H_2SO_4 等高沸点杂质，否则在干燥过程中不易分解或挥发，而灼烧干燥可以除去 H_2SO_4 等杂质。

重量分析包括挥发法、萃取法、沉淀法，其中以沉淀法的应用最为广泛，在此仅介绍沉淀法的基本操作。沉淀法的基本操作包括：沉淀的进行、沉淀的过滤和洗涤、烘干或灼烧、称重等。为使沉淀完全、纯净，应根据沉淀的类型选择适宜的操作条件，对于每步操作都要细心地进行，以得到准确的分析结果。下面主要介绍沉淀的过滤、洗涤和转移的基础知识和基本操作。

一、沉淀的进行

准备好内壁和底部光洁的烧杯，配以合适的玻璃棒及表面皿，称取一定量的试样置于烧杯中，根据试样的性质选择适宜的溶剂将其完全溶解后，加入沉淀剂。对于晶型沉淀，用滴管将沉淀剂沿着烧杯壁或玻璃棒缓缓地滴入至烧杯中，滴管口应接近液面，以免溶液溅出，边滴加边搅拌，搅拌时尽量不要碰击烧杯内壁和底部，以免划损烧杯使沉淀黏附在划痕中。在热溶液中进行沉淀时，观察液滴落处是否还有浑浊出现。待沉淀完全后，盖上表面皿放置过夜或加热搅拌一定时间进行陈化（注意，在整个实验过程中，玻璃棒、表面皿与烧杯要一一对应，不能互换或共用一根玻璃棒）。

对于无定形沉淀，应当在热的较浓的溶液中进行沉淀，较快地加入沉淀剂搅拌方法同上。待沉淀完全后，迅速用热的蒸馏水冲稀，不必陈化。待沉淀沉降后，应立即趁热过滤和洗涤。

二、沉淀的过滤和洗涤

根据沉淀在灼烧中是否会被纸灰还原及称量形式的性质，选择滤纸或玻璃滤器过滤。

1. 滤纸的选择

定量滤纸又称无灰滤纸，灼烧后每张灰分质量小于 0.1mg，在重量分析中可以忽略不计。定量滤纸一般为圆形，按空隙大小分为快速、中速、慢速，由沉淀量和沉淀的性质决定选用。例如晶形沉淀多用致密空隙小的慢速滤纸，而对于蓬松的无定形沉淀要用疏松的空隙大的快速滤纸。根据沉淀量的多少选择滤纸的大小，沉淀体积应低于滤纸容积的 1/3，根据滤纸的大小选择合适的漏斗，滤纸边缘应低于漏斗沿 0.5～1cm。

2. 滤纸的折叠和安放

如图 2.23 所示，先将滤纸沿直径对折成半圆，再根据漏斗的角度对折成直角（可以大于 90°）。展开后成圆锥体，半边为三层，另一个半边为单层，放入漏斗（标准漏斗圆锥角 60°），若滤纸与漏斗不完全密合，适当调节滤纸的折叠角度至完全密合。为使滤纸三层部分紧贴漏斗内壁无气泡，可将三层滤纸的外层上角撕下一点并保存在洁净干燥的表面皿上，并留作擦拭烧杯壁和玻璃棒残留的沉淀用。

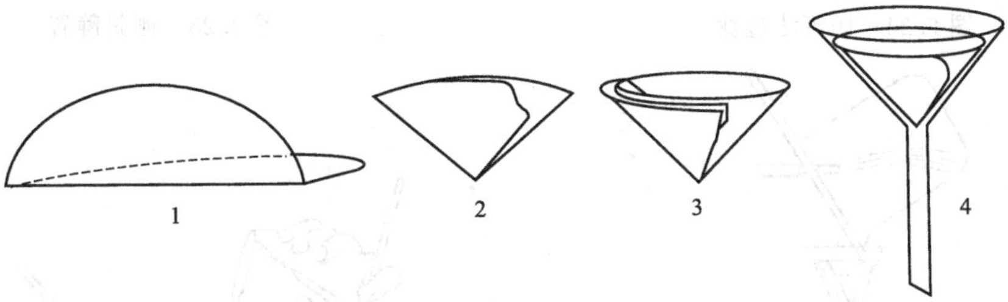

图 2.23　滤纸的叠放与安装

将折叠好的滤纸放入洁净的漏斗中，三层处应在漏斗颈出口短的一边，用手指按住三层厚滤纸的一边，用洗瓶吹出少量水润湿滤纸，必要时轻压滤纸，赶走滤纸与漏斗壁之间的气泡，使滤纸的锥形上部与漏斗间无空隙。加蒸馏水至滤纸边缘，此时水充满漏斗颈形成水柱，当漏斗内水全部流净后，漏斗颈内水柱仍存在且无气泡。若不能形成完整的水柱，可用手指堵住漏斗出口，稍微掀起滤纸三层厚的一边，用洗瓶向滤纸和漏斗间的空隙内注水，直至漏斗颈及锥体的大部分被水充满。然后压紧滤纸边缘，排除气泡，最后缓缓松开堵住漏斗出口的手指，水柱即可成型。在过滤和洗涤过滤中，借助水柱的抽吸作用可使滤速明显加快。

将准备好的漏斗架上，下面放一洁净烧杯承接过滤，漏斗颈出口长的一边应紧靠杯壁，滤液沿壁流下以避免冲减。漏斗位置的高低，以过滤时漏斗的出口不接触滤液为度。

3. 沉淀的过滤

一般采用“倾泻法”过滤，即待沉淀沉降后将上层清液沿玻璃棒倾入漏斗内。让沉淀尽可能留在烧杯内，然后再加洗涤液于烧杯中，搅起沉淀进行充分洗涤，再静置澄清，然后再倾出上层清液，这样即可加速过滤，不致使沉淀堵塞滤纸，又能使沉淀得到充分洗涤。

操作如图 2.24 所示，烧杯置于漏斗之上，接收滤液的洁净烧杯放在漏斗下面，使漏斗颈下端在烧杯边沿以下 3～4cm 处，并与烧杯内壁靠紧。沉淀倾斜静置（图 2.25）至澄清，一手拿盛有沉淀的烧杯移至漏斗上方，一手将玻璃棒从烧杯中慢慢取出并在烧杯内壁靠一下，使悬在玻璃棒下端的液滴流入烧杯，使玻璃棒垂直立于漏斗之上紧靠杯嘴，玻璃棒下端位于三层滤纸之上，尽可能靠近滤纸但不接触。另一只手拿住盛沉淀的烧杯，烧杯嘴靠住玻璃棒，慢慢将烧杯倾斜，使上层清液沿玻璃棒缓缓倾入漏斗中，使清液先通过滤纸，而沉淀尽可能地留在烧杯中，尽量不搅动沉淀，倾入溶液液面至滤纸边缘约 0.5cm 处，停止倾注（切勿注满）。当停止倾注时，将烧杯嘴沿玻璃棒慢慢向上提起，扶正烧杯，再将玻璃棒放回烧杯以免杯嘴处液滴流失，注意在扶正烧杯以前不可将烧杯嘴离开玻璃棒，不让沾在玻璃棒上的液滴或沉淀损失，把玻璃棒放回烧杯内，但勿把玻璃棒靠在烧杯嘴部。

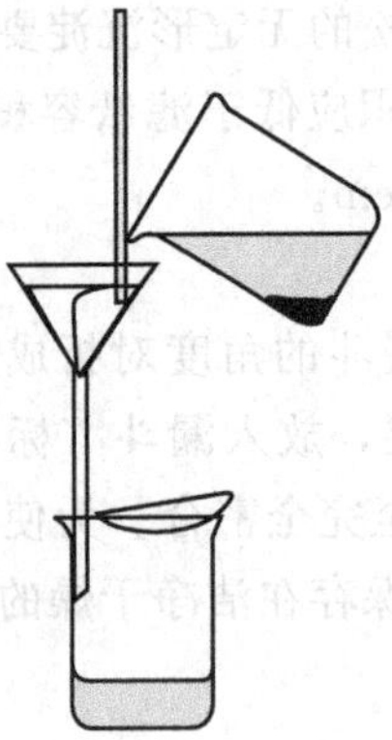

图 2.24 倾泻法过滤

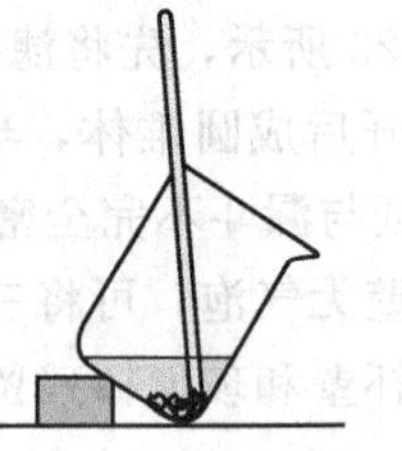

图 2.25 倾斜静置

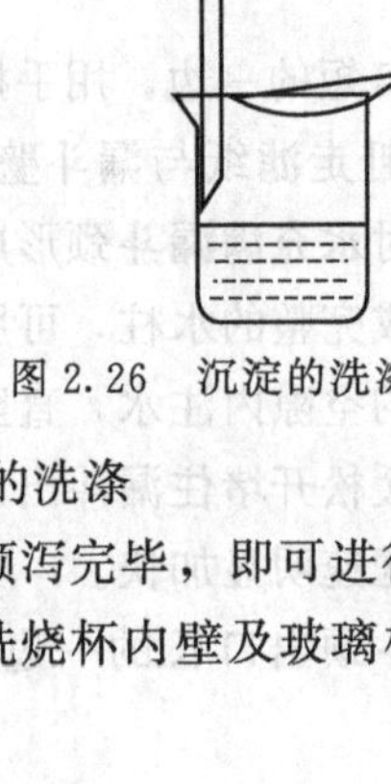

图 2.26 沉淀的洗涤

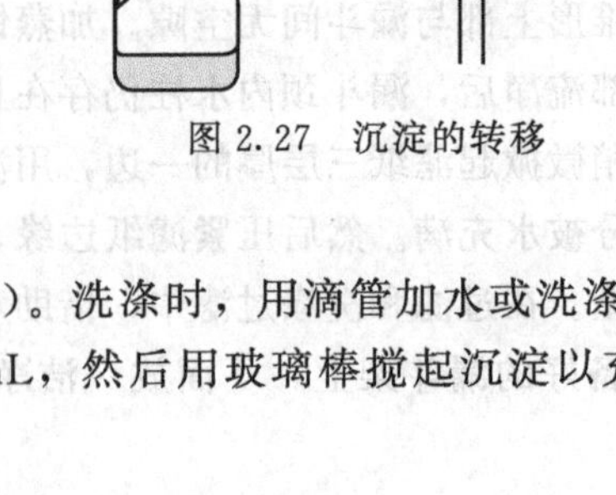

图 2.27 沉淀的转移

4. 沉淀的洗涤

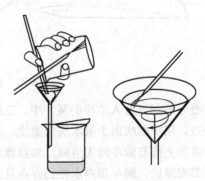

当清液倾泻完毕，即可进行初步洗涤（图 2.26）。洗涤时，用滴管加水或洗涤液，从上到下旋转吹洗烧杯内壁及玻璃棒，每次用 15～20mL，然后用玻璃棒搅起沉淀以充分洗涤，

再将烧杯倾斜放在小木块上，使沉淀下沉并集中在烧杯一侧，以利于沉淀和清液分离，便于清液的转移。澄清后再倾泻过滤，如此重复过滤，洗涤 3～4 次。

为提高洗涤效率，按“少量多次”的原则进行。即加入少量洗涤液，充分搅拌后静置，待沉淀下沉后，倾泻上层清液，再重复操作数次后，将沉淀转移到滤纸上。

5. 沉淀的转移

向盛有沉淀的烧杯中加入少量洗涤液，如图 2.27 所示，用玻璃棒将沉淀充分搅起，立即将悬浊液一次转移到滤纸中，然后用洗瓶吹洗烧杯内壁和玻璃棒上的沉淀，再进行转移，重复以上操作数次；尽可能将沉淀全部转移至滤纸，对于残留在烧杯内壁和玻璃棒上的少量沉淀，可用撕下的滤纸角擦拭，放入漏斗中。然后进行最后冲洗，至沉淀完全转移至滤纸上。即用左手拿住烧杯，玻璃棒放在杯嘴上，以食指按住玻璃棒，烧杯嘴朝向漏斗倾斜，玻璃棒下端指向滤纸三层部分，右手持洗瓶吹出液流冲洗烧杯内壁，使杯内残留的沉淀随液流沿玻璃棒流入滤纸内，注意勿使溶液溅出，仍黏附在烧杯内壁和玻璃棒上的沉淀，可用原撕下的滤纸角进行擦拭，擦拭过的滤纸角放在漏斗中的沉淀内。沉淀全部转移完全后，再在滤纸上进行洗涤，以除尽全部杂质。用洗瓶吹出细小缓慢的液流，从滤纸上部沿漏斗壁自上而下螺旋式冲洗，以使沉淀集中在滤纸锥体最下部，重复多次至沉淀洗净为止。

洗涤的目的是为了洗出沉淀表面所吸附的杂质和残留的母液，获得纯净的沉淀。为了提高洗涤效率，尽量减少沉淀的溶解损失，洗涤时应遵循“少量多次”的原则，即同体积的洗涤液应尽可能分多次洗涤，每次使用少量洗涤液（没过沉淀为度），待沉淀沥干后，再进行下一次洗涤。洗涤数次后，用洁净的表面皿承接约 1mL 滤液，选择灵敏、快速的定性反应来检验沉淀是否洗净。

三、沉淀的烘干和灼烧

1. 坩埚的准备和干燥器的使用

将坩埚洗净、烘干，再用钴盐或铁盐溶液在坩埚及盖上写明编号，以资识别。然后于高温炉中，在灼烧沉淀时的温度条件下预先将坩埚灼至恒重，灼烧时间 15～30min。将灼烧后的坩埚自然冷却将其夹入干燥器中。暂不要立即盖紧干燥器盖，留约 2mm 缝隙，等空气逸出后再盖严。移至天平室冷却 30～40min 至室温后即可称量。然后再灼烧 15～20min，冷却，称量，直到连续两次称量称得质量之差不超过 0.2mg，即可认为坩埚恒重。

2. 沉淀的包裹

用洁净的药铲将滤纸三层底部分掀起两处，再用洁净的手指从翘起的滤纸下面将其取出，打开成半圆形，自右端 1/3 半径处向左折叠一次，再自上而下折一次，然后从右向左卷成小卷（如图 2.28 所示），再用玻璃棒轻轻转动滤纸包，以便擦净漏斗内壁可能沾有的沉淀。

3. 沉淀的烘干

将滤纸包放入已恒重的坩埚内，倾斜放置，包裹层数较多的一面朝上，以便于炭化和灰化。坩埚的外壁和盖先用蓝黑墨水或 $K_4[Fe(CN)_6]$ 溶液编号。若包裹胶体膨松的沉淀，可在漏斗中用玻璃棒将滤纸周边挑起并向内折，把锥体的敞口封住，然后取出倒过来尖朝上放入坩埚中。烘干时，盖上坩埚盖，但不要盖严。

4. 炭化及灰化

将装有沉淀的坩埚置于低温电炉加热，把坩埚盖半掩着倚于坩埚口，将滤纸和沉淀烘干

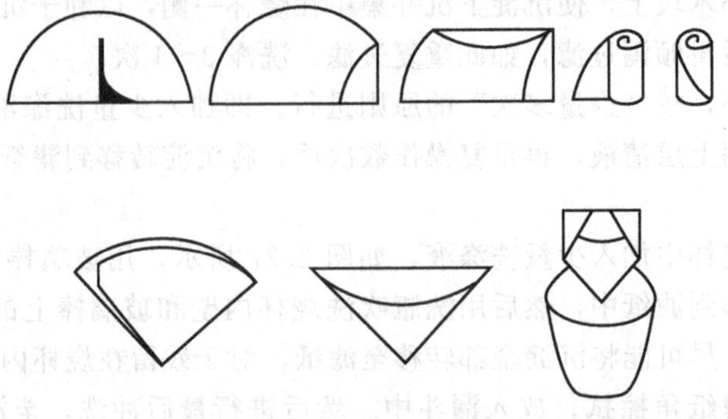

图 2.28 晶形沉淀的包裹

至滤纸烤成炭黑状全部炭化（滤纸变黑），注意只能冒烟，不能冒火，以免沉淀颗粒随火飞散而损失。炭化时如遇滤纸着火，可立即用坩埚盖盖住，使坩埚内的火焰熄灭（切不可用嘴吹灭）。着火时，不能置之不理，让其燃烬，这样易使沉淀随大气流飞散损失。待火熄灭后，将坩埚移至原来位置，继续加热至全部炭化（滤纸变黑）。

炭化后可逐渐提高温度，使呈炭黑状的滤纸灼烧成灰，待滤纸全部呈白色。炭化和灰化的灼烧方法：烘干、炭化、灰化，应由小火到大火，一步一步完成，不能性急，不要使火焰加得太大。

5. 灼烧至恒重

沉淀和滤纸灰化后，将坩埚移入高温炉中（根据沉淀性质调节适当温度），盖上坩埚盖，但留有空隙。在与灼烧坩埚时相同的温度下，灼烧 40～50min，与空坩埚灼烧操作相同，取出，冷至室温，称量。然后进行第二次、第三次灼烧，直至坩埚和沉淀恒重（相邻两次灼烧后的称量差值不大于 0.4mg）为止。一般第二次以后的灼烧 20min 即可。

从高温炉中取出坩埚时，将坩埚移至炉口，至红热稍退后，再将坩埚从炉中取出放在洁净瓷板上，在夹取坩埚时，坩埚钳应预热。待坩埚冷至红热退去后，再将坩埚转至干燥器中。

放入干燥器后，盖好盖子，随后须启动干燥器盖 1～2 次。在干燥器内冷却时，原则是冷至室温，一般须 30min 左右。但要注意，每次灼烧、称重和放置的时间，都要保持一致。使用干燥器时，首先将干燥器擦干净，烘干多孔瓷板后，将干燥剂通过一纸筒装入干燥器的底部。应避免干燥剂沾污内壁的上部，然后盖上瓷板。

干燥器盛装干燥剂后，应在干燥器的磨口上涂上一层薄而均匀的凡士林油，盖上干燥器盖。开启干燥器时，左手按住干燥器的下部，右手按住盖子的圆顶，向左前方推开器盖，盖子取下后应拿在右手中，用左手放入（或取出）坩埚（或称量瓶），及时盖上干燥器盖。盖子取下后，也可放在桌子上安全的地方（注意要磨口向上，圆顶朝下）。加盖时，也应当拿住、盖上圆顶，推着盖好。

当坩埚等放入干燥器时，一般应放在瓷板圆孔内。若坩埚等热的容器放入干燥器后，应连续推开干燥器 1～2 次。搬动或挪动干燥器时，应该用双手同时按住盖，防止滑落打破。

关于空坩埚的恒重方法和灼烧温度，均与灼烧沉淀时相同。坩埚与沉淀的恒重质量与空坩埚的恒重质量之差，即为 $BaSO_4$ 的质量。现在，生产单位常用一次灼烧法，即先称恒重后，带沉淀的坩埚的质量（称为总质量），然后，用毛笔刷去 $BaSO_4$ 沉淀，再称出空坩埚的质量，用差减法即可求出沉淀的质量。

四、有机试剂沉淀的重量分析法

用有机试剂沉淀的重量分析法（如镍的丁二酮肟沉淀法）的一般过程是：试样溶解→沉淀→陈化→过滤和洗涤→烘干至恒重→结果计算。此过程与晶形沉淀使用的重量分析法过程大致相同，其中一般不采用灼烧的方法，因为灼烧会使换算因子大大增大，这是不利于测定的，其中沉淀过滤是用微孔玻璃坩埚（或漏斗）进行的。

微孔玻璃漏斗和坩埚如图 2.29 和图 2.30 所示。此种过滤器皿的滤板是用玻璃粉末在高温熔结而成。按照微孔的孔径，由大到小分为 6 级，G1～G6（或 1 号～6 号）。1 号的孔径最大（12～80μm），6 号孔径最小（2μm 以下）。在定量分析中，一般用 G3～G5 规格（相当于慢速滤纸）过滤细晶形沉淀。使用此类滤器时，需用减压抽气法过滤。凡是烘干后即可称量或热稳定性差的沉淀（如 AgCl），均采用微孔玻璃漏斗（或坩埚）过滤。不能用玻璃漏斗或坩埚过滤强碱性溶液，因它会损坏坩埚或漏斗的微孔。关于有机试剂沉淀重量分析法的其余过程可按实验操作进行。

图 2.29　微孔玻璃漏斗

图 2.30　微孔玻璃坩埚

第三章 分析化学基础实验

实验一 氢氧化钠标准溶液的配制与标定

一、实验目的

1. 了解基准物质和标准溶液的概念与使用。
2. 掌握标准溶液配制与标定的方法和操作。
3. 掌握碱式滴定管、容量瓶、移液管和电子天平的使用方法。

二、实验原理

NaOH 不易制纯，易吸收水分及空气中的 CO_2，因此不能用直接法配制标准溶液。需要先配成近似浓度的溶液（通常为 $0.1mol \cdot L^{-1}$），然后用基准物质标定。

邻苯二甲酸氢钾和草酸常用作标定碱的基准物质。邻苯二甲酸氢钾易制得纯品，在空气中不吸水，容易保存，摩尔质量大，是一种较好的基准物质。

标定 NaOH 反应式为：$KHC_8H_4O_4 + NaOH \xlongequal{} KNaC_8H_4O_4 + H_2O$

三、实验仪器与试剂

1. 仪器

50mL 碱式滴定管，250mL 锥形瓶，烧杯，托盘天平，电子天平。

2. 试剂

氢氧化钠，邻苯二甲酸氢钾，0.1%酚酞乙醇溶液。

四、实验步骤

1. NaOH 溶液的配制（$0.1mol \cdot L^{-1}$）

用台秤称取 2.0g NaOH 固体，加蒸馏水 50mL 溶解，转入 500mL 试剂瓶中，用少量水冲洗小烧杯数次，将冲洗液一并转入试剂瓶中，再加水至总体积约 500mL，盖上橡皮塞，摇匀。

2. NaOH 标准溶液的标定

用减量法准确称取 0.4～0.5g $KHC_8H_4O_4$（KHP）于 250mL 锥形瓶中，加入 25～30mL 蒸馏水溶解，滴入 1～2 滴酚酞试液，用待标定的 NaOH 溶液滴定至当溶液呈浅红色，且在半分钟内不再褪色，即为终点。平行标定三份，计算 NaOH 标准溶液浓度，其相对平均偏差不应大于 0.2%。

五、实验数据记录与处理

NaOH 溶液浓度的标定

项目	1	2	3
m_{KHP}/g			
V_{NaOH}/mL			
c_{NaOH}/mol·L^{-1}			
$\bar{c}$/mol·L^{-1}			
相对平均偏差$\overline{d_r}$/%			

六、思考题

1. 如何计算称取邻苯二甲酸氢钾的质量范围？
2. 若基准物质未烘干，标定结果偏高还是偏低？
3. NaOH 标准溶液能否用直接配制法？为什么？
4. 为什么用台秤称取 NaOH，而不用分析天平？

七、实验注意事项

用 NaOH 滴定 HCl，以酚酞作指示剂，终点为微红色，半分钟不褪色。若经较长时间慢慢褪去，可能是由溶液吸收了空气中的 CO_2 生成 H_2CO_3 所致。

实验二　盐酸标准溶液的配制与标定

一、实验目的

1. 掌握酸式滴定管和电子天平的操作。
2. 掌握盐酸标准溶液的配制与标定方法。
3. 掌握滴定终点指示剂颜色变化的观察以及滴定终点的控制。

二、实验原理

市售盐酸为无色透明的 HCl 水溶液，HCl 含量为 36%～38%（质量分数），相对密度约为 1.18。由于浓盐酸易挥发，若直接配制准确度差，因此配制盐酸标准溶液时需用间接配制法。

标定盐酸的基准物质常用碳酸钠和硼砂等，无水碳酸钠易提纯，价格便宜，但易吸收空气中的水分，且摩尔质量较小。无水碳酸钠固体需先在 270～300℃干燥 1h，然后置于干燥器中冷却后备用。本实验采用无水碳酸钠为基准物质，计量点时溶液的 pH 值为 3.89，以甲基橙作指示剂滴定至溶液呈橙色即为终点。为使 H_2CO_3 的过饱和部分不断分解逸出，临近滴定终点时应将溶液剧烈振动或加热。

三、实验仪器与试剂

1. 仪器

50mL 碱式滴定管，250mL 容量瓶，250mL 锥形瓶，10mL 量筒，10mL 和 25mL 移液管，烧杯，托盘天平，电子天平。

2. 试剂

无水碳酸钠（G. R.），浓 HCl，甲基橙（$1g\cdot L^{-1}$）水溶液。

四、实验步骤

1. $0.1mol\cdot L^{-1}$盐酸溶液的配制

在通风橱内用小量筒量取浓盐酸 4.2～4.5mL，倒入 500mL 试剂瓶中，加水稀释至 500mL，摇匀。

2. 盐酸标准滴定溶液的标定

准确称取无水碳酸钠 0.10～0.12g 于 250mL 锥形瓶中，加 20～30mL 蒸馏水溶解后，加 1～2 滴甲基橙，用盐酸溶液滴定至溶液由黄色变为橙色即为终点。平行测定三份，计算盐酸标准溶液的浓度。其相对平均偏差不得大于 0.3%。

五、实验数据记录与处理

HCl 溶液浓度的标定

项目	1	2	3
$m_{Na_2CO_3}/g$			
V_{HCl}/mL			
$c_{HCl}/mol\cdot L^{-1}$			
$\bar{c}_{HCl}/mol\cdot L^{-1}$			
相对平均偏差$\overline{d}_r$/%			

六、思考题

1. 为什么不能用直接法配制盐酸标准溶液？

2. 实验中所用锥形瓶是否需要烘干？加入蒸馏水的量是否需要准确？

3. 为什么 HCl 标准溶液配制后，都要经过标定？

4. 标定 HCl 溶液的浓度除了用 Na_2CO_3 外，还可以用何种基准物质？

5. 用 Na_2CO_3 标定 HCl 溶液时能否用酚酞作指示剂？

6. 平行滴定时，第一份滴定完成后，若剩下的滴定溶液还足够做第二份滴定时，是否可以不再添加滴定溶液而继续往下滴第二份？为什么？

7. 配制酸碱溶液时，所加水的体积是否需要很准确？

8. 酸式滴定管未洗涤干净挂有水珠，对滴定时所产生的误差有何影响？滴定时用少量水吹洗锥形瓶壁，对结果有无影响？

七、实验注意事项

1. 无水碳酸钠经过高温烘烤后，极易吸水，故称量瓶一定要盖严；称量时，动作要快些，以免无水碳酸钠吸水。

2. 在 CO_2 存在下终点变色不够敏锐，因此在临近滴定终点之前，最好把溶液加热至沸，并摇动以赶走 CO_2，冷却后再滴定。

实验三 食醋中乙酸含量的测定

一、实验目的

1. 了解食醋中乙酸含量测定的原理。
2. 掌握酸碱滴定法的应用。

二、实验原理

食醋中的酸性物质主要是乙酸，此外还含有少量其他弱酸如乳酸等，可以用酸碱中和反应原理，以酚酞为指示剂，用已知浓度的氢氧化钠溶液进行中和滴定酸的总量。

反应方程式为：$CH_3COOH + NaOH \longrightarrow CH_3COONa + H_2O$

三、实验仪器与试剂

1. 仪器

50mL 碱式滴定管，250mL 容量瓶，250mL 锥形瓶，10mL 和 25mL 移液管，烧杯，托盘天平，电子天平。

2. 试剂

食醋，0.1%酚酞乙醇溶液，NaOH 标准溶液。

四、实验步骤

用移液管准确移取 25.00mL 食醋试液于 250mL 容量瓶中，用新煮沸后冷却的蒸馏水稀释至刻度，摇匀。用移液管准确称取 25.00mL 已稀释的食醋试液于 250mL 锥形瓶中，加入 1～2 滴酚酞指示剂，用 NaOH 标准溶液滴定至终点，记录 NaOH 消耗的体积。平行测定 3 份。计算食醋的总酸量。

五、实验数据记录与处理

食醋中总酸含量

项目	1	2	3
$c_{NaOH}/mol \cdot L^{-1}$			
V_{NaOH}/mL			
$c_{HAc}/mol \cdot L^{-1}$			
$\bar{c}_{HAc}/mol \cdot L^{-1}$			
相对平均偏差 $\overline{d_r}$/%			

六、思考题

1. 用 NaOH 标准溶液测定食醋的总酸量时，选用酚酞作指示剂的依据是什么？

2. 测定乙酸含量时，所用的蒸馏水不能有二氧化碳，为什么？NaOH 标准溶液能否含有少量二氧化碳，为什么？

七、实验注意事项

NaOH 标准溶液滴定乙酸，属强碱滴定弱酸，CO_2 的影响严重，注意除去所用碱标准溶液和蒸馏水中的 CO_2。

实验四　混合碱的分析

一、实验目的

1. 掌握酸式滴定管、移液管的使用方法。
2. 掌握双指示剂法的原理及应用。

二、实验原理

混合碱是 Na_2CO_3 与 NaOH 或 Na_2CO_3 与 $NaHCO_3$ 的混合物。欲测定同一份试样中各组分的含量，可用 HCl 标准溶液滴定，选用两种不同指示剂分别指示第一、第二化学计量点的到达。根据到达两个化学计量点时消耗的 HCl 标准溶液的体积，便可判别试样的组成及计算各组分含量。

在混合碱试样中加入酚酞指示剂，用 HCl 标准溶液滴定到溶液呈微红色。则试液中所含 NaOH 完全被中和，Na_2CO_3 则被中和为 $NaHCO_3$，若溶液中含 $NaHCO_3$，则未被滴定，反应如下：

$$NaOH + HCl = NaCl + H_2O, Na_2CO_3 + HCl = NaCl + NaHCO_3$$

设滴定用去的 HCl 标准溶液的体积为 V_1 (mL)，再加入甲基橙指示剂，继续用 HCl 标准溶液滴定到溶液由黄色变为橙色。此时溶液中的 $NaHCO_3$（或是 Na_2CO_3 第一步被中和生成的，或是试样中含有的）被中和成 CO_2 和 H_2O：

$$NaHCO_3 + HCl = NaCl + CO_2 + H_2O$$

此时，又消耗的 HCl 标准溶液（即第一计量点到第二计量点消耗的）的体积为 V_2 (mL)。当 $V_1 > V_2$ 时，试样为 Na_2CO_3 与 NaOH 的混合物，即滴定 Na_2CO_3 所消耗的 HCl 的体积为 $2V_2$，而中和 NaOH 所消耗的 HCl 的体积为 $V_1 - V_2$，故计算 NaOH 和 Na_2CO_3 的含量公式应为：

$$\rho_{NaOH} = \frac{(V_1 - V_2)c_{HCl}M_{NaOH}}{V}, \quad \rho_{Na_2CO_3} = \frac{2V_2 c_{HCl}M_{Na_2CO_3}}{2V}$$

当 $V_1 < V_2$ 时，试样为 Na_2CO_3 与 $NaHCO_3$ 的混合物，此时 V_1 为中和 Na_2CO_3 时所消耗的 HCl 的体积，故 Na_2CO_3 所消耗的 HCl 的体积为 $2V_1$，中和 $NaHCO_3$ 消耗的 HCl 的体积为 $V_2 - V_1$，计算 $NaHCO_3$ 和 Na_2CO_3 含量的公式为：

$$\rho_{NaHCO_3} = \frac{(V_2 - V_1)c_{HCl}M_{NaHCO_3}}{V}, \quad \rho_{Na_2CO_3} = \frac{2V_1 c_{HCl}M_{Na_2CO_3}}{2V}$$

总碱量：通常以 Na_2O 的含量来表示总碱度，其计算公式如下。

$$\rho_{Na_2O}=\frac{(V_1+V_2)c_{HCl}M_{Na_2O}}{2V}$$

三、实验仪器与试剂

1. 仪器

25mL 移液管，50mL 酸式滴定管，250mL 锥形瓶，烧杯，托盘天平，电子天平。

2. 试剂

甲基橙指示剂（0.2%水溶液），酚酞指示剂（0.2%乙醇溶液），HCl 标准溶液（$0.10mol\cdot L^{-1}$）。

四、实验步骤

用 25.00mL 移液管平行移取 25.00mL 混合碱试液三份于 250mL 锥形瓶中，加 1～2 滴酚酞指示剂，用已标定的 HCl 标准溶液滴定至溶液恰好由红色至微红色，为第一终点，记下消耗的 HCl 标准溶液的体积 V_1。再加入 1～2 滴甲基橙指示剂，继续用 HCl 标准溶液滴定至溶液由黄色变为橙色，为第二终点，记下又消耗的 HCl 溶液的体积为 V_2。平行测定三次。依据 V_1 和 V_2 的大小判断混合碱的组成并计算各组分的含量及相对平均偏差，总碱度的相对平均偏差不大于 0.3%。

五、实验数据记录与处理

项目	1	2	3
$c_{HCl}/mol\cdot L^{-1}$			
V_1/mL			
V_2/mL			
$\rho_{Na_2CO_3}/g\cdot L^{-1}$			
$\overline{\rho}_{Na_2CO_3}/g\cdot L^{-1}$			
$\rho_{NaHCO_3}/g\cdot L^{-1}$			
$\overline{\rho}_{NaHCO_3}/g\cdot L^{-1}$			
$\rho_{总}/g\cdot L^{-1}$			
相对平均偏差$\overline{d}_r$/%			

六、思考题

1. 双指示剂法测定混合碱组成的方法原理是什么？

2. 试判断下列五种情况混合碱的组成？

(1) $V_1=0$，$V_2>0$；(2) $V_1>0$，$V_2=0$；(3) $V_1>V_2>0$；(4) $V_2>V_1>0$；(5) $V_1=V_2>0$

七、实验注意事项

1. 混合碱系 Na_2CO_3 与 NaOH 组成时，酚酞指示剂可适当多加几滴，否则因滴定不完全使 NaOH 的测定结果偏低，Na_2CO_3 的测定结果偏高。

2. 用浓度相当的 $NaHCO_3$ 的酚酞溶液作对照。在达到第一终点前，不能因为滴定速度过快，造成溶液中 HCl 局部过浓，引起 CO_2 的损失，带来较大误差，滴定速度也不能太慢，摇动要均匀。

3. 临近滴定终点时，要充分摇动，以防止形成 CO_2 的过饱和溶液而使终点提前到达。

实验五　EDTA 标准溶液的配制与标定

一、实验目的

1. 掌握 EDTA 标准溶液的配制和标定方法。
2. 掌握络合滴定法的原理和方法。
3. 掌握钙指示剂或二甲酚橙指示剂的使用及其终点的变化。

二、实验原理

乙二胺四乙酸难溶于水，能与大多数金属离子形成稳定的 1∶1 型络合物，但其溶解度较小，常温下其溶解度为 $0.2g \cdot L^{-1}$，通常使用其二钠盐配制标准溶液。乙二胺四乙酸二钠盐也简称为 EDTA，其溶解度为 $120g \cdot L^{-1}$，约 $0.3mol \cdot L^{-1}$ 的溶液，其水溶液 pH=4.8。

市售 EDTA 含水 0.3%～0.5%，且含有少量杂质，虽能制成纯品，但手续复杂，由于水和其他试剂中常含有金属离子，因此常采用间接法配制标准溶液。

EDTA 标准溶液的配制一般用间接法先配成近似浓度的溶液，再用基准物质标定。标定 EDTA 溶液常用的基准物有 Zn、ZnO、$CaCO_3$、Bi、Cu、$MgSO_4 \cdot 7H_2O$、Hg、Ni、Pb 等。通常选用其中与被测组分相同的物质作基准物，这样滴定条件较一致，可减小误差。

络合滴定中所用的蒸馏水，应不含 Fe^{3+}、Al^{3+}、Cu^{2+}、Ca^{2+}、Mg^{2+} 等杂质离子。

三、实验仪器与试剂

1. 仪器

50mL 酸式滴定管，250mL 锥形瓶，250mL 容量瓶，25mL 移液管，电子天平，称量瓶。

2. 试剂

EDTA，NaOH（$2mol \cdot L^{-1}$），HCl（1∶1），$CaCO_3$（固体，A. R.），钙指示剂。

四、实验步骤

1. EDTA 标准溶液的配制

在台秤上称取 4.0g 左右乙二胺四乙酸二钠于 500mL 烧杯中，加 200mL 温水使其溶解，转入聚乙烯瓶中，用水稀释至 500mL。

2. 以 $CaCO_3$ 为基准物质标定 EDTA

（1）$0.02mol \cdot L^{-1}$ 钙标准溶液的配制：准确称取在 110℃干燥至恒重的基准物质 $CaCO_3$ 0.50～0.55g 于烧杯中，加少量的水数滴润湿，盖上表面皿，从烧杯嘴慢慢加入 1∶1 HCl 至 $CaCO_3$ 完全溶解，用蒸馏水把可能溅到表面皿上的溶液洗入杯中，定量转移入 250mL 容量瓶中，用纯水稀释至刻度后摇匀。

（2）EDTA 标准溶液的标定：吸取 25.00mL 该标准溶液于 250mL 锥形瓶中，加 $40g \cdot L^{-1}$ 的 NaOH 溶液 5mL 调节溶液 pH 值为 12，加入少量的钙指示剂（约 0.01g），用

EDTA 标准溶液滴定，溶液由酒红色转变为纯蓝色即为终点。平行测定三次。计算 EDTA 标准溶液的浓度，相对平均偏差不大于 0.2%。

五、实验数据记录与处理

项目	1	2	3
m_{CaCO_3}/g			
V_{EDTA}/mL			
c_{EDTA}/mol·L^{-1}			
$\overline{c}_{EDTA}$/mol·L^{-1}			
相对平均偏差$\overline{d}_r$/%			

六、思考题

1. 用 HCl 溶液溶解 $CaCO_3$ 基准物质时，操作中应注意什么？
2. 为什么通常使用乙二胺四乙酸二钠盐配制 EDTA 标准溶液，而不用乙二胺四乙酸？
3. 如果用 HAc-NaAc 缓冲溶液，能否用铬黑 T 作指示剂？为什么？

七、实验注意事项

滴定操作注意滴定速度，配位反应的速率较慢（不像酸碱反应能在瞬间完成），故滴定时加入 EDTA 的速度不能太快。特别是临近终点时，应逐滴加入，并充分振摇。

实验六 水总硬度的测定

一、实验目的

1. 了解水硬度的概念及其表示方法。
2. 掌握络合滴定的基本原理、方法和应用。
3. 掌握容量瓶、移液管和滴定管的正确使用。
4. 掌握铬黑 T、钙指示剂的使用条件、终点变化及络合滴定终点的判断。

二、实验原理

通常称含较多量 Ca^{2+}、Mg^{2+} 的水为硬水，水的总硬度是指水中 Ca^{2+}、Mg^{2+} 的总量，它包括暂时硬度和永久硬度。水中 Ca^{2+}、Mg^{2+} 以酸式碳酸盐形式存在的称为暂时硬度；若以硫酸盐、硝酸盐和氯化物形式存在的称为永久硬度。

水的总硬度测定就是测定水中钙、镁离子的总含量，可用络合滴定法测定，在 pH=10 的氨性缓冲溶液中，以铬黑 T（EBT）为指示剂，用 EDTA 标准溶液直接测定 Ca^{2+}、Mg^{2+} 总量，由于 $K_{CaY}>K_{MgY}>K_{Mg\text{-}EBT}>K_{Ca\text{-}EBT}$，铬黑 T 先与部分 Mg 络合为 Mg-EBT（酒红色）。当 EDTA 滴入时，EDTA 与 Ca^{2+}、Mg^{2+} 络合，终点时 EDTA 夺取 Mg-EBT 中的 Mg^{2+}，将 EBT 置换出来，溶液由酒红色转为纯蓝色。

测定水中钙硬时，另取等量水样加 NaOH 调节溶液 pH 值为 12～13。使 Mg^{2+} 生成 $Mg(OH)_2$沉淀，加入钙指示剂用 EDTA 滴定，测定水中的 Ca^{2+} 含量，即可算出水中的

Mg^{2+}的含量即镁硬。滴定时，Fe^{3+}、Al^{3+}等干扰离子可用三乙醇胺予以掩蔽；Cu^{2+}、Pb^{2+}、Zn^{2+}等重金属离子，可用KCN、Na_2S或巯基乙酸予以掩蔽。

水的硬度有多种表示方法，常以水中钙、镁重量换算为CaO含量的方法表示，单位为$mg\cdot L^{-1}$和（°）。水的总硬度1°表示1L水中含10mg CaO。计算水的总硬度公式为：

$$总硬度=\frac{(cV)_{EDTA}M_{CaO}}{V_{水}}\times 1000(mg\cdot L^{-1})或总硬度=\frac{(cV)_{EDTA}M_{CaO}}{V_{水}}\times 100(°)$$

$$\rho_{Ca}(mg\cdot L^{-1})=\frac{(cV_2)_{EDTA}M_{Ca}\times 1000}{V}和\rho_{Mg}(mg\cdot L^{-1})=\frac{c(\overline{V}_1-\overline{V}_2)_{EDTA}M_{Mg}\times 1000}{V}$$

三、实验仪器与试剂

1. 仪器

电子天平，容量瓶（250mL），移液管（20mL），酸式滴定管（50mL），锥形瓶（250mL），烧杯（250mL、500mL），玻璃棒，表面皿，硬质玻璃瓶。

2. 试剂

EDTA标准溶液（$0.02mol\cdot L^{-1}$），钙指示剂，铬黑T指示剂（EBT），氨性缓冲溶液（pH=10），三乙醇胺（1∶2），NaOH溶液（$40g\cdot L^{-1}$）。

四、实验步骤

1. 总硬度的测定

用移液管移取适量水样VmL于250mL锥形瓶中，加5mL氨性缓冲溶液，3～4滴EBT，用EDTA标准溶液滴定至溶液由酒红色变为纯蓝色为终点。记录EDTA消耗的体积为V_1mL。平行测定三份。计算水的总硬度，其相对平均偏差不大于0.3%。

2. 钙硬的测定

移取与步骤1等量的水样于250mL锥形瓶中，加5mL NaOH溶液，再加少量钙指示剂，用EDTA标准溶液滴定至溶液由酒红色变为纯蓝色为终点。记录EDTA消耗的体积为V_2mL。平行测定三份。计算钙硬，其相对平均偏差不大于0.3%。

五、实验数据记录与处理

项目	1	2	3
$c_{EDTA}/mol\cdot L^{-1}$			
V_1/mL			
$\overline{V}_1/mL$			
V_2/mL			
$\overline{V}_2/mL$			
$V_{水}/mL$			
$\rho_{总硬度}/mg\cdot L^{-1}$			
相对平均偏差/%			
$\rho_{Ca}/mg\cdot L^{-1}$			
$\rho_{Mg}/mg\cdot L^{-1}$			
相对平均偏差$\overline{d}_r$/%			

六、思考题

1. 用铬黑 T 指示剂时，为什么要控制 pH=10?
2. 络合滴定法与酸碱滴定法相比有哪些不同?
3. 为什么要加氨性缓冲溶液?

七、实验注意事项

1. 络合滴定速度不能太快，特别是近终点时要逐滴加入，并充分摇动，因络合反应速度较中和反应要慢一些。

2. 在络合滴定中加入金属指示剂的量是否合适对终点观察十分重要，应在实践中细心体会。

3. 使用三乙醇胺掩蔽 Fe^{3+}、Al^{3+}，需在 pH<4 下加入，摇动后再调节 pH 至滴定酸度。

4. 自来水样较纯、杂质少，可省去水样酸化、煮沸、加 Na_2S 掩蔽剂等步骤。

实验七　铅铋混合液中铅、铋含量的连续滴定

一、实验目的

1. 熟悉滴定操作和滴定终点的判断。
2. 掌握铅铋混合溶液连续滴定的原理、方法和计算。

二、实验原理

Bi^{3+}、Pb^{2+} 均能与 EDTA 形成稳定的络合物，其 lg K 值分别为 27.94 和 18.04，两者稳定性相差很大，$\Delta pK>9.90>6$。因此可以用控制酸度的方法在一份试液中连续滴定 Bi^{3+} 和 Pb^{2+}。在测定中均以二甲酚橙（XO）作指示剂，XO 在 pH<6 时呈黄色，在 pH>6.3 时呈红色，而它与 Bi^{3+}、Pb^{2+} 所形成的络合物呈紫红色。它们的稳定性与 Bi^{3+}、Pb^{2+} 和 EDTA 所形成的络合物相比要低，而且 $K_{Bi\text{-}XO}>K_{Pb\text{-}XO}$。

测定时先用 HNO_3 调节溶液 pH=1.0，用 EDTA 标准溶液滴定溶液由紫红色突变为亮黄色，即为滴定 Bi^{3+} 的终点。然后加入六亚甲基四胺溶液使溶液 pH 值为 5～6。此时 Pb^{2+} 与 XO 形成紫红色络合物，继续用 EDTA 标准溶液滴定至溶液由紫红色突变为亮黄色，即为滴定 Pb^{2+} 的终点。

三、实验仪器与试剂

1. 仪器

50mL 酸式滴定管，250mL 锥形瓶，25mL 移液管。

2. 试剂

0.02mol·L^{-1} EDTA 标准溶液，HNO_3（0.10mol·L^{-1}），六亚甲基四胺溶液（200g·L^{-1}），Bi^{3+}、Pb^{2+} 混合液（含 Bi^{3+}、Pb^{2+} 各约为 0.010mol·L^{-1}，含 HNO_3 0.15mol·L^{-1}），二甲酚橙水溶液（2g·L^{-1}）。

四、实验步骤

用移液管移取 25.00mL Bi^{3+}、Pb^{2+} 混合试液于 250mL 锥形瓶中，加入 10mL 0.10mol·L^{-1} HNO_3，2 滴二甲酚橙，用 EDTA 标准溶液滴定溶液由紫红色突变为亮黄色即为终点，记为 V_1（mL）。然后加入 10mL 200g·L^{-1} 六亚甲基四胺溶液，溶液变为紫红色，继续用 EDTA 标准溶液滴定溶液，由紫红色突变为亮黄色即为终点，记下 V_2（mL）。平行测定三份，计算混合试液中 Bi^{3+} 和 Pb^{2+} 的含量（mol·L^{-1}）及 V_1/V_2。

五、实验数据记录与处理

EDTA 标准溶液的标定

项目	1	2	3
c_{EDTA}/mol·L^{-1}			
V_1/mL			
V_2/mL			
$c_{Bi^{3+}}$/mol·L^{-1}			
$\overline{c}_{Bi^{3+}}$/mol·L^{-1}			
$c_{Pb^{2+}}$/mol·L^{-1}			
$\overline{c}_{Pb^{2+}}$/mol·L^{-1}			
相对平均偏差$\overline{d_r}$/%			

六、思考题

1. 滴定 Bi^{3+} 的最高酸度是多少？滴定至 Bi^{3+} 的终点时，溶液中酸度为多少？

2. 能否取等量混合试液两份，一份控制 pH≈1.0 滴定 Bi^{3+}，另一份控制 pH 值为 5～6 滴定 Bi^{3+}、Pb^{2+} 总量，为什么？

3. 滴定 Pb^{2+} 时要调节溶液 pH 值为 5～6，为什么加入六亚甲基四胺而不加入乙酸钠？

七、实验注意事项

Bi^{3+} 易水解，开始配制混合液时所含 HNO_3 浓度较高，临使用前加水稀释至约 0.15mol·L^{-1}。

实验八　高锰酸钾标准溶液的配制与标定

一、实验目的

1. 掌握高锰酸钾的物理化学性质。

2. 掌握高锰酸钾标准溶液的配制方法和保存条件。

二、实验原理

市售的 $KMnO_4$ 试剂常含有少量 MnO_2 和其他杂质，如硫酸盐、氯化物及硝酸盐等；另外蒸馏水中常含有少量的有机物质，能使 $KMnO_4$ 还原，且还原产物能促进 $KMnO_4$ 自身分解，分解方程式如下：

$$4MnO_4^- + 2H_2O = 4MnO_2 + 3O_2\uparrow + 4OH^-$$

见光时分解更快。因此，$KMnO_4$ 的浓度容易改变，不能用直接法配制准确浓度的高锰酸钾标准溶液，必须正确地配制和保存，如果长期使用必须定期进行标定。

标定 $KMnO_4$ 的基准物质较多，有 As_2O_3、$H_2C_2O_4 \cdot 2H_2O$、$Na_2C_2O_4$ 和纯铁丝等。其中以 $Na_2C_2O_4$ 最常用，$Na_2C_2O_4$ 不含结晶水，不宜吸湿，宜纯制，性质稳定。用 $Na_2C_2O_4$ 标定 $KMnO_4$ 的反应为：

$$2MnO_4^- + 5C_2O_4^{2-} + 16H^+ = 2Mn^{2+} + 10CO_2\uparrow + 8H_2O$$

滴定时利用 MnO_4^- 本身的紫红色指示终点，称为自身指示剂。

三、实验试剂与仪器

1. 仪器

台秤，分析天平，烧杯，棕色细口瓶，微孔玻璃漏斗，称量瓶，锥形瓶，量筒，酸式滴定管。

2. 试剂

$KMnO_4$（s，A. R.），$Na_2C_2O_4$（s，A. R.），H_2SO_4（$3mol \cdot L^{-1}$）。

四、实验步骤

1. 高锰酸钾标准溶液的配制（$0.02mol \cdot L^{-1}$）

在台秤上称量 1.6g 固体 $KMnO_4$ 溶于 500mL 水中，盖上表面皿，加热至微沸并保持微沸约 1h，静置冷却后于室温下放置 2～3d，用微孔玻璃漏斗或玻璃棉漏斗过滤，滤液装入棕色细口瓶中，贴上标签，一周后标定。保存备用。

2. 高锰酸钾标准溶液的标定

准确称取 0.13～0.16g 基准物质 $Na_2C_2O_4$ 三份，分别置于 250mL 的锥形瓶中，加约 30mL 水和 $3mol \cdot L^{-1}$ H_2SO_4 10mL，盖上表面皿，加热到 70～80℃（刚开始冒蒸气的温度），趁热用高锰酸钾溶液滴定。开始滴定时反应速率慢，待溶液中产生了 Mn^{2+} 后，滴定速度可适当加快，直到溶液呈现微红色并持续半分钟不褪色即为终点。根据 $Na_2C_2O_4$ 的质量和消耗 $KMnO_4$ 溶液的体积计算 $KMnO_4$ 浓度。用同样方法滴定其他两份 $Na_2C_2O_4$ 溶液，相对平均偏差应在 0.2%以内。

五、实验数据与处理

项目	1	2	3
$m_{Na_2C_2O_4}/g$			
V_{KMnO_4}/mL			
$c_{KMnO_4}/mol \cdot L^{-1}$			
$\overline{c}_{KMnO_4}/mol \cdot L^{-1}$			
相对平均偏差 $\overline{d}_r/\%$			

六、思考题

1. 配制高锰酸钾标准溶液时，为什么要将高锰酸钾溶液煮沸一定时间并放置数天？

2. 过滤后的高锰酸钾溶液为什么盛放在棕色瓶中保存？如果没有棕色瓶怎么办？

3. 高锰酸钾为什么要放在酸式滴定管中？

4. 标定高锰酸钾为什么要在硫酸介质中进行，酸度过高或过低有何影响？可以用硝酸或盐酸调节酸度吗？

七、实验注意事项

1. 蒸馏水中常含有少量的还原性物质，使 $KMnO_4$ 还原为 $MnO_2 \cdot nH_2O$。市售高锰酸钾内含的细粉状的 $MnO_2 \cdot nH_2O$ 能加速 $KMnO_4$ 的分解，故通常将 $KMnO_4$ 溶液煮沸一段时间，冷却后，还需放置 2～3d，使之充分作用，然后将沉淀物过滤除去。

2. 在室温条件下，$KMnO_4$ 与 $C_2O_4^-$ 之间的反应速率缓慢，故加热提高反应速率。但温度又不能太高，如温度超过 85℃则有部分 $H_2C_2O_4$ 分解，反应式如下：

$$H_2C_2O_4 = CO_2\uparrow + CO\uparrow + H_2O$$

3. 草酸钠溶液的酸度在开始滴定时，约为 $1mol \cdot L^{-1}$，滴定终了时，约为 $0.5mol \cdot L^{-1}$，这样能促使反应正常进行，并且防止 MnO_2 的形成。滴定过程如果产生棕色浑浊（MnO_2），应立即加入 H_2SO_4 补救，使棕色浑浊消失。

4. 开始滴定时，反应很慢，在第一滴 $KMnO_4$ 还没有完全褪色以前，不可加入第二滴。当反应生成能使反应加速进行的 Mn^{2+} 后，可以适当加快滴定速度，但过快则局部 $KMnO_4$ 过浓而使之分解，放出 O_2 或引起杂质的氧化，都可造成误差。如果滴定速度过快，部分 $KMnO_4$ 将来不及与 $Na_2C_2O_4$ 反应，而会按下式分解：

$$4MnO_4^- + 4H^+ = 4MnO_2 + 3O_2\uparrow + 2H_2O$$

5. $KMnO_4$ 标准溶液滴定时的终点较不稳定，当溶液出现微红色，在 30s 内不褪时，滴定就可认为已经完成，如对终点有疑问时，可先将滴定管读数记下，再加入 1 滴 $KMnO_4$ 标准溶液，变成紫红色即证实终点已到，滴定时不要超过计量点。

6. $KMnO_4$ 标准溶液应放在酸式滴定管中，由于 $KMnO_4$ 溶液颜色很深，液面凹下弧线不易看出，因此应该从液面最高边上读数。

实验九 高锰酸钾法测定过氧化氢的含量

一、实验目的

1. 掌握高锰酸钾法测定过氧化氢含量的原理、滴定条件和操作步骤。

2. 掌握液体样品的取样和稀释操作。

二、实验原理

过氧化氢（H_2O_2）在工业、生物、医药等方面应用广泛。利用 H_2O_2 的氧化性漂白毛、丝织物；医药上常用于消毒和杀菌剂；纯 H_2O_2 可作为火箭燃料的氧化剂；工业上利用 H_2O_2 的还原性除去氯气；植物体内的过氧化氢酶也能催化 H_2O_2 的分解反应，在生物上利用 H_2O_2 分解所放出的氧气来测量过氧化氢酶的活性。

由于在酸性溶液中，$KMnO_4$ 的氧化性比 H_2O_2 的氧化性强，所以测定 H_2O_2 的含量时，常采用在稀硫酸溶液中，室温条件下用高锰酸钾法测定。其反应为：

$$5H_2O_2+2MnO_4^-+6H^+=2Mn^{2+}+8H_2O+5O_2$$

开始反应缓慢，第1滴溶液滴入后不易褪色，待产生Mn^{2+}后，由于Mn^{2+}的催化作用，加快了反应速率，故滴定速度也应加快，直至溶液呈微红色且半分钟内不褪色，即为终点。

三、实验仪器与试剂

1. 仪器

移液管（25mL），吸量管（10mL），洗耳球，容量瓶（250mL），酸式滴定管（50mL）。

2. 试剂

工业H_2O_2样品，$KMnO_4$（0.02mol·L^{-1}）标准溶液，H_2SO_4（3mol·L^{-1}）溶液。

四、实验步骤

用吸量管吸取H_2O_2样品2mL，置于250mL容量瓶中，加水稀释至标线，混匀后备用。用移液管准确移取H_2O_2稀释液25.00mL三份，分别置于250mL锥形瓶中，各加3mL H_2SO_4（3mol·L^{-1}），用高锰酸钾标准溶液滴定。开始反应缓慢，待第一滴高锰酸钾溶液完全褪色后，再加入第二滴，随着反应速率的加快，可逐渐增加滴定速度，直到溶液呈微红色且半分钟内不褪色，即为终点。计算未经稀释样品中的含量。

五、实验数据记录与处理

项目	1	2	3
$V_{H_2O_2}$/mL			
c_{KMnO_4}/mol·L^{-1}			
V_{KMnO_4}/mL			
$c_{H_2O_2}$/g·L^{-1}			
$\overline{c}_{H_2O_2}$/g·L^{-1}			
相对平均偏差$\overline{d}_r$/%			

六、思考题

1. 氧化还原滴定法测定H_2O_2的原理是什么？$KMnO_4$与H_2O_2反应的物质的量比是多少？

2. $KMnO_4$法测定H_2O_2时，为什么要在H_2SO_4酸性介质中进行，是否能用HCl代替？

七、实验注意事项

H_2O_2试样是工业产品，用高锰酸钾法测定不合适，因为产品中常加有少量乙酰苯胺等有机化合物作稳定剂，滴定时也被高锰酸钾氧化，引起误差。此时应用碘量法进行测定。

实验十　高锰酸钾间接滴定法测定钙的含量

一、实验目的

1. 掌握沉淀分离的基本要求及操作。
2. 掌握氧化还原法间接测定钙含量的原理及方法。
3. 了解高锰酸钾法的应用和案例分析。

二、实验原理

利用某些金属离子（如碱土金属、Pb^{2+}、Cd^{2+}等）与草酸根能形成难溶的草酸盐沉淀的反应，可以用高锰酸钾法间接测定它们的含量。反应如下：

$$Ca^{2+}+C_2O_4^{2-} \longrightarrow CaC_2O_4\downarrow, CaC_2O_4+H_2SO_4 \longrightarrow CaSO_4+H_2C_2O_4$$

$$5H_2C_2O_4+2MnO_4^-+6H^+ \longrightarrow 2Mn^{2+}+10CO_2\uparrow+8H_2O$$

用该法可测定某些补钙制剂（如葡萄糖酸钙、钙立得、盖天力等）中的钙含量，分析结果与标示量是否吻合。

三、实验仪器与试剂

1. 仪器

分析天平，干燥器，称量瓶，烧杯，水浴锅，漏斗，量杯，酸式滴定管，洗瓶。

2. 试剂

$KMnO_4$ 溶液 0.02mol·L^{-1}，草酸铵［$(NH_4)_2C_2O_4$］5g·L^{-1}，氨水 10%，1∶1 HCl，浓 H_2SO_4 1mol·L^{-1}，甲基橙 2g·L^{-1}，硝酸银 0.1mol·L^{-1}。

四、实验步骤

准确称取补钙制剂三份（每份含钙约 0.05g），分别置于 250mL 烧杯中，加入适量蒸馏水及 HCl 溶液，加热促使其溶解。于溶液中加入 2～3 滴甲基橙，此时溶液为红色，再滴加氨水中和溶液，至溶液由红色变为黄色，趁热逐滴加入约 50mL $(NH_4)_2C_2O_4$，在低温电热板（或水浴）上陈化 30min。冷却后过滤（先将上层清液倾入漏斗中），将烧杯中的沉淀洗涤数次后转入漏斗中，继续洗涤沉淀至无 Cl^-（承接洗液在 HNO_3 介质中用 $AgNO_3$ 检查），将带有沉淀的滤纸展开并贴在原烧杯的内壁上，用 50mL 1mol·L^{-1}的 H_2SO_4 分多次将沉淀从滤纸上冲洗入烧杯中，再用洗瓶洗 2 次，加入蒸馏水使总体积约 100mL，加热至 70～80℃，用 $KMnO_4$ 标准溶液滴定至溶液呈淡红色，再将滤纸搅入溶液中，若溶液褪色，则继续滴定，直至出现的淡红色 30s 内不消失即为终点。

五、实验数据记录与处理

根据滴定所耗体积计算钙的含量。将结果与补钙剂中所示标的含量进行对比分析。由公式得出关系：$m_{Ca}=\frac{5}{2}c_{KMnO_4}V_{KMnO_4}M_{Ca}$

项目	1	2	3
c_{KMnO_4}/mol·L^{-1}			
V_{KMnO_4}/mL			
m_{Ca}/g			
$\overline{m}_{Ca}$/g			
相对平均偏差$\overline{d_r}$/%			

六、思考题

1. 哪些物质可以用高锰酸钾间接滴定法测定？
2. 为什么将带有沉淀的滤纸展开并贴在原烧杯的内壁上？

七、实验注意事项

注意滴定速度，防止滴定过量；实验时，必须把滤纸上的沉淀洗涤干净，滤纸一定要放入烧杯一起滴定。

实验十一　I_2 和 $Na_2S_2O_3$ 标准溶液的配制和标定

一、实验目的

1. 掌握 I_2 和 $Na_2S_2O_3$ 溶液的配制方法和保存条件。
2. 了解标定 I_2 和 $Na_2S_2O_3$ 溶液浓度的标定方法、基本原理、反应条件、操作步骤和计算。

二、实验原理

1. I_2 标准溶液的配制与标定

用升华法可以制得纯度很高的 I_2，可作为基准物质直接配制标准溶液。但通常使用的市售 I_2 试剂纯度不高，需先配置成近似浓度，然后再进行标定。

I_2 微溶于水而易溶于 KI 溶液中，但在稀的 KI 溶液中溶解得很慢，故配制 I_2 溶液时应先在较浓的 KI 溶液中进行，待溶解完全后再稀释到所需浓度。

I_2 溶液可以用 As_2O_3 为基准物质进行标定，但 As_2O_3 有剧毒，故更常用 $Na_2S_2O_3$ 标准溶液进行标定。

2. $Na_2S_2O_3$ 标准溶液的配制与标定

固体 $Na_2S_2O_3·5H_2O$ 一般都含有少量杂质，如 S、$Na_2S_2O_3$、Na_2SO_4、Na_2CO_3 及 NaCl 等，同时还容易风化和潮解，因此不能直接配制成准确浓度的溶液，只能是配制成近似浓度的溶液，然后再标定。

$Na_2S_2O_3$ 溶液易受空气微生物等的作用而分解。水中的 CO_2、细菌和光照都能使其分解，水中的 O_2 也能将其氧化。故配制 $Na_2S_2O_3$ 溶液时，最好采用新煮沸并冷却的蒸馏水，以除去水中的 CO_2 和 O_2 并杀死细菌；加入少量的 Na_2CO_3，使溶液呈弱碱性，以抑制 $Na_2S_2O_3$ 的分解；储存于棕色瓶中放置几天后再进行标定。长期使用的溶液应定期标定，一般两个月标定一次。

标定 $Na_2S_2O_3$ 溶液经常用 KIO_3、$KBrO_3$ 或 $K_2Cr_2O_7$ 等氧化剂作为基准物，定量地将 I^- 氧化为 I_2，再用 $Na_2S_2O_3$ 溶液滴定。使用 KIO_3 和 $KBrO_3$ 作为基准物时不会污染环境。

$$IO_3^- + 5I^- + 6H^+ \longrightarrow 3I_2 + 3H_2O, BrO_3^- + 6I^- + 6H^+ \longrightarrow 3I_2 + 3H_2O + Br^-$$

$$Cr_2O_7^{2-} + 6I^- + 14H^+ \longrightarrow 2Cr^{3+} + 3I_2 + 7H_2O, I_2 + 2Na_2S_2O_3 \longrightarrow Na_2S_4O_6 + 2NaI$$

三、实验仪器与试剂

1. 仪器

分析天平，称量瓶，500mL 烧杯，250mL 容量瓶，25mL 移液管，250mL 锥形瓶，50mL 酸式滴定管，洗瓶，表面皿。

2. 试剂

基准试剂 KIO_3，$Na_2S_2O_3 \cdot 5H_2O$（A. R.），I_2（A. R.），KI（s），KI 溶液 $100g \cdot L^{-1}$（使用前配制），淀粉指示剂 $5g \cdot L^{-1}$，Na_2CO_3（s），HCl 溶液 $6mol \cdot L^{-1}$。

四、实验步骤

1. 0.050 $mol \cdot L^{-1}$ I_2 溶液的配制

称取 4.0g I_2 放入小烧杯中，加入 8g KI，准备蒸馏水 300mL，将 KI 分 4～5 次放入装有碘的小烧杯中，每次加水 5～10mL，用玻璃棒轻轻研磨，使碘逐渐溶解，溶解部分转入棕色试剂瓶中，如此反复直至碘片全部溶解为止。用水多次清洗烧杯并转入试剂瓶中，剩余的水全部加入试剂瓶中稀释，盖好瓶盖，摇匀，待标定。

2. 0.10$mol \cdot L^{-1}$ $Na_2S_2O_3$ 溶液的配制

称取 13g $Na_2S_2O_3 \cdot 5H_2O$ 溶于 500mL 新煮沸的冷蒸馏水中，加 0.1g Na_2CO_3，保存于棕色瓶中，放置一周后进行标定。

3. $Na_2S_2O_3$ 溶液的标定

（1）方法一：准确称取基准试剂 KIO_3 若干克于 250mL 烧杯中，加入少量蒸馏水溶解后，移入 250mL 容量瓶中，用蒸馏水稀释至刻度，摇匀。

用移液管吸取上述标准溶液 25.00mL 于 250mL 锥形瓶中，加入 20%KI 溶液 5mL 和 0.5$mol \cdot L^{-1}$ H_2SO_4 溶液 5mL，以水稀释至 100mL，立即用待标定的 $Na_2S_2O_3$ 溶液滴定至淡黄色，再加入 5mL 0.2%的淀粉溶液，继续用 $Na_2S_2O_3$ 溶液滴定至蓝色恰好消失，即为终点。

（2）方法二：准确称取基准试剂 $K_2Cr_2O_7$ 若干克于 250mL 烧杯中，加入少量蒸馏水溶解后，移入 250mL 容量瓶中，用蒸馏水稀释至刻度，摇匀。

用移液管吸取上述标准溶液 25.00mL 于 250mL 锥形瓶中，加 5mL 1∶1 HCl，5mL 20% KI 溶液，摇匀后盖上表面皿，在暗处放 5min。加 100mL 水稀释，用待标定的 $Na_2S_2O_3$ 溶液滴定至黄绿色，再加入 5mL 0.2%淀粉溶液，继续滴定至溶液蓝色消失并变为绿色即为终点。平行测定 3 次，计算 $Na_2S_2O_3$ 标准溶液的浓度和相对平均偏差。

（3）方法三：用 $KBrO_3$ 作基准物时，其反应较慢，为加速反应需增加酸度，必须改为取 1$mol \cdot L^{-1}$ H_2SO_4 溶液 5mL 并在暗处放置 5min，使反应进行完全。

4. I_2 溶液的标定

用酸式滴定管放出 20.00mL 待标定的 I_2 溶液置于 250mL 锥形瓶中，加 50mL 水，用 $Na_2S_2O_3$ 标准溶液滴定至溶液呈浅黄色时，加入 2mL 淀粉指示剂，继续用 $Na_2S_2O_3$ 标准溶液滴定至蓝色恰好消失，即为终点。平行测定 3 次，计算 I_2 标准溶液的浓度和相对平均偏差。

五、实验数据记录与处理

项目	1	2	3
$c_{K_2Cr_2O_7}$/mol·L^{-1}			
$V_{Na_2S_2O_3}$/mL			
$c_{Na_2S_2O_3}$/mol·L^{-1}			
$\bar{c}_{Na_2S_2O_3}$/mol·L^{-1}			
相对平均偏差$\overline{d}_r$/%			

项目	1	2	3
$c_{Na_2S_2O_3}$/mol·L^{-1}			
$V_{Na_2S_2O_3}$/mL			
c_{I_2}/mol·L^{-1}			
$\bar{c}_{I_2}$/mol·L^{-1}			
相对平均偏差$\overline{d}_r$/%			

六、思考题

1. 碘溶液应装在何种滴定管中？为什么？

2. 配制 I_2 溶液时，为什么要加 KI？

3. 配制 I_2 溶液时，为什么要在溶液非常浓的情况下将 I_2 与 KI 一起研磨，当 I_2 和 KI 溶解后才能用水稀释？如果过早地稀释会发生什么情况？

七、实验注意事项

1. $K_2Cr_2O_7$ 与 I_2 的反应需一定的时间才能进行得比较完全，故需放置约 5min。

2. 淀粉指示剂应在临近终点时加入，而不能加入得过早，否则将有较多的 I_2 与淀粉指示剂结合，而这部分 I_2 在终点时解离较慢，造成终点拖后。

实验十二　碘量法测定葡萄糖的含量

一、实验目的

1. 掌握碘量法测定葡萄糖含量的原理和方法。

2. 掌握滴定速度的控制及终点颜色的观察。

二、实验原理

碘与 NaOH 作用可生成次碘酸钠（NaIO），葡萄糖（$C_6H_{12}O_6$）能定量地被次碘酸钠（NaIO）氧化成葡萄糖酸（$C_6H_{12}O_7$）。其反应如下所示。

I_2 与 NaOH 作用：

$$I_2 + 2NaOH \longrightarrow NaIO + NaI + H_2O$$

$C_6H_{12}O_6$ 和 NaIO 定量作用：

$$CH_2OH(CHOH)_4CHO+IO^-+OH^- = CH_2OH(CHOH)_4COO^-+I^-+H_2O$$

总反应式：

$$I_2+C_6H_{12}O_6+2NaOH = C_6H_{12}O_7+2NaI+H_2O$$

过量的未与葡萄糖作用的 IO^- 在碱性介质中进一步歧化为 IO_3^- 和 I^-，它们在酸化时又反应生成 I_2：

$$3IO^- = IO_3^-+2I^-, IO_3^-+5I^-+6H^+ = 3I_2+3H_2O$$

再用 $Na_2S_2O_3$ 标准溶液滴定析出的 I_2：

$$I_2+2Na_2S_2O_3 = Na_2S_4O_6+2NaI$$

根据所加入的 I_2 标准溶液的物质的量和滴定所消耗的 $Na_2S_2O_3$ 标准溶液的物质的量，以及上述反应所反映的各物质之间的计量关系，便可计算出 $C_6H_{12}O_6$ 的含量。

三、实验仪器与试剂

1. 仪器

100mL 烧杯，100mL 容量瓶，25mL 移液管，250mL 锥形瓶，50mL 酸式滴定管，洗瓶，表面皿。

2. 试剂

$Na_2S_2O_3$ 标准溶液（见实验十一），I_2 标准溶液（0.05mol·L^{-1}，见实验十一），NaOH 溶液（1mol·L^{-1}），HCl 溶液（1∶1），淀粉溶液（0.5%），葡萄糖（s）或葡萄糖试液。

四、实验步骤

准确称取约 0.5g 葡萄糖试样于 100mL 烧杯中，加少量水溶解后定容转移至 100mL 容量瓶中，定容并摇匀（或取 5% 葡萄糖注射液准确稀释 100 倍，摇匀）。用移液管吸取该试液 25.00mL 于 250mL 锥形瓶中，由酸式滴定管准确加入 I_2 标准溶液 25.00mL。在摇动下慢慢滴加 1.0mol·L^{-1} NaOH，边加边摇，直至溶液呈淡黄色。将锥形瓶盖好表面皿放置 15min，使之反应完全。用少量水冲洗表面皿和锥形瓶内壁，然后加入 HCl 2mL 使成酸性，立即用 $Na_2S_2O_3$ 标准溶液滴定至溶液呈浅黄色时，加入淀粉指示剂 2mL，继续滴定至蓝色恰好消失即为终点。平行测定 3 份，计算试样中葡萄糖的质量分数和相对平均偏差。

五、实验数据记录与处理

项目	1	2	3
$c_{Na_2S_2O_3}$/mol·L^{-1}			
$V_{Na_2S_2O_3}$/mL			
$c_{葡萄糖}$/mol·L^{-1}			
$\overline{c}_{葡萄糖}$/mol·L^{-1}			
相对平均偏差 $\overline{d}_r$/%			

六、思考题

1. 配制 I_2 溶液时为何要加入 KI？为何要先用少量水溶解后再稀释至所需体积？

2. 碘量法主要误差有哪些？如何避免？

3. 为什么在氧化葡萄糖时滴加 NaOH 的速度要慢，且加完后要放置一段时间？为什么在酸化后则要立即用 $Na_2S_2O_3$ 标准溶液滴定？

七、实验注意事项

1. 氧化葡萄糖时滴加 NaOH 的速度要慢，否则过量的 IO^- 还来不及和葡萄糖反应就歧化为氧化性较差的 IO_3^-，可能导致葡萄糖不能完全被氧化。在碱性溶液中生成的 IO_3^- 和 I^- 在酸化时又生成 I_2，而 I_2 易挥发，所以酸化后要立即滴定。

2. 氧化加碱的速度不能过快，否则生成的 NaIO 来不及氧化 $C_6H_{12}O_6$，使测定结果偏低。

实验十三 可溶性氯化物中氯含量的测定

一、实验目的

1. 掌握 $AgNO_3$ 标准溶液的配制和标定。

2. 掌握莫尔法中指示剂的使用。

二、实验原理

莫尔法是测定可溶性氯化物中氯含量常用的方法。此法是在中性或弱碱性溶液中，以 K_2CrO_4 为指示剂，用 $AgNO_3$ 标准溶液进行滴定。由于 AgCl 沉淀的溶解度比 Ag_2CrO_4 小，溶液中首先析出白色 AgCl 沉淀。当 AgCl 定量沉淀后，过量一滴 $AgNO_3$ 溶液即与 CrO_4^{2-} 生成砖红色 Ag_2CrO_4 沉淀，指示终点到达。主要反应如下：

$$Ag^+ + Cl^- \xlongequal{} AgCl(\text{白色}),2Ag^+ + CrO_4^{2-} \xlongequal{} Ag_2CrO_4(\text{砖红色})$$

滴定必须在中性或弱碱性溶液中进行，最适宜的 pH 范围在 6.5～10.5 之间。如果有铵盐存在，溶液的 pH 范围在 6.5～7.2 之间。

指示剂的用量对滴定有影响，一般 K_2CrO_4 浓度以 $5\times10^{-3}mol\cdot L^{-1}$ 为宜。

凡是能与 Ag^+ 反应生成难溶化合物或络合物的阴离子，如 PO_4^{3-}、AsO_4^{3-}、AsO_3^{3-}、S^{2-}、SO_3^{2-}、CO_3^{2-}、$C_2O_4^{2-}$ 等均干扰测定，其中 H_2S 可加热煮沸除去，SO_3^{2-} 可用氧化成 SO_4^{2-} 的方法消除干扰。大量 Cu^{2+}、Ni^{2+}、Co^{2+} 等有色离子影响终点观察。凡能与指示剂 K_2CrO_4 生成难溶化合物的阳离子也干扰测定，如 Ba^{2+}、Pb^{2+} 等。Ba^{2+} 的干扰可加过量 Na_2SO_4 消除。Al^{3+}、Fe^{3+}、Bi^{3+}、Sn^{4+} 等高价金属离子在中性或弱碱性溶液中易水解产生沉淀，会干扰测定。

三、实验仪器与试剂

1. 仪器

分析天平，称量瓶，台秤，100mL 烧杯，100mL 容量瓶，250mL 容量瓶，25mL 移液管，250mL 锥形瓶，50mL 酸式滴定管，洗瓶，棕色试剂瓶。

2. 试剂

$AgNO_3$（s，A. R.），NaCl 基准试剂（在高温炉中 500～600℃下干燥 2～3h，干燥器中备用），K_2CrO_4（5%水溶液）。

四、实验步骤

1. 0.1mol·L^{-1} $AgNO_3$ 溶液的配制

用台秤称取 8.5g $AgNO_3$ 于小烧杯中，用适量不含 Cl^- 的蒸馏水溶解后，将溶液转入棕色瓶中，用水稀释至 500mL，摇匀，在暗处避光保存。

2. 0.1mol·L^{-1} $AgNO_3$ 溶液的标定

用减量法准确称取 0.5～0.65g 基准 NaCl 于小烧杯中，用蒸馏水（不含 Cl^-）溶解后，定量转入 100mL 容量瓶中，用水冲洗烧杯数次，一并转入容量瓶中，稀释至刻度，摇匀。准确移取 25.00mL NaCl 标准溶液 3 份于 250mL 锥形瓶中，加水（不含 Cl^-）25mL，加 5% K_2CrO_4 溶液 1mL，在不断用力摇动下，用 $AgNO_3$ 溶液滴定至从黄色变为橙红色即为终点。根据 NaCl 标准溶液的浓度和 $AgNO_3$ 溶液的体积，计算 $AgNO_3$ 溶液的浓度及相对标准偏差。

3. 试样中 NaCl 含量的测定

准确称取氯化物试样约 1.6g 于小烧杯中，加水溶解后，定量转入 250mL 容量瓶中，用水冲洗烧杯数次，一并转入容量瓶中，稀释至刻度，摇匀。移取此溶液 25.00mL 3 份于 250mL 锥形瓶中，加水（不含 Cl^-）25mL，5% K_2CrO_4 溶液 1mL，在不断用力摇动下，用 $AgNO_3$ 溶液滴定至溶液从黄色变为橙红色即为终点。计算 Cl^- 含量及相对平均偏差。

4. 空白试验

必要时进行空白试验，即取 25.00mL 蒸馏水按上述同样操作测定，计算时应扣除空白测定所耗 $AgNO_3$ 标准溶液之体积。

五、实验数据记录与处理

1. $AgNO_3$ 溶液的标定

项目	1	2	3
m_{NaCl}/g			
V_{AgNO_3}/mL			
c_{AgNO_3}/mol·L^{-1}			
$\overline{c}_{AgNO_3}$/mol·L^{-1}			
相对平均偏差$\overline{d}_r$/%			

2. 试样中 NaCl 含量的测定

项目	1	2	3
m_{NaCl}/g			
V_{AgNO_3}/mL			
c_{NaCl}/mol·L^{-1}			
$\overline{c}_{NaCl}$/mol·L^{-1}			
相对平均偏差$\overline{d}_r$/%			

六、思考题

1. 莫尔法测 Cl^- 时，为什么溶液的 pH 值需控制在 6.5～10.5？
2. 以 K_2CrO_4 作为指示剂时，其浓度太大或太小对滴定结果有何影响？
3. 配制好的 $AgNO_3$ 溶液要储于棕色瓶中，并置于暗处，为什么？

七、实验注意事项

1. $AgNO_3$ 见光易分解，故需保存在棕色瓶中。
2. $AgNO_3$ 若与有机物接触，则起还原作用，加热颜色变黑，所以不要使 $AgNO_3$ 与皮肤接触。
3. 实验结束后，盛装 $AgNO_3$ 溶液的滴定管应先用蒸馏水冲洗 2～3 次，再用自来水冲洗，以免产生氯化银沉淀，难以洗净。

实验十四　银合金中银含量的测定（佛尔哈德法）

一、实验目的

1. 掌握佛尔哈德法的原理、滴定剂、指示剂、滴定条件等。
2. 掌握沉淀滴定法的指示剂及滴定终点的判断。

二、实验原理

银合金用硝酸溶解后，以铁铵矾为指示剂，用 NH_4SCN 标准溶液滴定，滴定反应为：

$$Ag^+ + SCN^- \longrightarrow AgSCN\downarrow(\text{白色}),\quad Fe^{3+} + SCN^- \longrightarrow FeSCN^{2+}\downarrow(\text{红色})$$

当 Ag^+ 定量沉淀后，微过量的 NH_4SCN 与 Fe^{3+} 生成红色的络合物 $FeSCN^{2+}$ 即为终点。

三、实验仪器与试剂

1. 仪器

分析天平，称量瓶，加热板，100mL 烧杯，25mL 移液管，250mL 锥形瓶，50mL 酸式滴定管，10mL 量筒，洗瓶。

2. 试剂

NH_4SCN 溶液 0.10mol·L^{-1}（称取 NH_4SCN 固体 3.8g，溶于 500mL 水中，摇匀备用），1∶2 HNO_3，铁铵矾溶液 400g·L^{-1} [40g $NH_4Fe(SO_4)_2\cdot12H_2O$ 溶于适量水中，然后用 1mol·L^{-1} HNO_3 稀释至 100mL]，$AgNO_3$ 标准溶液 0.1000mol·L^{-1}。

四、实验步骤

1. NH_4SCN 溶液浓度的标定

用移液管移取 20.00mL $AgNO_3$ 标准溶液，置于 250mL 锥形瓶中，加 1∶2 HNO_3 4mL，铁铵矾指示剂 1mL；在充分摇动下，用 NH_4SCN 溶液滴定，直至溶液呈现稳定的浅红色即为终点。平行做 3 份，计算 NH_4SCN 溶液的准确浓度。

2. 试样中银含量的测定

准确称取银合金试样 0.3g，置于 250mL 锥形瓶中，加入 10mL 1∶2 HNO_3，慢慢加热溶解后，加水 50mL，煮沸除去氮的氧化物，冷却，加入 2mL 铁铵矾溶液，在充分剧烈摇动下，用 NH_4SCN 标准溶液滴定至溶液呈稳定的浅红色，即为终点。根据试样质量和 NH_4SCN 标准溶液的浓度及滴定用去的体积，计算试样中银的质量分数。

五、实验数据记录与处理

1. NH_4SCN 溶液的标定

项目	1	2	3
c_{AgNO_3}/mol·L^{-1}			
V_{AgNO_3}/mL			
V_{NH_4SCN}/mL			
c_{NH_4SCN}/mol·L^{-1}			
$\overline{c}_{NH_4SCN}$/mol·L^{-1}			
相对平均偏差$\overline{d_r}$/%			

2. 试样中银的质量分数

项目	1	2	3
$m_{银}$/g			
V_{NH_4SCN}/mL			
$w_{银}$/mol·L^{-1}			
$\overline{w}_{银}$/mol·L^{-1}			
相对平均偏差$\overline{d_r}$/%			

六、思考题

1. 用佛尔哈德法测定 Ag^+，滴定时为什么必须剧烈摇动？
2. 佛尔哈德法能否采用 $FeCl_3$ 作指示剂？
3. 用返滴定法测定 Cl^- 时，是否应该剧烈摇动？为什么？

七、实验注意事项

本次实验注意事项：滴定应在酸性介质中进行，如果在中性或碱性介质中，则指示剂水解而析出 $Fe(OH)_3$ 沉淀，Ag^+ 在碱性溶液中会生成 Ag_2O 沉淀；滴定时 HNO_3 的浓度以 0.2～0.5mol·L^{-1}为宜。

第四章 分析化学综合设计实验

第一节 分析化学综合实验

实验一 硫酸铵肥料中氮含量的测定（甲醛法）

一、实验目的

1. 掌握甲醛法测定铵盐中氮的原理和方法。
2. 掌握酸碱指示剂的选择与使用。

二、实验原理

铵盐是常见的无机化肥，是强酸弱碱盐，可用酸碱滴定法测定其含量，但由于 NH_4^+ 的酸性太弱（$K_a=5.6\times10^{-10}$），直接用 NaOH 标准溶液滴定有困难，生产和实验室中广泛采用甲醛法测定铵盐中的含氮量。

甲醛法是基于甲醛与一定量铵盐作用，生成相当量的酸（H^+）和六亚甲基四铵盐（$K_a=7.1\times10^{-6}$）。反应如下：

$$4NH_4^+ + 6HCHO = (CH_2)_6N_4H^+ + 6H_2O + 3H^+$$

所生成的 H^+ 和六亚甲基四铵盐，可以酚酞为指示剂，用 NaOH 标准溶液滴定。根据 H^+ 与 NH_4^+ 等化学量关系计算试样中氮的质量分数。此时 4mol NH_4^+ 在反应中生成了 4mol 可被准确滴定的酸，故氮与 NaOH 的化学计量数之比为 1。

若试样中含有游离酸，加甲醛之前应事先以甲基红为指示剂，用 NaOH 溶液预中和至甲基红变为黄色（pH≈6），再加入甲醛，以酚酞为指示剂，用 NaOH 标准溶液滴定强化后的产物。

三、实验仪器与试剂

1. 仪器

分析天平，称量瓶，250mL 烧杯，25mL 移液管，250mL 锥形瓶，250mL 容量瓶，50mL 碱式滴定管，100mL 量筒，洗瓶。

2. 试剂

0.1mol·L^{-1} NaOH 溶液，0.2%酚酞溶液，0.2%甲基红指示剂，1∶1 甲醛溶液，邻苯

二甲酸氢钾，NH_4Cl。

四、实验步骤

1. NaOH 溶液浓度的标定

洗净碱式滴定管，检查不漏水后，用所配制的 NaOH 溶液润洗 2～3 次，每次用量 5～10mL，然后将碱液装入滴定管中至“0”刻度线，排除管尖的气泡，调整液面至“0.00”刻度或零点稍下处，静置 1min 后，精确读取滴定管内液面位置，并记录在报告本上。

用差减法准确称取 0.4～0.6g 已烘干的邻苯二甲酸氢钾 3 份，分别放入 3 个已编号的 250mL 锥形瓶中，加 20～30mL 水溶解（若不溶可稍加热，冷却后），加入 1～2 滴酚酞指示剂，用 $0.1mol \cdot L^{-1}$ NaOH 溶液滴定至呈微红色，半分钟不褪色，即为终点。计算 NaOH 标准溶液的浓度。

2. 甲醛溶液的处理

甲醛中常含有的微量甲酸是由甲醛受空气氧化所致，应除去，否则产生正误差。处理方法如下：取原装甲醛（40%）的上层清液于烧杯中，用水稀释一倍，加入 1～2 滴 0.2%酚酞指示剂，用 $0.1mol \cdot L^{-1}$ NaOH 溶液中和至甲醛溶液呈淡红色。

3. 试样中含氮量的测定

准确称取 0.4～0.5g 的 NH_4Cl 或 1.6～1.8g $(NH_4)_2SO_4$ 于烧杯中，用适量蒸馏水溶解，然后定量地移至 250mL 容量瓶中，最后用蒸馏水稀释至刻度，摇匀。用移液管移取试液 25mL 于锥形瓶中，加 1～2 滴甲基红指示剂，溶液呈红色，用 $0.1mol \cdot L^{-1}$ NaOH 溶液中和至红色转为金黄色，然后加入 8mL 已中和的 1∶1 甲醛溶液，再加入 1～2 滴酚酞指示剂摇匀，静置 1min 后，用 $0.1mol \cdot L^{-1}$ NaOH 标准溶液滴定至溶液呈淡红色持续半分钟不褪色，即为终点。记录读数，平行做 2～3 次。根据 NaOH 标准溶液的浓度和体积，计算试样中氮的含量。

五、数据记录与处理

项目	1	2	3
m_{KHP}/g			
V_{NaOH}/mL			
$c_{NaOH}/mol \cdot L^{-1}$			
$\overline{c}_{NaOH}/mol \cdot L^{-1}$			
$\overline{m}_{(NH_4)_2SO_4}/g$			
V_{NaOH}/mL			
$N/\%$			
$\overline{c}_N/mol \cdot L^{-1}$			
相对平均偏差$\overline{d_r}/\%$			

六、思考题

1. 实验中称取 $(NH_4)_2SO_4$ 试样质量为 1.6～1.8g，是如何确定的？

2. 铵盐中氮的测定为何不采用 NaOH 直接滴定法？

3. NH_4HCO_3 中含氮量的测定，能否用甲醛法？

七、实验注意事项

1. 甲醛常以白色聚合状态存在，称为多聚甲醛。甲醛溶液中含有少量多聚甲酸不影响滴定。

2. 由于溶液中已经有甲基红，再以酚酞为指示剂，存在两种变色不同的指示剂，用 NaOH 滴定时，溶液颜色是由红色转变为浅黄色（pH 值约为 6.2），再转变为淡红色（pH 值约为 8.2）。终点为甲基红的黄色和酚酞红色的混合色。

3. 配制甲醛时应在通风橱中配制，甲醛溶液中常含有微量酸，消耗 NaOH 标准溶液使实验结果产生误差，用 NaOH 标准溶液滴定甲醛溶液至溶液呈微红色。

4. 铵盐试样中的游离酸若以酚酞为指示剂，用 NaOH 溶液滴定至粉红色时，铵盐就有少部分被滴定，使测定结果偏高。

实验二　铝合金中铝含量的测定

一、实验目的

1. 掌握返滴定法和置换滴定法的原理和应用。
2. 掌握铝合金中铝的测定原理和方法。

二、实验原理

由于 Al^{3+} 易水解而形成一系列多核氢氧基络合物，且与 EDTA 反应慢，络合比不恒定，常用返滴定法测定铝含量。

加入定量且过量的 EDTA 标准溶液，在 pH≈3.5 的环境下加热煮沸几分钟，使络合完全，继续在 pH 值为 5～6 的环境下，以二甲酚橙为指示剂，用 Zn^{2+} 标准溶液滴定过量的 EDTA。然后加入过量的 NH_4F，加热至沸，使 AlY^- 与 F^- 之间发生置换反应，释放出与 Al^{3+} 等物质的量的 EDTA，再用 Zn^{2+} 盐标液滴定释放出来的 EDTA 而得到铝的含量。有关反应如下：

pH＝3.5 时，

$$Al^{3+}(\text{试液})+Y^{4-}(\text{过量})=\!=\!=AlY^-$$

pH＝5～6 时，加入二甲酚橙（XO）指示剂，用 Zn^{2+} 盐标液滴定剩余的 Y^{4-}：

$$Zn^{2+}+Y^{4-}(\text{剩})=\!=\!=ZnY^{2-}$$

加入 NH_4F 后：

置换反应：$$AlY^-+6F^-=\!=\!=AlF_6^{3-}+Y^{4-}\ (\text{置换})$$

滴定反应：$$Y^{4-}(\text{置换})+Zn^{2+}=\!=\!=ZnY^{2-}$$

终点：$$Zn^{2+}(\text{过量})+XO\longrightarrow Zn\text{-}XO$$

黄色→紫红色

三、实验仪器与试剂

1. 仪器

分析天平，称量瓶，水浴锅，加热板，100mL 烧杯，250mL 烧杯，25mL 移液管，

250mL 锥形瓶，250mL 容量瓶，50mL 酸式滴定管，10mL 量筒，洗瓶。

2. 试剂

$200g\cdot L^{-1}$ NaOH，1∶1 HCl，1∶1 氨水，$200g\cdot L^{-1}$ NH_4F，$0.02mol\cdot L^{-1}$ EDTA，$200g\cdot L^{-1}$六亚甲基四胺，$0.02mol\cdot L^{-1}$ Zn^{2+}标准溶液，铝合金样品，ZnO。

四、实验步骤

1. 准确称取分析纯 ZnO 试样 0.41g 左右，溶于 100mL 烧杯中，完全溶解后转入 250mL 容量瓶中，定容摇匀备用。

2. 准确称取 0.10～0.11g 铝合金于 250mL 烧杯中，加 10mL NaOH，在沸水浴中使其完全溶解，稍冷后，加 1∶1 HCl 盐酸溶液至有絮状沉淀产生，再多加 10mL HCl 溶液，定容于 250mL 容量瓶中。

3. 准确移取试液 25.00mL 于 250mL 锥形瓶中，加 30mL EDTA、2 滴二甲酚橙，此时溶液为黄色，加氨水至溶液呈紫红色，再加 1∶1 HCl 溶液，使之呈黄色，煮沸 3min，冷却。

4. 加 20mL 六亚甲基四胺，此时应为黄色，如果呈红色，还需滴加 1∶1 HCl，使其变黄。把 Zn^{2+}标准溶液滴入锥形瓶中，用来与多余的 EDTA 络合，当溶液恰好由黄色变为紫红色时停止滴定。

5. 于上述溶液中加入 10mL NH_4F，加热至微沸，流水冷却，再补加 2 滴二甲酚橙，此时溶液为黄色。再用 Zn^{2+}标液滴定，当溶液由黄色恰好变为紫红色时即为终点，根据这次标液所消耗的体积，计算铝的质量。

五、实验数据记录与处理

1. 原始数据整理

项目	1	2	3
$m_{铝合金}/g$			
V_{Zn}/mL			
m_{ZnO}/g			

2. 计算结果

项目	1	2	3
$c_{Zn}/mol\cdot L^{-1}$			
$w_{Al}/\%$			
$\overline{w}_{Al}/\%$			
相对平均偏差/%			

六、思考题

1. 在用 EDTA 与铝反应时，EDTA 应过量，否则反应不完全。加入二甲酚橙指示剂后，如果溶液为紫红色，则可能是样品含量较高，EDTA 加入量不足，应补加 EDTA。

2. 测定简单试样中的 Al^{3+} 含量时用返滴定法即可，而测定复杂试样中的 Al^{3+} 则须采用置换滴定法。因为试样简单，金属离子种类很少，加入过量的 EDTA 时只有 Al^{3+} 形成络离子，过量的 EDTA 能准确被滴定。而复杂试样中金属离子的种类较多，条件不易控制，加入的 EDTA 还要和其他离子反应，所以就不能用剩余的 EDTA 直接计算 Al^{3+} 的含量，还需要再置换出与 Al^{3+} 络合的 EDTA。

3. 实验中若是直接用返滴定法来测定，需要先标定 EDTA 的浓度，再进行测定。由于其他离子参与了同 EDTA 的络合反应，理论上使得测定结果偏高。

4. 本实验中采用置换滴定法测定 Al^{3+} 的含量，最后是用 Zn^{2+} 标准溶液的体积和浓度计算试样中 Al^{3+} 的含量，所以使用的 EDTA 溶液不需要标定。

5. 因第一次使用 Zn^{2+} 标液是滴定过量的 EDTA，即未与 Al^{3+} 反应的 EDTA，所以可以不计体积。但溶液由黄色变为紫红色时必须准确滴定，否则溶液中还有剩余的 EDTA，使结果偏高。

实验三 铁矿石中全铁含量的测定（无汞法）

一、实验目的

1. 掌握重铬酸钾标准溶液的配制及使用。
2. 掌握矿石试样的酸溶法和重铬酸钾法测定铁的原理及方法。

二、实验原理

铁矿石中的铁以氧化物形式存在。试样经盐酸分解后，在热的浓盐酸溶液中用 $SnCl_2$ 将大部分 Fe^{3+} 还原为 Fe^{2+}，加入钨酸钠作指示剂，剩余的 Fe^{3+} 用 $TiCl_3$ 溶液还原为 Fe^{2+}，过量 $TiCl_3$ 使钨酸钠的 W^{6+} 还原为 W^{5+}（蓝色，俗称钨蓝）。除去过量的 $TiCl_3$ 和 W^{5+}，可加几滴 $K_2Cr_2O_7$ 溶液，摇动至蓝色刚好褪去。最后，以二苯胺磺酸钠作指示剂，用 $K_2Cr_2O_7$ 标准溶液滴定至紫色为终点。主要反应式如下：

$$2Fe^{3+} + SnCl_4^{2-} + 2Cl^- = 2Fe^{2+} + SnCl_6^{2-}$$

$$Fe^{3+} + Ti^{3+} + H_2O = Fe^{2+} + TiO^{2+} + 2H^+$$

$$6Fe^{2+} + Cr_2O_7^{2-} + 14H^+ = 6Fe^{3+} + 2Cr^{3+} + 7H_2O$$

滴定过程生成的 Fe^{3+} 呈黄色，影响终点的判断，可加入 H_3PO_4，使之与 Fe^{3+} 生成无色 $[Fe(PO_4)_2]^{3-}$，减小 Fe^{3+} 浓度，同时可降低 Fe^{3+}/Fe^{2+} 电对的电极电位，使滴定终点时指示剂变色电位范围与反应物的电极电位具有更接近的 φ 值（$\varphi = 0.85V$），获得更好的滴定结果。

重铬酸钾法是测铁的国家标准方法。在测定合金、矿石、金属盐及硅酸盐等的含铁量时具有很大实用价值。

三、实验仪器与试剂

1. 仪器

分析天平，称量瓶，加热板，100mL 烧杯，250mL 烧杯，250mL 锥形瓶，250mL 容量瓶，50mL 酸式滴定管，10mL 量筒，洗瓶，表面皿。

2. 试剂

铁矿石，$K_2Cr_2O_7$ 基准试剂，浓盐酸，$50g \cdot L^{-1}$ $SnCl_2$ 溶液，10% $NaWO_4$，1.5%

$TiCl_3$，H_2SO_4-H_3PO_4（1∶1）混酸，0.5%二苯胺磺酸钠溶液。

四、实验步骤

1. 0.016mol·L^{-1} $K_2Cr_2O_7$ 标准溶液的配制

准确称取 1.2～1.3g $K_2Cr_2O_7$ 于 100mL 烧杯中，加水溶解后转移至 250mL 容量瓶中，用水稀释至刻度，摇匀备用。

2. 试样的测定

（1）试样的溶解：准确称取约 0.2g 铁矿石样品 3 份于 250mL 烧杯中，加少许水润湿，加入 10mL 浓盐酸，8～20 滴 $SnCl_2$ 溶液助溶。盖上表面皿，在通风橱中近沸的水中加热 20～30min，使其溶解，至残渣变为白色，表明试样溶解完全，此时溶液呈橙黄色，稍冷，用少量水冲洗表面皿和杯壁。

（2）预处理：加热至近沸，小心滴加 10%的 $SnCl_2$ 溶液，将大部分 Fe^{3+} 还原为 Fe^{2+}，边滴边摇，至溶液由红棕色变为黄色，再加 2% $SnCl_2$ 溶液，使溶液由黄色变成浅黄色，再加 4 滴 10% $NaWO_4$ 和 60mL 水，加热。边摇动边滴加 1.5% $TiCl_3$ 至出现稳定的“钨蓝”，冲洗杯壁，并用自来水冲洗锥形瓶外壁使溶液冷却至室温，小心滴加 $K_2Cr_2O_7$ 至蓝色刚刚消失。

将溶液稀释至 150mL，加入 15mL H_2SO_4-H_3PO_4（1∶1）混酸，然后加入 3 滴 0.5%二苯胺磺酸钠溶液作指示剂，立即用 $K_2Cr_2O_7$ 标准溶液滴定至溶液呈现稳定的紫色即为终点。

五、实验数据记录与处理

项目	1	2	3
$m_{铁样品}$/g			
$m_{K_2Cr_2O_7}$/g			
$c_{K_2Cr_2O_7}$/mol·L^{-1}			
$\bar{c}_{K_2Cr_2O_7}$/mol·L^{-1}			
$V_{K_2Cr_2O_7}$/mL			
w_{Fe}/%			
$\bar{w}_{Fe}$/%			
相对平均偏差 $\bar{d}_r$/%			

六、思考题

1. 在预处理时为什么 $SnCl_2$ 溶液要趁热逐滴加入？

2. 在预还原 Fe(Ⅲ) 至 Fe(Ⅱ) 时，为什么要用 $SnCl_2$ 和 $TiCl_3$ 两种还原剂？只使用其中一种是否可行？为什么？

3. 实验中加入钨酸钠的目的是什么？

4. 在滴定前加入硫磷混酸的作用是什么？为什么加入后需要立即滴定？

七、实验注意事项

1. 由于 Cr(Ⅵ) 是致癌物质，称量时不要称多，倘若稍过量一点，请不要倒掉，可配制标准溶液；若过量很多，请将重铬酸钾送到预备室回收，不可随意倒入水槽。

2. 不加玻璃棒，只加盖表面皿；在溶解过程中不打开表面皿，避免溶液溅出引起试样损失；可用烧杯夹夹住烧杯在石棉网上轻轻旋摇。

3. 加热至微沸，并保持微沸 15min，火焰要接触石棉网，使有一定的反应速率，保证铁全部溶解。

4. 溶解过程中切不可把溶液蒸干，故只能小火微沸，否则可能造成 $FeCl_3$ 挥发损失。万一不慎火大了，试样没溶好又快蒸干，可补加 5mL 盐酸溶液继续溶解。

实验四　碘量法测定抗坏血酸药品中维生素 C 的含量

一、实验目的

1. 掌握碘标准溶液的配制及使用。

2. 掌握直接碘量法和间接碘量法的过程。

二、实验原理

抗坏血酸又名维生素 C，分子式为 $C_6H_8O_6$。抗坏血酸分子中的烯二醇基具有还原性，能被 I_2 定量地氧化成二酮基，碱性条件下可使反应向右进行完全，但因维生素 C 还原性很强，在碱性溶液中尤其易被空气氧化；在酸性介质中较为稳定，故反应应在稀酸（如稀乙酸、稀硫酸或偏磷酸）溶液中进行，并在样品溶于稀酸后，立即用碘标准溶液进行滴定。根据滴定消耗的 I_2 标准溶液的体积，便可计算出抗坏血酸药品中维生素 C 的含量。

计算公式：

$$W=\frac{m_{维生素C}}{m_{药品}}\times 100\%=\frac{C_{I_2}V_{I_2}M_{C_6H_8O_6}}{m_{药品}}\times 100\%$$

三、实验仪器与试剂

1. 仪器

全自动分析天平，台秤，碘量瓶，玻璃棒，洗瓶，试剂瓶，烧杯，酸式滴定管，量筒，胶头滴管，容量瓶，移液管，洗耳球。

2. 试剂

$Na_2S_2O_3\cdot 5H_2O$（A. R.），I_2（A. R.），0.017mol·L^{-1} $K_2Cr_2O_7$ 标准溶液，KI(s)、KI 溶液 100g·L^{-1}（使用前配制），淀粉指示剂 5g·L^{-1}，Na_2CO_3(s)，HCl 溶液 6mol·L^{-1}，抗坏血酸片。

四、实验步骤

1. 配制 0.017mol·L^{-1} $K_2Cr_2O_7$ 标准溶液 250mL

准确称取 1.2～1.3g $K_2Cr_2O_7$ 于 100mL 烧杯中，加适量水溶解后定量转入 250mL 容量瓶中，用水稀释至刻度，摇匀。计算其准确浓度。

2. 配制 0.050mol·L^{-1} I_2 溶液 300mL

称取 4.0g I_2 放入小烧杯中，加入 8g KI，加水少许，用玻璃棒搅拌至 I_2 全部溶解后，转入 500mL 烧杯，加水稀释至 300mL。摇匀，储存于棕色瓶中。

3. 配制 0.10mol·L^{-1} $Na_2S_2O_3$ 溶液 500mL

称取 13g $Na_2S_2O_3 \cdot 5H_2O$，溶于 500mL 新煮沸的冷蒸馏水中，加 0.1g Na_2CO_3，保存于棕色瓶中，放置一周后进行标定。

4. $Na_2S_2O_3$ 溶液的标定

用移液管吸取 25mL $K_2Cr_2O_7$ 标准溶液于 250mL 碘量瓶中，加 6mol·L^{-1} HCl 5mL，加入 100g·L^{-1} KI 10mL。摇匀后盖上瓶塞，于暗处放置 5min。然后用 100mL 水稀释，用 Na_2CO_3 溶液滴定至浅黄绿色后加入 2mL 淀粉指示剂，继续滴定至溶液蓝色消失并变为绿色即为终点。平行测定 3 次，计算 Na_2CO_3 标准溶液的浓度和相对平均偏差。

5. I_2 溶液的标定

用移液管吸取 25mL 待标定的 I_2 溶液置于 250mL 锥形瓶中，加 50mL 水，用 Na_2CO_3 标准溶液滴定至溶液呈浅黄色时，加入 2mL 淀粉指示剂，继续用 Na_2CO_3 标准溶液滴定至蓝色恰好消失，即为终点。平时测定 3 次，计算 I_2 标准溶液的浓度和相对平均偏差。

6. 药品中维生素 C 含量的测定

准确称取维生素 C 样品 0.2g，溶于新煮沸并冷却的蒸馏水 100mL 与稀乙酸 10mL 的混合液中，加淀粉指示剂 2mL，立即用 0.050mol·L^{-1} I_2 标准溶液滴定至溶液呈蓝色，且半分钟内不褪色，即为终点。平行测定 3 次，计算药品中维生素 C 的含量和相对平均偏差。

五、实验数据记录与处理

1. $Na_2S_2O_3$ 溶液的标定

项目	1	2	3
$c_{K_2Cr_2O_7}$/mol·L^{-1}			
$V_{Na_2S_2O_3}$/mL			
$c_{Na_2S_2O_3}$/mol·L^{-1}			
$\bar{c}_{Na_2S_2O_3}$/mol·L^{-1}			
相对平均偏差 $\bar{d}_r$/%			

2. I_2 溶液的标定

项目	1	2	3
$c_{Na_2S_2O_3}$/mol·L^{-1}			
$V_{Na_2S_2O_3}$/mL			
c_{I_2}/mol·L^{-1}			
$\bar{c}_{I_2}$/mol·L^{-1}			
相对平均偏差 $\bar{d}_r$/%			

3. 药品中维生素 C 含量的测定

项目	1	2	3
$m_{药品}$/g			
V_{I_2}/mL			
$\overline{w}$/%			
相对平均偏差 $\bar{d}_r$/%			

六、思考题

1. 直接碘量法和间接碘量法的原理是什么？

2. 为什么用新煮沸并冷却的蒸馏水配制维生素 C？

实验五　间接碘量法测定铜合金中的铜含量

一、实验目的

1. 掌握 $Na_2S_2O_3$ 溶液的配制及标定原理和方法。

2. 掌握铜合金的溶解方法。

3. 掌握间接碘量法测定铜合金的原理及其方法。

二、实验原理

1. $Na_2S_2O_3$ 溶液的配制及标定

$Na_2S_2O_3$ 不是基准物质，不能用直接称量的方法配制标准溶液，配好的 $Na_2S_2O_3$ 溶液由于细菌的作用不稳定，容易分解，水中微量的 Cu^{2+}、Fe^{3+} 也能促进 $Na_2S_2O_3$ 溶液的分解。因此，要用新煮沸（除去 CO_2 和杀死细菌）并冷却的蒸馏水配制 $Na_2S_2O_3$ 溶液，加入少量 Na_2CO_3 使溶液呈碱性，抑制细菌生长，用时进行标定。

标定：$Cr_2O_7^{2-}+6I^-+14H^+ = 2Cr^{3+}+3I_2+7H_2O$，$IO_3^-+5I^-+6H^+ = 3I_2+3H_2O$

析出的 I_2 用 $Na_2S_2O_3$ 溶液滴定：$I_2+2S_2O_3^{2-} = 2I^-+S_4O_6^{2-}$

标定时酸度越大，反应速率越快，但酸度太大，I_2 易被空气中的 O_2 氧化，所以酸度 0.2～0.4mol·L^{-1}为宜；放于暗处 5min 使 $K_2Cr_2O_7$ 充分反应；所用 KI 不应含有 KIO_3 或 I_2。

2. 铜合金中铜的测定

铜的溶解：试样可以用 HNO_3 分解，但低价氮的氧化物能氧化 I^-，干扰测定，故需用浓 H_2SO_4 蒸发将它们除去。也可用 H_2O_2 和 HCl 分解样品（$Cu+2HCl+H_2O_2 = CuCl_2+2H_2O$），分解完成后煮沸除去 H_2O_2（溶液冒大泡）。

调节酸度 pH＝3.2～4.0，用 HAc-NaAc、NH_4HF_2 或 HAc-NH_4Ac。

加入过量 KI 析出 I_2：$2Cu^{2+}+4I^- = 2CuI\downarrow+I_2$。

加入 KI，将 Cu^{2+} 还原为 Cu^+。沉淀剂：沉淀为 CuI；络合剂：将 I_2 络合为 I_3^-。

Fe^{3+} 能氧化 I^-，对测定有干扰，可加入 NH_4HF_2 掩蔽，NH_4HF_2 也可作为缓冲液，控制 pH 值为 3～4。

CuI 沉淀强烈吸附 I_3^-，使结果偏低，加入硫氰酸盐，将 CuI 转化为溶解度更小的 CuSCN 沉淀，把吸附的碘释放出来，使反应完全。KSCN 在接近终点时添加，否则 SCN^- 会还原大量存在的 I_2，致使结果偏低。

三、实验仪器与试剂

1. 仪器

分析天平，称量瓶，加热板，100mL 烧杯，250mL 锥形瓶，25mL 移液管，50mL 酸式滴定管，10mL 量筒，洗瓶。

2. 试剂

$K_2Cr_2O_7$ 标准溶液，6mol·L^{-1} HCl，200g·L^{-1} KI，$Na_2S_2O_3$ 溶液，5g·L^{-1}淀粉指示剂，黄铜，氨水，HAc，NH_4HF_2。

四、实验步骤

1. $Na_2S_2O_3$ 溶液的配制及标定

用 $K_2Cr_2O_7$ 标准溶液标定：准确平行移取 25.00mL $K_2Cr_2O_7$ 标准溶液 3 份于锥形瓶中，加 5mL 6mol·L^{-1} HCl、5mL 200g·L^{-1} KI，放于暗处 5min，用 $Na_2S_2O_3$ 溶液滴定至淡黄色，加入 2mL 5g·L^{-1}淀粉指示剂，继续 $Na_2S_2O_3$ 溶液滴定，终点为亮绿色，计算 $Na_2S_2O_3$ 溶液浓度。

2. 铜合金中铜含量的测定

准确称取黄铜 0.10～0.15g 于 250mL 锥形瓶中溶解（HCl＋H_2O_2），加热煮沸除去 H_2O_2，加氨水调节 pH 至刚刚有沉淀生成，加 HAc 8mL、NH_4HF_2 10mL、KI 10mL，用 $Na_2S_2O_3$ 溶液滴定至淡黄色，加入 3mL 5g·L^{-1}淀粉指示剂，加入 10mL NH_4SCN 溶液，继续 $Na_2S_2O_3$ 溶液滴定，终点时蓝色消失，计算 Cu 含量。

五、实验数据记录与处理

项目	1	2	3
$c_{K_2Cr_2O_7}$/mol·L^{-1}			
$V_{K_2Cr_2O_7}$/mL			
$c_{Na_2S_2O_3}$/mol·L^{-1}			
$\bar{c}_{Na_2S_2O_3}$/mol·L^{-1}			
相对平均偏差 $\bar{d}_r$/%			

项目	1	2	3
m_{Cu}/g			
$V_{Na_2S_2O_3}$/mL			
w_{Cu}/%			
$\bar{w}_{Cu}$/%			
相对平均偏差 $\bar{d}_r$/%			

六、思考题

1. 实验中加入 KI 的作用是什么？

2. 实验中为什么加入 NH_4HF_2，为什么不能过早加入？

3. 若试样中含有铁，则加入何种试剂可以消除铁对测定铜的干扰并控制溶液的 pH 值为多少？

七、实验注意事项

1. 滴加 1∶1 氨水至溶液有稳定的沉淀，沉淀为白色，不可过量，否则生成铜氨络离子，就看不见沉淀了（刚生成的沉淀溶液呈浅蓝杂白色沉淀，铜氨络离子呈深灰蓝）。

2. NH_4HF_2 有一定的毒性和化学腐蚀性，应避免与皮肤接触，若接触必须用水冲洗，另外滴定后，废液应及时倒掉。

实验六 水样中化学耗氧量的测定

水中化学耗氧量的大小是水质污染程度的主要指标之一。因水中除含有无机还原性物质（如 NO_2^-、S^{2-}、Fe^{2+} 等）外，还可能含有少量有机物质。如有机物腐烂促使水中微生物繁殖，则污染水质，影响人体健康。如果工业用此水也不利，因为 COD 量高的水常呈现黄色，并有明显的酸性，对蒸汽锅炉有侵蚀作用，所以水中 COD 量的测定是很重要的。

化学耗氧量的测定，目前多采用 $KMnO_4$ 法和 $K_2Cr_2O_7$ 法。$KMnO_4$ 法适合于测定地面水、河水等污染不十分严重的水质，此方法简便、快速。$K_2Cr_2O_7$ 法适合于测定污染较严重的水。而 $K_2Cr_2O_7$ 法氧化率高，重现性好。

一、酸性 $KMnO_4$ 法

1. 实验原理

在酸性溶液中，加入过量的 $KMnO_4$ 溶液，加热使水中有机物充分与之作用后，加入过量的 $Na_2C_2O_4$ 使之与 $KMnO_4$ 充分作用。剩余的 $C_2O_4^{2-}$ 再用 $KMnO_4$ 溶液返滴定，反应式如下：

$$4KMnO_4+6H_2SO_4+5C = 2K_2SO_4+4MnSO_4+5CO_2+6H_2O$$

$$2MnO_4^-+5C_2O_4^{2-}+16H^+ = 2Mn^{2+}+8H_2O+10CO_2\uparrow$$

水样中若含 Cl^- 量大于 $300mg\cdot L^{-1}$，将使测定结果偏高，可加纯水适当稀释，消除干扰。或加入 Ag_2SO_4，使 Cl^- 生成沉淀。通常加入 1.0g Ag_2SO_4，可消除 200mg Cl^- 的干扰。

水样中如有 Fe^{2+}、H_2S、NO^{2-} 等还原性物质干扰测定，它们在室温条件下，就能被 $KMnO_4$ 氧化，因此水样在室温条件下先用 $KMnO_4$ 溶液滴定。除去干扰离子，此 MnO_4^- 的量不应记数。水中耗氧量主要指有机物质所消耗的 MnO_4^- 的量。

取水样后应立即进行分析，如有特殊情况要放置时，可加入少量硫酸铜以抑制微生物对有机物的分解。

必要时，应取与水样同量的蒸馏水，测定空白值，加以校正。

水中耗氧量的计算如下：

$$COD(O_2, mg\cdot L^{-1}) = \frac{8\times1000}{V_{样}}(5MV_{KMnO_4}-2MV_{Na_2C_2O_4})$$

2. 实验仪器与试剂

（1）仪器

加热板，100mL 烧杯，250mL 锥形瓶，25mL 移液管，50mL 酸式滴定管，10mL 量筒，10mL 吸量管，洗瓶。

（2）试剂

0.002mol·L^{-1} $KMnO_4$ 溶液，0.005mol·L^{-1} $Na_2C_2O_4$ 溶液，Ag_2SO_4 固体，$CuSO_4$ 固体，硫酸（1：3）。

3. 实验步骤

取100mL水样于250mL锥形瓶中，加5mL H_2SO_4（1∶3），并准确加入10mL 0.002mol·L^{-1} $KMnO_4$溶液，立即加热至沸。煮沸5min，溶液应为浅红色。趁热立即用吸管加入0.005000mol·L^{-1} $Na_2C_2O_4$标准溶液10mL。溶液应为无色。用0.002mol·L^{-1} $KMnO_4$标准溶液滴定由无色变为淡红色为终点。另取蒸馏水100mL，同上述操作，求空白试验值。

4. 实验数据记录与处理

项目	1	2	3
$V_{水}$/mL			
c_{KMnO_4}/mol·L^{-1}			
V_{KMnO_4}/mL			
COD			
COD平均值			
相对平均偏差 $\bar{d}_r$/%			

5. 思考题

(1) 水样的采集与保存应当注意哪些事项？

(2) 水样加入$KMnO_4$煮沸后，若红色消失说明什么？应采取什么措施？

二、重铬酸钾法

1. 实验原理

在酸性溶液中，加入一定量的$K_2Cr_2O_7$，煮沸并回流。水样中的还原性物质被氧化，消耗一定量的氧化剂。剩余的氧化剂用硫酸亚铁铵标准溶液滴定，根据加入的$K_2Cr_2O_7$及消耗硫酸亚铁铵的量，可求出水样中的耗氧量，反应式如下：

$$6Fe^{2+} + Cr_2O_7^{2-} + 14H^+ \longrightarrow 6Fe^{3+} + 2Cr^{3+} + 7H_2O$$

如水样中存在大量的Cl^-，则干扰测定，可加入$HgSO_4$使之与Cl^-生成$HgCl_2$络合物，从而抑制Cl^-的干扰。氧化率与加热的时间有关，加热1.0～1.5h，氧化率几乎是一致的。如污染严重，可加入Ag_2SO_4促进氧化，时间也可长一点。如污染不十分严重，加热时间缩短至半小时。

2. 实验仪器与试剂

(1) 仪器

分析天平，称量瓶，加热板，沸石，100mL烧杯，25mL移液管，50mL酸式滴定管，10mL量筒，300mL圆底烧瓶或三角烧瓶，磨口回流冷凝器，500mL三角瓶，洗瓶。

(2) 试剂

① 邻菲罗啉-亚铁溶液：称取邻菲罗啉$C_{12}H_3N·H_2O$ 1.48g和硫酸亚铁$FeSO_4·7H_2O$ 0.70g溶于100mL水中。

② 重铬酸钾标准溶液（1/6×0.02500mol·L^{-1}）：准确称取$K_2Cr_2O_7$ 1.2210g溶于水中，定量转入1000mL容量瓶中，加水稀释至刻度、摇匀。

③ 硫酸亚铁铵溶液：0.025mol·L^{-1} $(NH_4)_2FeSO_4·6H_2O$ 9.8g溶于500mL水中，加浓H_2SO_4 4mL，加水稀释至1L，摇匀。按下述方法标定：用移液管准确移取0.02500mol·L^{-1} $K_2Cr_2O_4$溶液25.00mL于500mL锥形瓶中，加水稀释至250mL。待冷却后，滴加邻菲罗啉-亚铁指示剂2～3滴，用待标定的硫酸亚铁铵溶液滴定，当溶液由深绿色变为深红色即

为终点。

④ 硫酸汞 $HgSO_4$。

⑤ 硫酸银 Ag_2SO_4。

⑥ 硫酸 H_2SO_4。

3. 实验步骤

移取适量水样于 300mL 圆底烧瓶或三角烧瓶中，加水使其总量为 50mL。加 $HgSO_4$ 0.4g，加入浓 H_2SO_4 5mL，充分摇匀。用移液管准确加入 0.02500mol·L^{-1} $K_2Cr_2O_7$ 标准溶液 25mL，再加 H_2SO_4 7.0mL，摇匀。

加入 1g Ag_2SO_4，充分摇动后，加入几颗沸石防止暴沸。将带有磨口的回流冷凝器装于烧瓶之上，加热煮沸 1.5h。待烧瓶冷却后，用约 25mL 水洗涤冷凝器，然后取下冷凝器，将烧瓶中溶液转移于 500mL 三角瓶中，用水洗涤烧瓶几次。加水稀释至约 350mL，加邻菲罗啉-亚铁指示剂 2～3 滴，过剩的 $Cr_2O_7^{2-}$ 用硫酸亚铁铵标准溶液返滴定。溶液由深绿色变为深红色即为终点。

用 50mL 蒸馏水代替水样，同上操作，求空白试验的返滴定值。

4. 实验数据记录与处理

项目	1	2	3
$V_{水}$/mL			
$c_{K_2Cr_2O_7}$/mol·L^{-1}			
$V_{K_2Cr_2O_7}$/mL			
COD			
COD 平均值			
相对平均偏差 $\bar{d}_r$/%			

5. 思考题

(1) 高锰酸钾法和重铬酸钾法测定 COD 值有何区别？

(2) 测定水质 COD 有何意义？

实验七　可溶性钡盐中钡含量的测定

一、实验目的

1. 掌握晶形沉淀的制备、过滤、洗涤、灼烧及恒重的基本操作技术。
2. 掌握微波技术在样品干燥方面的应用。

二、实验原理

$BaSO_4$ 重量法既可用于测定 Ba^{2+} 的含量，也可用于测定 SO_4^{2-} 的含量。

称取一定量的 $BaCl_2·2H_2O$，以水溶解，加稀 HCl 溶液酸化，加热至微沸，在不断搅动的条件下，慢慢地加入稀的热 H_2SO_4，Ba^{2+} 与 SO_4^{2-} 反应形成晶形沉淀。沉淀经陈化、过滤、洗涤、烘干、炭化、灰化、灼烧后，以 $BaSO_4$ 形式称量。求出 $BaCl_2·2H_2O$ 中钡的含量。

Ba^{2+} 可生成一系列微溶化合物，其中 $BaSO_4$ 溶解度最小，100℃时 100mL 水能溶解

0.4mg $BaSO_4$，25℃时仅溶解 0.25mg。当过量沉淀剂存在时，溶解度大为减小，一般可以忽略不计。

硫酸钡重量法一般在 0.05mol·L^{-1}左右盐酸介质中进行沉淀，这是为了防止产生 $BaCO_3$ 等沉淀以及防止生成 $Ba(OH)_2$ 共沉淀。同时，适当提高酸度，增加 $BaSO_4$ 在沉淀过程中的溶解度，以降低其相对过饱和度，有利于获得较好的晶形沉淀。

用 $BaSO_4$ 重量法测定 Ba^{2+} 时，一般用稀 H_2SO_4 作沉淀剂。为了使 $BaSO_4$ 沉淀完全，H_2SO_4 必须过量。由于 H_2SO_4 在高温下可挥发除去，故沉淀带下的 H_2SO_4 不会引起误差，因此沉淀剂可过量 50%～100%。

但由于本实验采用微波炉干燥恒重 $BaSO_4$ 沉淀，若沉淀中包藏有 H_2SO_4 等高沸点杂质，利用微波加热技术干燥 $BaSO_4$，沉淀过程中杂质难以分解或挥发。因此，本实验对沉淀条件和洗涤操作等的要求更高，主要包括将含 Ba^{2+} 试液进一步稀释，过量沉淀剂（H_2SO_4）控制在 20%～50%等。

三、实验仪器与试剂

1. 仪器

微波炉，循环真空水泵，G4 号微化玻璃坩埚，烧杯，滴管，玻璃棒，橡皮筋，称量纸，电子天平。

2. 试剂

1mol·L^{-1} H_2SO_4，2mol·L^{-1} HCl，$BaCl_2 \cdot 2H_2O$（s，A. R.）。

四、实验步骤

1. 称样及沉淀的制备

准确称取两份 0.4～0.6g $BaCl_2 \cdot 2H_2O$ 试样，分别置于 250mL 烧杯中，加入约 100mL 水，3mL 2mol·L^{-1} HCl 溶液，搅拌溶解，加热至近沸。

另取两份 4mL 1mol·L^{-1} H_2SO_4 于两个 100mL 烧杯中，加水 30mL，加热至近沸，趁热将两份 H_2SO_4 溶液分别用小滴管逐滴地加入到两份热的钡盐溶液中，并用玻璃棒不断搅拌，直至两份 H_2SO_4 溶液加完为止。待 $BaSO_4$ 沉淀下沉后，于上层清液中加入 1～2 滴 H_2SO_4 溶液，仔细观察沉淀是否完全。沉淀完全后，用橡皮筋和称量纸封口，陈化一周。

2. 坩埚称重

洁净的 G4 号微化玻璃坩埚，用真空泵抽 2min 以除去玻璃砂板微孔中的水分，便于干燥，置于微波炉中，于 500W（中高温挡）的输出功率下进行干燥，第一次 10min，第二次 4min。每次干燥后置于干燥器中冷却 10～15min（刚放进时留一小缝隙，约 30s 后再盖严），然后用电子分析天平快速称重。要求两次干燥后称重所得质量之差不超过 0.4mg（即已恒重）。

3. 样品分析

用倾泻法将沉淀转移到坩埚中，抽干。用稀硫酸（1mL 1mol·L^{-1} H_2SO_4 加 100mL 水配成）洗涤沉淀 3～4 次，每次约 10mL。然后将坩埚置于微波炉中中火干燥 10min，在干燥器中冷却 10min，称重。再中火干燥 4min，称重。两次称量质量之差的绝对值小于 0.4mg 即可认为已恒重。

五、实验数据记录与处理

项目		1	2	3
$m_{BaCl_2 \cdot 2H_2O}/g$				
坩埚号				
$m_{坩埚}/g$	第一次称量			
	第二次称量			
$\overline{m}_{坩埚}/g$				
$m_{坩埚+BaCl_2 \cdot 2H_2O}/g$	第一次称量			
	第二次称量			
$\overline{m}_{(坩埚+BaSO_4)}/g$				
m_{BaSO_4}/g				
$w_{Ba}/\%$				
$\overline{w}_{Ba}/\%$				
$\overline{E}_r/\%$				

六、思考题

1. 为什么要在稀的热 HCl 溶液中且在不断搅拌条件下逐滴加入沉淀剂沉淀 $BaSO_4$？
2. 为什么要在热溶液中沉淀 $BaSO_4$，但要在冷却后过滤？晶形沉淀为何要陈化？
3. 什么叫倾泻法过滤？洗涤沉淀时，为什么洗涤液或水都要少量、多次？
4. 什么叫灼烧至恒重？

七、实验注意事项

1. 由于冷却过程中干燥器的多次开合，使得冷却过程中不能保持样品干燥。
2. 用微波炉干燥恒重，由于温度不高，导致干燥过程中杂质难以分解，使得测定结果偏高。

第二节　化学分析设计实验

一、设计实验目的

1. 提高学生的学习兴趣，鼓励探索精神和创新精神。
2. 培养学生阅读参考资料的能力，提高他们的设计水平和独立完成实验报告的能力。
3. 运用所学知识及有关参考资料写出实验方案设计。
4. 培养学生利用所学知识和原理分析问题、解决问题的能力。
5. 通过实践加深对理论课程的理解，使其掌握基本滴定方法。

二、设计实验要求

要求学生通过选做其中部分实验，达到能灵活地运用所学的基本理论、典型的分析方法和基本操作技能，自行设计实验方案，独立地进行实验，并将结果予以验证。

1. 学生提前一周自选设计方案题目，根据分析目的和要求，适当查阅有关的参考资料，了解试样的大体组成、待测组分的性质和大致含量、干扰组分及大约存在量和对分析结果准确度的要求，选择合适的分析方法，设计实验方案，并提交实验教师审核。

2. 实验教师针对实验方案提出修改意见，学生修改和完善设计实验方案，至实验方案可行后方可进入实验室进行实验。

三、设计实验需注意问题

1. 分析方法的选择

当所选实验题目有几种测定方案时，选择最优方案的方法如下。

(1) 从待测组分的含量来看　测定常量组分，宜采用滴定分析法或重量分析法，在两者均可采用的情况下，通常采用滴定分析法；测定微量组分，多采用分光光度法或其他仪器分析方法。

(2) 从待测组分的性质来看　酸碱滴定法适用于酸碱性物质或经过化学反应其产物为酸碱性物质；络合滴定法适用于大部分金属离子；氧化还原滴定法适用于某些具有多种价态的元素。

(3) 从试样的组成来看　要考虑共存组分的干扰和消除，如络合滴定法测定石灰石或白云石中的钙、镁含量时，对于共存元素铁、铝的干扰，则须加入掩蔽剂三乙醇胺予以消除。分析结果准确，但费时很长，若准确度要求不高，可采用硅氟酸钾滴定法，该法测定快速、简便。

此外，在各类滴定分析中，还应考虑采用何种滴定方式。如络合滴定测定铝时，对于简单的试样，采用返滴定方式即可，而对于组成复杂的试样，则须将返滴定与置换滴定方式结合起来进行测定。

2. 试样的初步测定和取样量的确定

对于某些试样，若待测组分的大致含量不清楚，则须进行初步测定，以确定如何取样和处理。滴定剂的浓度和试样取样量通常要考虑的是：酸碱滴定法和沉淀滴定法中，标准溶液的浓度为 $0.10mol\cdot L^{-1}$；络合滴定法中，EDTA 标准溶液的浓度为 $0.020mol\cdot L^{-1}$；氧化还原滴定法中，$KMnO_4$、$K_2Cr_2O_7$、I_2 和 $Na_2S_2O_3$ 标准溶液的浓度分别为 $0.020mol\cdot L^{-1}$、$0.017mol\cdot L^{-1}$、$0.050mol\cdot L^{-1}$ 和 $0.10mol\cdot L^{-1}$。滴定剂消耗的体积约为 20mL。

3. 实验条件的选择

实验条件如试样的处理，反应的介质、酸度、温度、共存组分的干扰和消除，试剂的用量和指示剂的选择等，在满足对试样测定准确要求的前提下，以简便、经济为最佳方案。

四、实验方案的拟定

1. 分析方法及简要原理

反应方程式、滴定剂和指示剂的选择、计量点 pH 值的计算；滴定终点的判断；分析结果的计算公式等。

2. 所用仪器和试剂

所需试剂的用量、浓度、配制方法等。

3. 实验步骤

试样的处理和初步测定、标准溶液的配制和标定、条件实验研究、待测组分的测定等。

4. 实验结果

实验原始数据的记录表格，实验结果的计算方法。

5. 实验讨论

注意事项、误差分析等。

6. 参考文献

切实按所拟定的实验方案认真细致地进行实验，做好实验数据的记录，在实验过程中，发现原实验方案有不完善的地方，应给予改进和完善。实验结束后，按实验的实际做法，根据实验记录进行整理，及时认真地写出实验报告。报告格式与通常的实验报告基本相同，在实验报告中应对所设计的实验方案和实验结果进行评价，并对实验中的现象和问题进行讨论。

五、设计实验题目

（1）Na_2HPO_4-NaH_2PO_4 混合液中各组分浓度的测定　以酚酞（或百里酚酞）为指示剂，用 NaOH 标准溶液滴定 $H_2PO_4^-$ 至 HPO_4^{2-}；以甲基橙或溴酚蓝为指示剂，用 HCl 标准溶液滴定 HPO_4^{2-} 至 $H_2PO_4^-$，可以取两份分别滴定，也可以在同一溶液中连续滴定。

（2）NaOH-Na_3PO_4 混合液中各组分浓度的测定　以百里酚酞为指示剂，用 HCl 标准溶液将 NaOH 滴定至 NaCl、PO_4^{3-} 滴定至 HPO_4^{2-}。以甲基橙为指示剂，用 HCl 标准溶液将 HPO_4^{2-} 滴定至 $H_2PO_4^-$。

（3）NaOH-Na_2CO_3（$NaHCO_3$-Na_2CO_3）混合液中各组分浓度的测定　在混合碱中加酚酞指示剂，用 HCl 标准溶液滴定至无色，消耗 HCl 溶液的体积设为 V_1，再以甲基橙为指示剂用 HCl 标准溶液滴定至橙色，消耗 HCl 溶液的体积为 V_2，根据 V_1 及 V_2 的大小，可判别混合碱的组成，计算各组分含量。

（4）NH_3-NH_4Cl 混合液中各组分浓度的测定　以甲基红为指示剂，用 HCl 标准溶液滴定 NH_3 至 NH_4^+。用甲醛法将 NH_4^+ 强化后以 NaOH 标准溶液滴定。

（5）HCl-NH_4Cl 混合液中各组分浓度的测定　以甲基红为指示剂，用 NaOH 标准溶液滴定 HCl 溶液至 NaCl。甲醛法强化 NH_4^+，以酚酞为指示剂，用 NaOH 标准溶液滴定。

（6）HCl-H_3BO_3 混合液中各组分浓度的测定　与 HCl-NH_4Cl 体系类同，但 H_3BO_3 的强化要用甘油或甘露醇。

（7）H_3BO_3-$Na_2B_4O_7$ 混合液中各组分浓度的测定　以甲基红为指示剂，用 HCl 标准溶液滴定 $Na_2B_4O_7$ 至 H_3BO_3，加入甘油或甘露醇强化 H_3BO_3 后，用 NaOH 滴定，差减法求出原试液中的 H_3BO_3 的含量。

（8）HAc-NaAc 混合液中各组分浓度的测定　以酚酞为指示剂，用 NaOH 标准溶液滴定 HAc 至 NaAc，在浓盐介质体系中滴定 NaAc 的含量，滴定 H_3PO_4 至 $H_2PO_4^-$，再以百里酚酞为指示剂滴定 $H_2PO_4^-$ 至 HPO_4^{2-}。

（9）HCl-H_3PO_4 混合液中各组分浓度的测定　以甲基红为指示剂，用 NaOH 标准溶液滴定 HCl 溶液至 NaCl、H_3PO_4 至 $H_2PO_4^-$，再以百里酚酞为指示剂滴定 $H_2PO_4^-$ 至 HPO_4^{2-}。

（10）H_2SO_4-HCl 混合液中各组分浓度的测定　先滴定酸的总量，然后以沉淀滴定法测定其中的 Cl^- 含量，差减法求出 H_2SO_4 的量。

（11）HAc-H_2SO_4 混合液中各组分浓度的测定　首先测定总酸量，然后加入 $BaCl_2$ 将

$BaSO_4$ 沉淀析出，过滤、洗涤后，络合滴定法测定 Ba^{2+} 的量。

(12) NH_3-H_3BO_3 混合液中各组分浓度的测定　NH_3-H_3BO_3 的混合物会生成 NH_4^+ 与 $H_2BO_3^-$，用甲醛法测定 NH_4^+ 的量，甘露醇法测定 H_3BO_3 的量。

(13) Mg-EDTA 溶液中各组分浓度的测定。

(14) Al^{3+}-Fe^{3+} 溶液中各组分浓度的测定。

(15) Bi^{3+}-Fe^{3+} 混合液中 Bi^{3+} 和 Fe^{3+} 含量的测定。

(16) Cu^{2+}-Zn^{2+} 溶液中各组分浓度的测定。

(17) 铜合金中 Cu 含量的测定。

(18) 黄铜中铜锌含量的测定。

(19) 铁矿石中 Fe_2O_3 和 FeO 含量的测定。

(20) 石灰石或白云石中 CaO 和 MgO 含量的测定。

(21) 胃舒平药片中 Al_2O_3 和 MgO 含量的测定。

(22) 漂白粉中有效氯含量的测定。

(23) 维生素 C 药片中抗坏血酸含量的测定。

(24) 碘量法测定 Cu^{2+}-Fe^{3+} 溶液中 Cu 浓度的条件试验研究。

(25) H_2SO_4-$H_2C_2O_4$ 混合液中各组分浓度的测定。

(26) HCOOH 与 HAc 混合溶液中各组分浓度的测定。

(27) 含有 Mn 和 V 的混合试样中 Mn 和 V 的测定。

(28) 含 Cr_2O_3 和 MnO 的矿石中 Cr 及 Mn 的测定。

(29) Fe_2O_3 与 Al_2O_3 混合物或 Na_2S 与 Sb_3S_5 混合物中各组分含量的测定。

第二部分

仪器分析实验

第五章 仪器分析实验基础知识

第一节 仪器分析实验基本要求

一、仪器分析实验目的

仪器分析作为现代分析测试手段，广泛应用于多领域的科研和生产，仪器分析理论课和实验课相辅相成，是高等学校化学及其相关专业学生的基础课程之一。通过仪器分析实验课程使学生加深理解仪器分析的基本原理、基础知识和基本操作技能，并且能够正确记录和处理数据及表达实验结果。

二、仪器分析实验目标

1. 知识目标

(1) 了解紫外分光光度计、红外分光光度计、原子吸收光谱仪、红外光谱仪、气相色谱仪、高效液相色谱仪的分类及各类仪器的特点；

(2) 熟悉常用大型仪器的基本结构及各主要部件的作用；

(3) 掌握常用大型仪器的一般操作程序和具体操作要求；

(4) 掌握常用大型仪器的安装要求和维护保养知识。

2. 训练目标

(1) 能根据仪器使用说明书，对具体仪器进行安装、调试，并能验证其技术参数是否达到规定要求，具备仪器安装与调试技能；

(2) 能正确使用常用大型仪器，具备熟练的操作技能；

(3) 能正确分析和处理常用大型仪器常见故障，具备一定的故障分析和排除技能；

(4) 能够通过查阅相关资料和文献，独立设计实验方案；

(5) 能够综合应用所学理论知识和实验方法，解决实际问题。

3. 能力目标

(1) 具备查阅文献的能力；

(2) 具备独立使用大型分析仪器的能力；

(3) 具备良好的实验习惯、实事求是的科学态度、严谨细致的科学作风；

(4) 具备良好的环保意识和公德意识；

(5) 具备独立设计实验方案、归纳整理实验数据、正确表达和评价实验结果的能力；

(6) 具备一定的动手能力和解决实际问题的能力；

（7）具有良好的团队合作精神与竞争意识。

第二节　仪器分析实验常识

一、仪器分析实验室规则

分析仪器及设备大都属于较复杂的精密、贵重设备，维护、保养及使用的要求都较严格。有的仪器操作程序复杂，有的仪器操作失误时会造成仪器失灵、测量数据不准、设备损坏，甚至可能会造成严重事故，危及人身安全，因此必须按一定的规则进行管理、维护和使用。学生在进入实验室操作仪器之前，必须懂得使用分析仪器的规则。

（1）使用仪器设备前，必须认真阅读仪器使用说明书，或认真听取老师的讲解。对仪器的结构、原理、性能、适用范围、使用条件、操作规范、保养要求、注意事项等，要有细致的了解，掌握使用的基本知识。否则不能乱动仪器设备。对于较复杂的仪器，必须通过专门培训后才能操作使用。

（2）分析仪器大多为电器设备。为安全起见，要有良好的接地，使用前要仔细检查仪器情况是否完好，电源电压是否合适，讯号线是否绝缘合乎要求，线路连接是否正确，各开关是否处于关闭状态等。仔细检查后，才能合闸。开、合电闸要迅速，以防空气中有可燃气体时电火花引起着火、爆炸事故。同时使用仪器时要防止人体触电。

（3）明确仪器设备对电源的要求，同时还要考虑电源线的总负荷，不能一根电线或插排上连接多个仪器，否则会引起电线老化、起火或烧毁仪器等事故。遇到或发现有过热、火花、焦煳味等异常情况时，应立即断开电源进行检查，直到排除异常后才能重新实验。

（4）电气设备开启时要先开总电源，然后逐级打开各级开关，并注意有无异常。

（5）仪器设备要定期维护，以免受潮、积尘致使仪器元件受损、绝缘失效而发生短路、漏电、着火等事故。

（6）使用分析仪器时，一定要注意仪器的量程要求，不能用仪器测量超出其量程范围的样品而导致仪器损坏。使用时要遵循仪器说明书规定的保护性操作程序。

（7）仪器旋钮和开关应缓慢调节。当感到有明显阻力时，应立即停止，并适当返回一段距离后检查。且忌急躁和用力过猛而使旋钮失灵、错位或损坏。

（8）操作仪器时，应避免头发、衣袖制动旋钮或扯挂旋钮造成误差或损坏。

（9）实验过程中操作大型仪器时，最好有两人以上在场。

（10）仪器使用完毕后，应认真填写仪器使用记录。经老师检查后方可离开。

二、仪器分析实验术语

1. 灵敏度

分析方法灵敏度是指该方法对单位浓度或单位量的待测物质的变化所引起的响应量变化的程度，可以用仪器的响应量或其他指示量与对应的待测物质的浓度或量之比来描述，因此常用标准曲线的斜率来度量灵敏度的大小。如原子吸收光谱、可见光谱、紫外光谱利用标准曲线法进行分析时，都可以利用斜率来表示分析方法的灵敏度大小。

2. 空白试验

空白试验是在不加试样的情况下，以蒸馏水代替试样，按照试样的分析步骤和条件而进行分析的试验。

3. 对照试验

对照试验是用来检查系统误差，以标准物质代替试样，按照试样的分析步骤和条件而进行分析的试验。

4. 校准曲线

校准曲线是指用于描述待测物质的浓度或量与相应的测量仪器的响应量或其他指示量之间的定量关系的曲线。绘制校准曲线的标准溶液的分析步骤与样品分析步骤完全相同时称为工作曲线，绘制校准曲线的标准溶液的分析步骤与样品分析步骤相比有所省略时称为标准曲线，比如省略样品的前处理。

5. 检测限

检测限是指某一分析方法在给定的可靠程度内可以从样品中检测待测物质的最小浓度或最小量。

6. 测定限

测定限分为测定下限和测定上限。测定下限指在测定误差能满足预定要求的前提下，用特定方法能够准确地定量测定待测物质的最小浓度或最小量；测定上限指在限定误差能满足预定要求的前提下，用特定方法能够准确地定量测定待测物质的最大浓度或最大量。

三、样品的采集与制备

（一）试样的采集

试样的采集是指从大批物料中采取少量样本作为原始试样。原始试样再经加工处理后用于分析，其分析结果被视作反映原始物料的实际情况。因此所采集试样应具有高度的代表性，即采集的试样的组成能代表全部物料的平均组成。

1. 固体试样

（1）特点：固体物料种类繁多、形态各异，试样的性质和均匀程度差别较大。其中组成不均匀的物料有矿石、煤炭、废渣、土壤等，其颗粒大小不等，硬度相差也大；组成相对较均匀的有谷物、金属材料、化肥、水泥等。由于固体物料的成分分布不均，因此应按一定方式选取不同点进行采样，以保证所采试样的代表性。

（2）采样点的选择方法

① 随机采样法　随机性地选择采样点。

② 判断采样法　根据有关分析组分分布信息等，有选择性地选取采样点。

③ 系统采样法　根据一定规则选择采样点。

2. 液体试样

（1）液体试样特性：液体试样常有水、饮料、体液、工业溶剂等，一般比较均匀，取样单元可以较少。

（2）采集方法：对于体积较小的物料，通常可在搅拌下直接用瓶子或取样管取样。当物料的量较大时，人为的搅拌较难有效地使试样混合均匀，此时应从不同的位置和深度分别采样，以保证它的代表性。对于水样，应根据具体情况，采取不同的方法采样。如采集水管中或有泵水井中的水样时，取样前需让水龙头或泵先放水 10～15min，然后再用干净试剂瓶收集水样；在采集江、河、池、湖中的水样时，首先要根据分析目的及水系的具体情况选择好采样地点，用采样器在不同深度各取一份水样，混合均匀后作为分析试样。对于管网中的水样，一般需定时收集 24h 试样，混合后作为分析试样。

3. 气体试样

气体试样有汽车尾气、工业废气、大气、压缩气体以及气溶物等。最简单的气体试样采集方法为用泵将气体充入取样容器中，一定时间后将其封好即可。握体试样采集方法还有：用泵将气体充入取样容器；采用装有固体吸附剂或过滤器的装置收集；过滤法收集气溶胶中的非挥发性组分。

大气试样，根据被测组分在空气中存在的状态（气态或气溶胶）、浓度以及测定方法的灵敏度，可用直接法或浓缩法取样。储存于大容器（如储气柜或槽）内的物料，因密度不同可能影响其均匀性时，应在上、中、下等不同处采取部分试样后混匀。

4. 生物试样

生物试样不同于一般的有机或无机物料，其组成因部位和时季不同而有较大差异。采样应根据需要选取适当部位和生长发育阶段进行，除应注意有群体代表性外，还应有适时性和部位典型性。

对于植物试样，采集好后需用清洁水洗净并立即置干燥通风处晾干，或用干燥箱烘干。用于鲜样分析的试样，应立即进行处理和分析。当天未分析完的鲜样，应暂时置冰箱内保存。若要测定生物试样中的酚、亚硝酸、有机农药、维生素、氨基酸等在生物体内易发生转化、降解或不稳定的成分，一般应采用新鲜试样进行分析。

若需进行干样分析，可先将风干或烘干后的试样粉碎，再根据分析方法的要求，分别通过 40～100 号的筛，然后混匀备用。处理过程中应避免所用器皿带来的污染。由于生物试样的含水量很高，若要进行干样分析，其鲜样采集量应为所需干样量的 5～10 倍。

对于动物试样，如动物的尿液、血液、唾液、胃液、胆汁、乳液、粪便、毛发、指甲、骨、脏器和呼出的气体等，采集好后应根据分析要求对试样进行适当处理。如毛发和指甲，采样后要用中性洗涤剂处理，经蒸馏水冲洗后，再用丙酮、乙醚、酒精或 EDTA 洗涤。

（二）试样的制备

分析实验中所需试样量一般是零点几克至几克，而原始的固体试样的量一般很大（数千克至数十千克），且其组成复杂，化学成分的分布常常不均匀。因此需对其进行加工处理，以使其数量大为减少，但又能代表原始试样。通常要将其处理成 100～300g 供分析用的最终试样，即实验室试样。由于液体和气体试样一般比较均匀，混合后取少量用于分析即可。因此试样的制备主要是针对不均匀的固体试样而言。这里以矿石试样为例，简要介绍固体试样的制备方法。

将固体原始试样处理成分析试样，需要经过如下过程。

1. 破碎和过筛

用机械或人工方法将试样逐步破碎，一般分为粗碎、中碎和细碎等阶段。粗碎用颚式碎样机把试样粉碎至能通过 4～6 号筛。中碎用盘式碎样机把粗碎后的试样磨碎至能通过约 20 号筛。细碎用盘式碎样机进一步磨碎，必要时用研钵研磨，直至能通过所要求的筛孔为止。分析试样要求的粒度与试样的分解难易等因素有关，一般要求通过 100～200 号筛。

矿石中的粗颗粒与细颗粒的化学成分常常不同，因此在任何一次过筛时，都应将未通过筛孔的粗颗粒进一步破碎，直至全部过筛为止，而不可将粗颗粒弃去，否则会影响分析试样的代表性。

2. 混合与缩分

试样每经一次破碎后，使用机械（分样器）或人工方法取出一部分有代表性的试样，继续加以破碎，这样就可使试样量逐步减小，这个过程称为缩分。常用的手工缩分方法是四分法。这种方法是将已粉碎的试样充分混匀后堆成圆锥形，然后将它压成圆饼状，再通过圆饼中心按十字形将其分为四等份，弃去任意对角的两份，将留下的一半试样收集在一起混匀。这样试样便缩减了一半，称为缩分一次。经过多次缩分后，剩余试样可减少至所需量。但缩分的次数不是随意的，而是根据需保留的试样量确定的。每次缩分后应保留的试样量与试样的粒度有关。欲使试样量减少，粒度应相应减少，不然就应在进一步破碎后，再缩分。

（三）试样的分解

在分析工作中，除干法分析（如光谱分析等）外，试样的测试基本上在溶液中进行，因此若试样为非溶液状态，则需通过适当方法将其转化成溶液，这个过程称为试样的分解。试样的分解是分析工作的重要组成部分，它不仅关系到待测组分是否转变为适合的形态，也关系到以后的分离和测定。

在分解试样时，必须注意使试样分解完全，处理后的溶液中不应残留原试样的细屑或粉末。试样分解过程中待测组分不应挥发损失，不应引入被测组分和干扰物质。分解试样的方法较多，可根据试样的组成和特性、待测组分性质及分析目的，选择合适的方法进行分解。下面是几种常见的分解方法。

1. 溶解法

溶解法是指采用适当的溶剂将试样溶解制成溶液，这种方法比较简单、快速。水是溶解无机物的重要溶剂之一，碱金属盐类、铵和镁的盐类、无机硝酸盐及大多数碱土金属盐等都易溶于水。对于不溶于水的无机物的分解通常以酸、碱或混合酸作为溶剂。

2. 熔融法

熔融法是指将试样与酸性或碱性固体熔剂混合，在高温下让其进行复分解反应，使欲测组分转变为可溶于水或酸的化合物，如钠盐、钾盐、硫酸盐或氯化物等。不溶于水、酸或碱的无机试样一般可采用这种方法分解。熔融法分解能力强，但熔融时要加入大量熔剂（一般为试样量的 6～12 倍），故会带入熔剂本身的离子和其中的杂质。熔融时坩埚材料的腐蚀，也会引入杂质。因此如果试样的大部分组分可溶于酸等溶剂，则先用酸等使试样的大部分溶解，将不溶于酸的部分过滤，然后再用较少量的熔剂进行熔融，将熔融物的溶液与溶于酸的溶液合并，制成分析试液。

3. 半熔法

半熔法又称为烧结法，它是在低于熔点的温度下，使试样与熔剂发生反应。与熔融法相比，半熔法的温度较低，加热时间较长，但不易损坏坩埚，通常可以在瓷坩埚中进行，不需要贵金属器皿。常用 MgO 或 ZnO 与一定比例的 Na_2CO_3 混合物作为熔剂，可用来分解铁矿及煤中的硫。其中 MgO、ZnO 的作用在于其熔点高，可以预防 Na_2O_2 在灼烧时熔合，从而保持松散状态，使矿石氧化得更快、更完全，反应产生的气体容易逸出。

4. 干式灰化法

干式灰化法适用于分解有机物和生物试样，以便测定其中的金属元素、硫及卤素元素的含量。该法是将试样置于马弗炉中加热燃烧（一般为 400～700℃）分解，大气中的氧起氧化剂的作用，燃烧后留下无机残余物。残余物通常用少量浓盐酸或热的浓硝酸浸取，然后定量转移到玻璃容器中。在干式灰化过程中，根据需要可加入少量的某种氧化性物质（俗称为助剂）于试样中，以提高灰化效率。硝酸镁是常用的助剂之一。对于液态或湿的动、植物细胞组织，在进行灰化分解前应先通过蒸气浴或轻度加热的方法干燥。马弗炉应逐渐加热到所需温度，防止着火或起泡沫。干式灰化法的优点是不需加入或只加入少量试剂，这样避免了外部引入的杂质，而且方法简便。其缺点是因少数元素挥发及器皿壁黏附金属而造成损失。

5. 湿式消化法

该法通常将硝酸和硫酸混合物与试样一起置于克氏烧瓶内，在一定温度下进行煮解，其中硝酸能破坏大部分有机物。在煮解过程中，硝酸被蒸发，最后剩余硫酸，当开始冒出浓厚的 SO_3 白烟时，在烧瓶内进行回流，直到溶液变为透明为止。在消化过程中，硝酸将有机物氧化为二氧化碳、水及其他挥发性产物，余下无机酸或盐。

湿式消化法的优点是速度快，缺点是因加入试剂而引入杂质，因此应尽可能使用高纯度的试剂。干式灰化法和湿式消化法所需的时间，根据试样的性质和分析要求不同而异。干式灰化法一般需 2～4h，湿式消化法一般为 30～60min。

6. 微波辅助消解法

除在常温和加热条件下溶解外，也可采用微波加热辅助溶解。微波辅助消解法是利用试样和适当的溶（熔）剂吸收微波能产生热量加热试样，同时微波产生的交变磁场使介质分子极化，极化分子在高频磁场交替排列导致分子高速振荡，使分子获得高的能量。由于这两种作用，试样表层不断被搅动和破裂，因而迅速溶解。由于微波能是同时直接转递给溶液（或固体）中的各分子，因此溶液（固体）是整体快速升温，加热效率高。微波消解一般采用密闭容器，这样可以加热到较高温度和较高压力，使分解更有效，同时也可减少溶剂用量和易挥发组分的损失。这种方法可用于有机试样和生物试样的氧化分解，也可用于难熔无机材料的分解。

（四）测定前的预处理

试样经分解后有时还需进一步处理才能用于测定。处理的方法应根据试样的组成和采用的测定方法而定，不同的分析方法和分析项目对试样的要求不一样。对试样的处理一般应考虑下述几个方面。

(1) 试样的状态　根据分析方法和测试项目的要求，将试样转化成固态、水溶液、非水溶液等形式，以适用于待测组分的结构、形态、形貌和含量的测试。处理的方法有蒸发、萃取、离子交换、吸附等。一般化学分析和仪器分析在水溶液中进行；红外光谱、光电子能谱和形貌表征等要求试样为固态或非水溶液。

(2) 被测组分的存在形式　被测组分的氧化数、存在的化学形式（如游离态、络合物、盐等）应适当。可采用适当的化学方法将其转变为所需形式。

(3) 被测组分的浓度或含量　各种方法均有一定的适用范围，被测组分的浓度或含量应在所用分析方法的检测范围内才能保证测定结果的准确性。因此对于含量低的组分，应采取分离、富集的方法使其含量提高，对于含量很高的试样，可适当稀释，然后再进行测定，以便减少测定误差。

(4) 共存物的干扰　根据共存物的干扰情况，测定前采取化学掩蔽和沉淀、萃取、离子交换等分离方法消除干扰组分的影响。具体方法见分离与富集部分。

(5) 辅助试剂的选择　有时在测定前尚需向被测试样中加入一些辅助试剂，以便较好地检测被测组分，如催化剂、增敏剂、显色剂等。这些可根据相关分析手册或具体实验确定。

试样的预处理方法很多，针对具体的试样应根据实验或参考资料采取相适用的方法。处理得当不仅可简化操作手续，还可提高分析结果的准确性。因此试样的预处理在分析工作中也非常重要。

四、常用的分离和富集方法

（一）气态分离法

液体或固体试样中被分离的组分以气体形式分离出去，包括蒸发、蒸馏、升华等方法。

1. 挥发

挥发是固体或液体全部或部分转化为气体的过程。具有气态新化合物的生成及挥发，称为化学挥发法。该法可以通过测定放出的气体或剩余残渣的量进行痕量组分的分离或测定，也可以消除基体干扰。挥发不包括蒸发和升华，蒸发和升华是固体和液体直接气化（或汽化），无化学反应和新物质形成。

2. 升华

固体物质不经过液态就变成气态的过程叫作升华。在它的熔点以下，它的蒸气压达到大气压，该物质将升华。例如碘、干冰、樟脑、砷、硫黄等。

3. 蒸馏

在分析化学中，有时利用蒸馏分离出被测定组分，使其与共存物质分离，排除干扰。蒸馏的原理基于气-液平衡，在一定温度下，将较易挥发的组分从固体或液体变为气体而分离富集。蒸气相的富集程度随两组分的相对蒸气压的大小而定。分馏装置和技术的应用可以分离出较纯净组分。蒸馏技术分为常压蒸馏、减压和真空蒸馏、水蒸气蒸馏、共沸蒸馏等。

（二）沉淀与过滤分离法

常量组分的沉淀和分离：在试液中加入沉淀剂使某一成分分离，适用于常量分析。微量组分的共沉淀分离和富集：共沉淀在沉淀重量法中对沉淀纯度不利，但可用来富集分离微量组分，称为共沉淀分离。共沉淀剂应不干扰测定，分为无机和有机共沉淀剂两类。

（三）溶剂萃取分离法

溶剂萃取是液-液萃取，是利用物质对水的亲疏性不同而进行分离，易溶于水称为亲水性，易溶于非极性有机溶剂称为疏水性。萃取分离是将与水不相混溶的有机溶剂同试样水溶液在一起振荡，试液中亲疏水不同的物质进入不同相，从水相进入有机相的过程称萃取，反之为反萃取。萃取法分离效果好，可多次萃取，回收率高，操作方便，易于自动化，适用于常、微量分离和富集、纯化，有色组分可直接用光度法测定。

（四）离子交换分离法

利用离子交换剂与溶液中离子发生交换反应而进行的方法称为离子交换分离法，该法分离效果好，能分离相反、相同电荷离子，用于性质相近的离子分离、微（痕）量物质的富集和高纯物质制备，设备简单，操作容易。该法缺点是分离时间长，耗费洗脱液多。

（五）液相色谱分离法

色谱法又称层析法或色层法，是物理化学分离方法，是利用组分在不相混溶的两相中分配的差异而进行分离的，其中一相为固定相，另一相为流动相，当流动相对固定相做相对移动时，待分离组分在两相之间反复进行分配，造成其迁移速度的差别，从而分离。流动相的聚集态可分为气相、液相。按固定相的形状及操作方式可分为柱色谱、纸色谱、薄层色谱，按分离机理可分为吸收色谱、分配色谱、凝胶色谱、离子交换色谱。

第六章 仪器分析实验基本技术

第一节 光谱分析仪器的使用

一、可见分光光度计

实验室中常用的可见分光光度计主要是 72 系列的分光光度计，以前有 72 型、72G 型、721 型，近些年多用的有 722 型光栅分光光度计、7230 型分光光度计及可以自动测定的双光束分光光度计等。

（一）721 型分光光度计

721 型分光光度计（图 6.1）是 72 型分光光度计的改进型，至今仍广泛应用于学校、工厂和科研单位的分析工作中。它是在可见光区使用的一种单光束型仪器，将稳压电源装置、光源灯、单色器、比色皿架、光电管暗盒（电子放大器）和微安表等部件全部装成一体，装置紧凑，操作简便（图 6.2）。仪器的工作波长范围是 360～800nm，采用自准式光路，适用于近紫外和可见光区的分光光度计。721 型分光光度计操作简单，使用方便，只是当溶液浓度较大、吸光度较高时，读数误差较大。

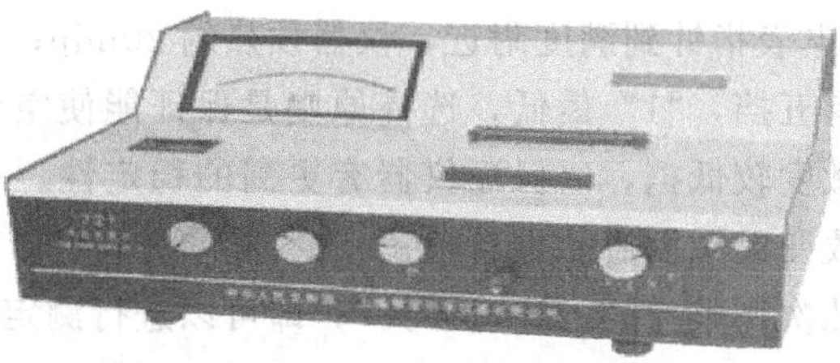

图 6.1　721 型可见分光光度计图

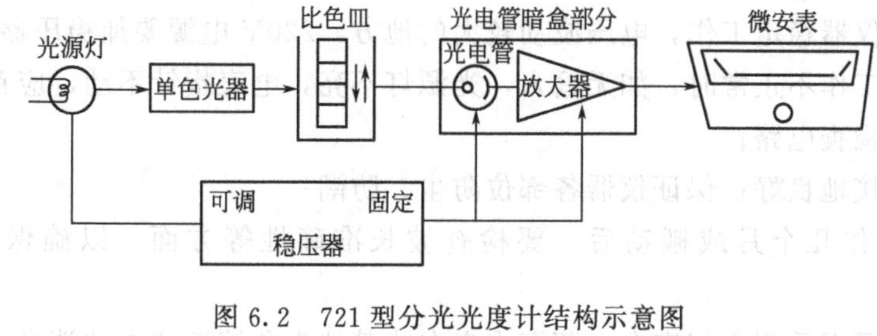

图 6.2　721 型分光光度计结构示意图

1. 仪器构造

①光源：钨灯；②单色器：玻璃棱镜；③吸收池：玻璃比色皿，0.5～3cm；④光电管暗盒；⑤光电管：GD-7型真空光电管；⑥放大器：场效应管；⑦微安表；⑧稳压器。

2. 仪器工作原理

由光源发出的复合光经单色器分光之后获得单色光，此单色光经吸收池后照射到检测器上，检测器将光信号转变为电信号，且经微电流放大器放大电信号后，由信号显示装置以吸光度 A 或透射比 T（%）形式表现出来。其光学系统构造如图6.3所示。

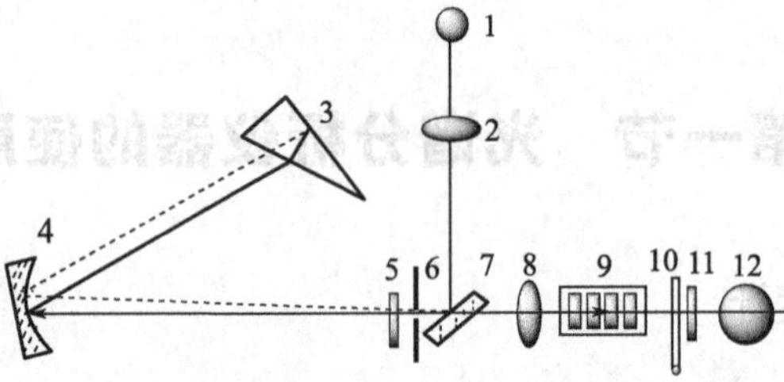

图6.3 721型可见分光光度计光学系统构造图

1—光源钨灯；2—聚光透镜；3—色散棱镜（玻璃）；4—球面准直镜；5—保护玻璃；6—入射狭缝；7—平面反射镜；8—聚光透镜；9—玻璃比色皿；10—光路闸门；11—保护玻璃；12—GD-7型真空光电管

3. 仪器使用方法

(1) 使用前先检查仪器的安全性、电源线接线是否正确、各个调节旋钮的起始位置是否正确、矽胶是否干燥等；

(2) 仪器尚未接通电源时，电表的指针必须位于"0"刻线上，否则可用电表上的校正螺钉进行调节；

(3) 接通电源开关，打开比色皿暗箱盖，选择需用的单色波长，调节"0"电位器使用电表指"0"，然后将比色皿暗箱盖合上，比色皿座处于蒸馏水校正位置，使光电管受光，旋转调"100%"电位器使电表指针到满度附近，仪器预热约20min；

(4) 放大器灵敏度有五挡，"1"最低，选择原则是保证能使空白挡良好调到"100"的情况下，尽可能采用灵敏度较低挡，以保证仪器有更高的稳定性。一般置"1"挡，灵敏度不够时再逐渐升高，但改变灵敏度后须重新校正"0"和"100%"；

(5) 预热后，连续几次调整"0"和"100%"，即可以进行测定工作；

(6) 如果大幅度改变测试波长时，在调整"0"和"100%"后稍等片刻（钨灯在急剧改变亮度后需要一段热平衡时间），当指针稳定后重新调整"0"和"100%"，即可工作。

4. 仪器使用注意事项

(1) 为保证仪器稳定工作，电压波动较大的地方，220V电源要加稳压器；

(2) 当仪器工作不正常时，如无输入，光源灯不亮，电表指针不动，应首先检查保险丝是否损坏，然后检查电路；

(3) 仪器要接地良好；保证仪器各部位防尘、防潮；

(4) 仪器工作几个月或搬动后，要检查波长准确性等方面，以确保仪器测定的准确性；

(5) 空白挡可以采用空气空白，蒸馏水空白或其他有色溶液或中性消光片作陪衬，空白调节100%处，能提高消光读数以适应溶液的高含量测定；

（6）根据溶液含量的不同，可以酌情选用不同规格光径长度的比色皿，目的是使电表读数处于0.8消光值之内。

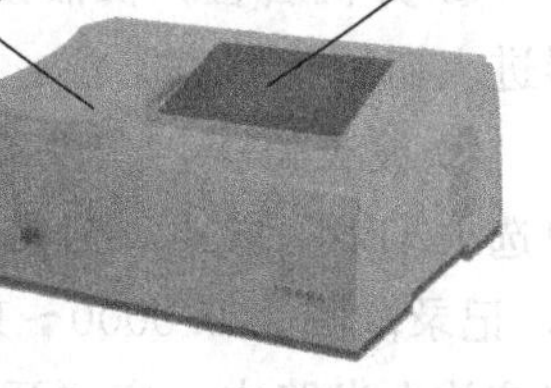

图6.4　N_2S可见分光光度计

（二）N_2S型可见分光光度计

1. 仪器构造（图6.4）

（1）技术指标　光学系统：单光束，1200线·mm^{-1}全息光栅系统；接收元件：硅光电池；波长最大允许误差：±1nm；波长重复性：≤0.5nm；波长范围：325～1000nm；光源：钨卤素灯（12V，20W）；基线平直度：±0.003*A*（335～990nm）；漂移：N_2S，≤0.003*A*/0.5h（开机2h后，500nm处）；噪声：100%线噪声≤0.5%，0线噪声≤0.2%；透射比重复性：≤0.2%；吸光度测量范围：－0.301～3000*A*；透射比测量范围：0～200.0%；杂散光：≤0.1%（在360nm处）；最小光谱带宽：(4±0.8)nm；透射比最大允许误差：±0.5%。

（2）特点　超大彩色触摸显示屏幕；高智能操作模块和友好人际界面；自动调100%*T*调OA功能；简便的灯源更换操作；浓度因子设定和浓度直读功能；USB数据传输接口和UVWin8计算机通讯软件。

（3）主要功能

① 自动控制功能：仪器开机内部系统工作状态自检及自动校正波长；波长自动定位；滤色片自动切换图谱、数据显示打印；显示各种出错信息。

② 分析测试及信息处理功能：光度测量；定量分析；多波长测定；化学动力学测量；图谱缩放、曲线保存调用；峰值标定、搜索、打印输出。

2. 仪器工作原理

N_2S可见分光光度计光路系统如图6.5所示，由钨灯（W1）和球面镜M1组成本仪器的光源系统。其作用是把钨灯发出的光能量聚合在单色器的入射狭缝上。光源灯切换由计算机控制步进电机带动球面镜M1转动来完成。由入射狭缝S1和出射狭缝S2、平面反射镜M2、准直镜M3、光栅G及滤色片组F形成本仪器的单色器系统。样品室内可同时放置4个比色皿于比色池架R、S1～S3上，组成仪器的样品室单元，透镜L1、L2将光斑会聚至比色池架和光电池上，R放置参比样品，S1～S3放置标准样品或待测样品。该光学系统采用自准直排列，波长改变采用齿轮来实现，以保证获得优质光谱线。可在出射狭缝口得到不同波长的单色光谱线，也称为单色光束。

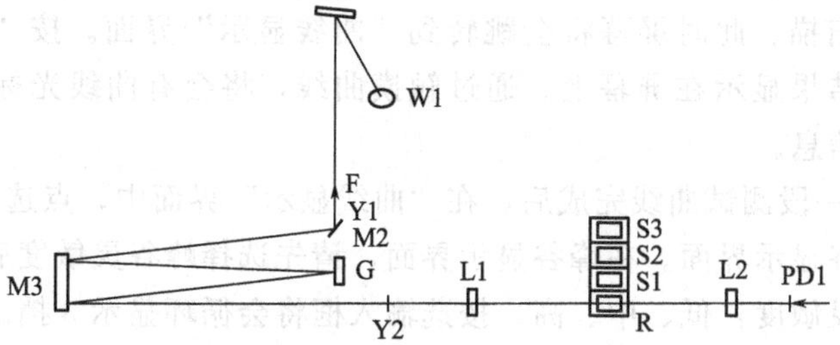

图6.5　N_2S可见分光光度计光路系统

3. 仪器使用方法

(1) 测试准备

① 开机自检：仪器接通电源，显示屏幕出现欢迎界面，随后计算机进行系统自检，仪器进入初始化状态。注：初始化过程中请勿打开样品室门！

② 波长修正：在主菜单中选“光谱测量”功能，在“光谱测量”菜单中的测量模式项中选“ABS”方式，扫描范围为350～650nm，中速扫描，采样间隔为0.1nm，扫描次数为1，记录范围为0.0000～1.2000A。全部设置完毕后，按“基线校正”键进行校正，把标准溶液放入光路中，按“开始”键后进行扫描，扫描结束后，按“峰谷显示”标签键，读取对应峰的波长值，其与标准钬溶液标准波长值之差应不超过±0.5nm。如超过±0.5nm，则在“系统设置”菜单中修正波长值。检查周期为每年1～2次，或更换灯源后。

③ 放置参比与待测样品：选择测试用的比色皿，把参比样品和待测样品放入样品架内，参比样品放入样品架R，待测样品放入样品架S1。

(2) 键盘操作　通过触摸显示屏弹出的键盘实现，分为数字键盘和字母键盘。

① 数字键盘：“CE”表示数字清零；“CANCEL”表示取消本次输入；“ENTER”表示确认此次输入数据。

② 字母键盘：“CE”表示数字清零；“CANCEL”表示取消本次输入；“ENTER”表示确认此次输入数据。

“←”清除前面一格字符/退格。

(3) 光度测量

① 参数设置：在屏幕右方主功能区内选中“光度测量”后，即可进入此功能块。优先显示的是“参数设置”功能界面。

② 测试举例：首先设定测试波长。当把所需参数输入结束后，用配对比色皿分别倒入参比样品与待测样品。打开样品室将它们分别放置比色皿架R、S1，盖好样品室门，然后按下“AUTO ZERO”键。屏幕提示：调零中…。仪器自动调整“0”（暗电流）及“100%”（满度）。自动结束屏幕提示消失后，比色皿架移至S1，此时就可得到所需待测样品数据。每个未知样品测量完成后，可以按“打印”键对所测得数据进行打印输出。

(4) 光谱测量

① 参数设置：在屏幕右方主功能区内选中“光谱测量”后，即可进入此功能块。优先显示的是“参数设置”功能界面。“光谱测量”的其他标签可以互相切换使用。

② 曲线显示：所有参数设定完成后，用配对比色皿分别倒入参比样品和待测样品。打开样品室将它们分别放置在比色皿架R、S1上，盖好样品室门，再按“基线校准”键进行基线校准。屏幕提示：正在校准…，按“停止校准”键停止。基线校正结束后，再按“测试”键，仪器开始扫描。此时屏幕将会跳转到“曲线显示”界面。按“开始”按钮进行测试，将有测试曲线结果显示在屏幕上。通过触摸曲线，将会有曲线光标显示，可以进行粗调，实时反馈数据信息。

③ 峰谷显示：一段测试曲线完成后，在“曲线显示”界面中，点选“峰谷显示”标签，画面将会跳转至峰谷显示界面。在峰谷显示界面，请先选择峰谷灵敏度后的输入框，本仪器可供选择的有3挡灵敏度：低、中、高。按选输入框将会循环显示3挡。选择合适的灵敏度挡位后，页面将会显示当前灵敏度下本次测试曲线的峰值、谷值。并可通过翻页功能查看更多的峰值、谷值。如显示峰/谷数目太多，请降低峰/谷检测灵敏度。

④ 存取列表：在参数设置中按选“调用”，以及“曲线显示”“峰谷显示”界面中，按选“存储”，画面都将会跳转至存取列表界面。本仪器可存储 10 条曲线（仅限光谱测量功能）不与其他功能的存取列表共用。

（5）定量测量

① 参数设置：在屏幕右方主功能区内选“定量测量”后，即可进入此功能块。此模块提供在不同测量方式下建立浓度曲线的功能。优先显示的是参数设置功能界面。“定量测量”的其他标签可以互相切换使用。

② *K* 系数法：*K* 系数法是工作曲线法的简单应用，它是由系统测量出样品的吸光度值，然后将此数值带入指定的公式计算出样品浓度值的方法。在“测量方法”中选择“*K* 系数法”，在左下方红色输入框选择标准曲线的“斜率 *K* 值”和“截距 *B* 值”，按选“测试”进入如下“*K* 系数法”界面。可通过点选“标签”参数设置，重新设置参数。已经设定了 *K*、*B* 值后，先在当前光路的样池中放入空白样品，使用“AUTO ZERO”键对当前工作波长进行吸光度零校正，然后取出校零用的空白样品。吸光度零校正后按“测试”键进入未知样品浓度测量。

（6）系统设置　在主菜单中选中“系统设置”项后，即可进入此功能块，屏幕显示如下。

① 钨灯开关设置：开“ON”和关“OFF”。

② 波长修正值：该项提供用户波长修正功能（修正值为实测值－标准值，修正值范围±0.5nm）。点击□，可以键入需要设置的波长。

③ 语言选择：该选项提供修改仪器语言功能，中文、英文和西班牙语言可供选择。

④ 菜单：返回主菜单。

二、紫外可见分光光度计

紫外分光光度计采用光栅或石英棱镜为单色器，采用光电管或光电倍增管作为检验器，所备的光源有钨灯和氢灯，所备的比色皿有玻璃比色皿和石英比色皿，分别满足可见光区和紫外光区物质吸光度的测定；可在波长范围为 200～800nm 的区域对物质进行定性和定量分析。以 UV2800 型紫外可见分光光度计为例（图 6.6）。

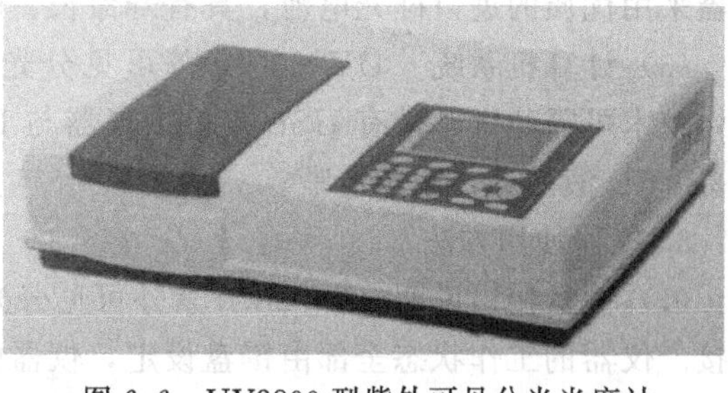

图 6.6　UV2800 型紫外可见分光光度计

1. 仪器构造

（1）仪器技术指标　波长范围：190～1100nm；波长最大允许误差：±0.3nm；波长重复性：≤0.2nm；透射比测量范围：0～200% *T*；吸光度测量范围：－0.301～4.000*A*；透射比最大允许误差：≤0.3%*T*；透射比重复性：≤0.1%*T*；漂移：≤0.0005A·h^{-1}（开机 2h 后，500nm 处）；基线直线性：±0.001*A*；杂散光：≤0.05%*T*；噪声：100%（*T*）线噪声≤0.1% *T*；0（*T*）线噪声≤0.05% *T*；扫描速度：快、中、慢；光谱宽带：1.8nm。

（2）仪器使用条件　环境温度：5～35℃；环境湿度：≤85%；工作电压：（220±22）V，（50±1）Hz；额定功率：200W；主要选配套件：打印机；室内无强烈的电磁干扰及影响使用的震动。

（3）仪器的主要功能　仪器的功能可分为自动控制功能和分析测试及信息处理功能两个方面。

① 自动控制功能：仪器开机内部系统工作状态自检及自动校正波长；波长自动定位；滤色片自动切换；光源自动切换；自动选择光源的最佳切换点；图谱、数据显示打印。

② 分析测试及信息处理功能：光度测量；光谱扫描；定量分析；多波长测定；动力学测量；图谱缩放，曲线保存调用；峰值标定、搜索、打印输出。

2. 仪器工作原理

（1）光学系统　光学系统是由钨灯 W1，氘灯 D2，球面镜 M1 组成本仪器的光源系统。其作用是把钨灯（可见光源）和氘灯（紫外光源）发出的光能量聚合在单色器的入射狭缝上。光源灯切换由计算机控制步进电机带动球面镜 M1 转动来完成。

入射狭缝 S1 和出射狭缝 S2、平面反射镜 M2、准直镜 M3 和 M4 光栅 G 及滤色片组 F 分别由波长步进电机和滤色片步进电机来控制运转，这两台电机由微处理机系统控制。分光系统有 M5、M6、M7、M8，可将单束光分成双光束。

样品室内放置比色皿于比色池架 R、S 上，组成仪器的样品室单元，透镜 L1、L2 将光斑会聚至比色架和光电池上，R 放置参比样品，S 放置标准样品或待测样品。

该光学系统采用不对称式像差校正 C-T 排列，以保证获得优质光谱线。波长的改变采用正弦机构来实现：当波长步进电机转动时，便带动单色器内的丝杆转动，丝杆上的螺母滑块发生前后移动，波长的变化与光栅转角成正弦关系，随着光栅的转动，被色散后的光谱带就在出射狭缝口左右移动，可在出射狭缝口得到不同波长的单色光谱线，也称为单色光束。

（2）电路系统　电路系统由两组开关电源组成。一组开关电源提供 12V、20W 的钨灯，各种模拟稳压电路，四路电机驱动电路，前置放大器及计算机控制系统工作电源。另一组开关电源提供 300mA 电流的氘灯恒流电源。

本机前置系统由光电流放大器、程控增益放大器及（V/F）转换三路电路组成。光点检测器采用优质的进口硅光电池，具有寿命长、耐疲劳性强、不易受潮等优点。

（3）计算机系统　UV2800 紫外可见分光光度计的计算机控制采用高性能 ARM 处理器，技术可靠稳定，带有 USB 接口供仪器与 PC 通讯，有专用打印接口。仪器显示采用大屏幕 LED 液晶屏，图像清晰。

3. 仪器使用方法

（1）键盘使用说明　UV2800 紫外可见分光光度计的键盘控制与主机由一根专用电缆线连接。仪器的工作状态全部由键盘设定，仪器的功能状态方式（菜单）及测量结果均在液晶显示屏上显示。此键盘上共有 25 个键，其中 11 个键是数字键，4 个键是显示屏上菜单选择（光标）的方向键，10 个是功能键。现分别将各键的功能叙述如下。

“F1”～“F4”键：在不同级菜单中功能不同，它们对应于液晶屏最下方的四个小方块功能。

“0”～“9”“•/－”键：共 11 个键，为数字键和小数点及正负选择，可在仪器规定范围内自由选择某一特定的参数，如常用的波长值，A、$t(T)$、E 值的上、下限定值及浓度参数等。

“→”“←”“↑”“↓”键：共计 4 个键，用来移动光标的上、下、左、右，使仪器操作者能够方便选择需要的参数项，输入相应的参数值。按动上述某一键，光标跳动一挡，即可输入或修正某一数字。

(2) 仪器开机自检　仪器开机后，仪器进入自检状态。其中任一环节出错，屏幕将在错项显示“FALLURE”形式提示，并终止运行。开机自检完成后仪器进入主菜单，仪器经30min热稳定后，可以进行正常测量。仪器自检通过后进入主菜单，按“→”“←”方向键选择所需功能项，选中项将反显，按“ENTER”键进入相应子菜单功能块，或按相应的数字键进入相应子菜单功能块。

(3) 光度测量　在主菜单中选中“光度测量”项后，按“ENTER”键即可进入此功能块。屏幕最下方的功能，分别对应仪器键盘上的四个功能键“F1”“F2”“F3”“F4”。

(4) 光谱测量

① 光谱测量菜单：

扫描范围：输入开始波长和结束波长。波长值的定义顺序：从左至右为起始波长和结束波长。波长范围：190～1100nm。

记录范围：该记录范围对应不同的测量模式，可根据用户的需要输入和修改。字段左面为测量下限，字段右面为测量上限。

扫描速度：分为三挡，快、中、慢。扫描间隔分为五挡：0.1nm、0.5nm、1.0nm、2.0nm、5.0nm。扫描次数：根据用户的不同需要选择。输入范围：1～20次，如扫描次数≥2次，输入2次扫描间隔时间（s）

绘图方式：分为连续和重叠两种。连续模式：屏幕上只显示一条谱线。重叠模式：屏幕显示谱线数与扫描次数相同。

② 光谱扫描：功能键“比例”即“F1”：按“F1”键进入标尺修改功能区，屏幕自动反显所需修改字段，修改完毕后，按“ENTER”键确认后，屏幕自动进入下一修改字段，在最后字段修改结束后，按“ENTER”键，屏幕将按新设定坐标被刷新。其主要功能为将所需范围内的图形部分放大或缩小。

功能键“峰/谷”即“F2”：按“F2”键屏幕将显示扫描区域的所有峰、谷值。如一幅屏幕不够显示所有峰值，按“上一页”“下一页”，即键盘中“F2”“F3”键可翻屏，按“F4”键可打印输出。

功能键“存储”即“F3”：按“F3”键曲线存储键，共可存8条曲线。用“←”“→”方向键可任意选择10个数字和26个字母中任何字符组成当前要存储的文件名，按“ENTER”键确认字符，文件名最多为8个字符。选择完成后按“F4”键保存或按“F3”键不保存。

在“请输入文件号存储”后输入序号，按“ENTER”键确认此时完成文件存储。对已存入文件的序列号，若选择该序列号，原文件将被覆盖，新文件自动生成。

③ 文件读取：在“光谱测量”菜单中，按“F4”键文件读取。在“请输入文件号读取”后输入序号并按“ENTER”键确认，屏幕自动清屏并显示调入曲线。对读取曲线也可以进行比例缩放、峰/谷检测、打印等处理。若无内存曲线，屏幕请求重新输入曲线序号，此时输入正确的数值即可。

(5) 定量测量

① 定量测量菜单：

分析波长：用户根据需要可以设定2个分析波长。一般情况下用户仅需输入第一波长值，第二波长值输入为零（一波长法），按“ENTER”键确认，仪器自动移动到所需要的分析波长处。屏幕提示：正在设定波长……，移动波长完成后屏幕提示消失。用户需要设定2个分析波长。则测量值为第一波长处吸光度值减第二波长处吸光度值。

分析方法：系数法、一点法、多点法三种。选中某测量方法项后按“ENTER”键确认，即进入某分析方法。

单位：对测量单位的设定，共有 8 项可供选择。

② 系数法：按数字键“2”进入“分析方法”功能项中，按“←”“→”方向键选择“系数法”，并按“ENTER”键确认。系数法中标准曲线的斜率 K 值和截距 B 值从键盘输入，输入 K 值和 B 值后按“ENTER”键确认。

系数法设定完成后将参比样品倒入配对石英比色皿，打开样品室将它们分别放置在比色皿架 R、S 上，盖好样品室门，然后按下“AUTO ZERO”键进行吸光度校零，再将样品架 S 上的比色皿中的参比样品换成被测样品，按“F4”键进入未知样品浓度测量。

未知样品浓度测量：工作曲线建立后在“定量测量”菜单中按“F4”键进入未知样品浓度测量。样品架 S 上的比色皿中的参比样品换成被测样品，按“STARE/STOP”键测量结果自动生成并显示屏幕上。

显示数据：如测量次数超过一页屏幕，按“上一页”“下一页”，即键盘中“F2”“F3”键可翻屏。按“F1”键即为“保存”键，保存数据到样品文件中。按“F4”键即为“打开”键，打开需要样品文件。

③ 一点法：一点法是测量一个标样样品的吸光度与坐标零点来建立工作曲线，以此来测量样品浓度的方法。在选择“一点法”之前，首先将样品倒入配对石英比色皿，打开样品室将它们分别放置在比色架上 R、S 上，盖好样品室门，然后按下“AUTO ZERO”键进行校零。按数字键“2”进入“分析方法”功能项，按“←”“→”方向键选择“一点法”，并按“ENTER”键确认。

根据屏幕显示输入一点的浓度值并按“ENTER”键确认。然后进入标样吸光度标定：将样品架 S 上的比色皿中的参比样品换成标样，然后按“ENTER”键系统测出标样的吸光度并显示，此时标样吸光度设定完成。按“F4”键进行未知浓度测量。

④ 多点法：多点法是测量一系列已知浓度的标样样品的吸光度，来建立工作曲线，再根据建立的工作曲线来测量未知浓度的一种定量分析法。

按数字键“2”进入“分析方法”功能项中，按“←”“→”方向键选择“多点法”，并按“ENTER”键确认。根据屏幕显示要求输入标样个数、曲线次数、是否过原点并按“ENTER”键确认。按“F4”键标定标样浓度并建立工作曲线测量未知样品浓度。按“F1”键即读取已存的工作曲线方程测量未知样品浓度。

读取方程即“F1”键：在“请输入文件号读取”后输入文件号并按“ENTER”键确认，返回定量测量菜单，此时已调入用户需要的工作曲线。将参比样品倒入配对石英比色皿，打开样品室将它们分别放置在比色皿架 R、S 上，盖好样品室门，然后按下“AUTO ZERO”键进行吸光度校零，再将样品架 S 上的比色皿中的参比样品换成被测样品，按“F4”键进入未知样品浓度测量。

标定标样即“F4”键：按“F4”键之前，将参比样品倒入配对石英比色皿，打开样品室将它们分别放置在比色皿架 R、S 上，盖好样品室门，然后按“AUTO ZERO”键进行吸光度零校正，再按“F4”键。

根据屏幕显示首先对应每个标样输入相应的浓度值（从小到大），然后将标样放入样品位 S 上，依次按“START/STOP”键测量出相应的浓度值标样的吸光度，至此完成所有标样浓度的设定，工作曲线建立。

三、原子吸收分光光度计

原子吸收光谱仪又称原子吸收分光光度计，是根据物质基态原子蒸气对特征辐射吸收的作用来进行金属元素分析的。它有单光束、双光束、双波道、多波道等结构形式。它主要用于痕量元素杂质的分析，具有灵敏度高及选择性好两大主要优点。广泛应用于各种气体、金属有机化合物、金属醇盐中微量元素的分析。以AA320N原子吸收分光光度计为例(图6.7)。

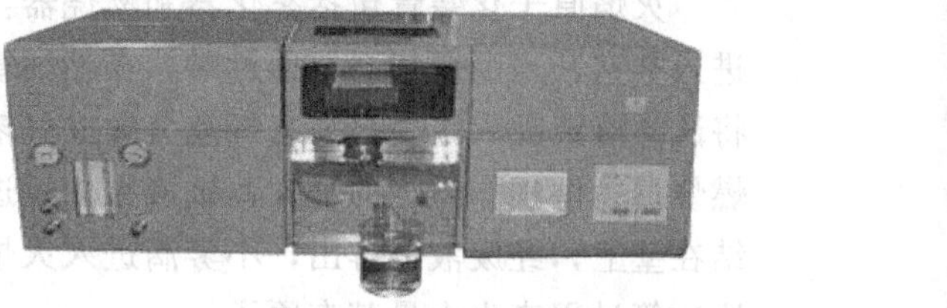

图 6.7　AA320N 原子吸收分光光度计

仪器使用的环境条件：环境温度10～30℃；室内的相对湿度不超过85%；没有震动和电磁场干扰；室内无腐蚀性气体；电源电压（220±22)V，电流3A，频率（50±1)Hz。

1. 仪器构造

原子吸收分光光度计由光源系统、原子化系统、分光系统和检测系统四部分组成，基本构造如图6.8所示。

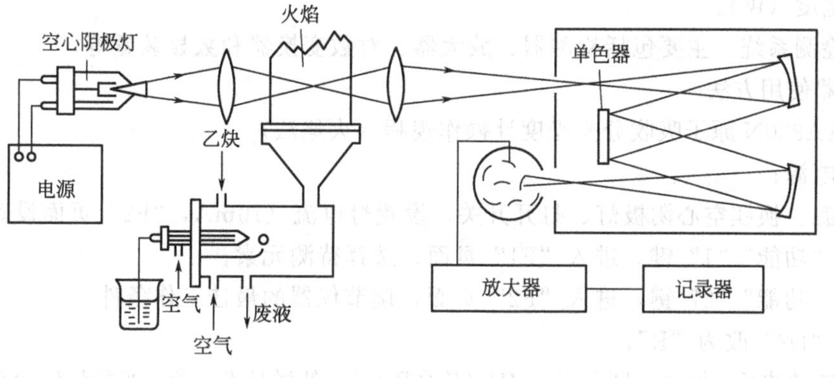

图 6.8　原子吸收分光光度计基本构造

仪器的主要参数如下。波长范围：190.0～900.0nm；波长准确度：±0.5nm；波长重复性：≤0.3nm；波长扫描速度：1.2nm·min^{-1}、300nm·min^{-1}；分辨率：<40%；特征浓度：≤0.04μg·mL^{-1}·1%（铜）；检出极限：≤0.008μg·mL^{-1}·1%（铜）。

2. 仪器工作原理

原子吸收光谱法是利用基态原子对特征波长光辐射吸收现象的一种测量方法。原子总处于基态或激发态，对于每种元素其基态与激发态之间的能量差是特定的。在原子吸收光谱法中，利用元素灯作为光源发射出某一元素的特征波长的谱线，当光束通过包含基态原子的媒质时，光被部分吸收。吸收的程度取决于原子的浓度。这样即可根据光的吸收程度计算出媒质（待测元素）的原子浓度。

原子吸收分光光度计工作流程：光源系统→原子化系统→分光系统→检测系统。

(1) 光源系统　光源的作用是辐射被测元素的特征光谱，必须使用锐线光源，所使用的光源应满足下述要求：能辐射锐线，即发射线的半宽度要明显小于吸收线的半宽度；能辐射待测元素的共振线，并且具有足够的强度；辐射的光强度必须稳定且背景小。

(2) 原子化系统　原子化系统的作用是将试样溶液中的金属离子转变成基态原子蒸气。

① 火焰原子化系统：将被测溶液用一定手段雾化后进入火焰，借助于火焰的热量和气氛使其原子化，这样的系统属于火焰原子化系统。一个好的火焰原子化系统，要求雾化效率高、原子化效率高、稳定性好、原子化系统的噪声小。

火焰原子化装置包括雾化器和燃烧器：雾化器是将溶液转变成尽可能细而均匀的雾滴，进入雾室。当助燃气高速通过时，在毛细管外壁与喷嘴口构成的环形间隙中，形成负压区，将试样溶液吸入，并被高速气流分散成气溶胶，在出口与撞击球碰撞，进一步分散成细雾。燃烧器是供气体燃烧的部件，试液雾化后进入雾化室，与燃气（乙炔）充分混合，大雾滴凝结在壁上，经废液器排出，小雾滴进入火焰中。试样雾滴在火焰中经蒸发、干燥、离解（还原）等过程产生大量基态原子。

② 石墨炉原子化系统：将被测元素样品注入石墨炉内，经过不同温度的加温使样品在高温下原子化。通过分光光度计把原子化时吸收某一锐线光谱的能量记录下来，经过运算求得待测元素的含量。石墨炉系统主要作用是在惰性气体保护下，用程序加温的方法使试样在分离水分和其他杂质的情况下，在不损失原试样中元素含量的情况下充分原子化，以求得较高灵敏度。

(3) 分光系统（单色器） 单色器的作用：是将待测元素的共振线与邻近线分开。单色器的构成元件：棱镜、光栅、凹凸镜、狭缝等。单色器的性能参数：线色散率（D）、分辨率、通带宽度（W）。

(4) 检测系统 主要包括检测器、放大器、对数变换器和数显装置等。

3. 仪器使用方法

(1) AA320N 原子吸收分光光度计操作规程（火焰法）

① 总电源；

② 光源：换镁空心阴极灯、打开开关，设置灯电流（10mA，“F2”页面设置）；

③ 按“功能”“1”键，进入“F1”页面，选择待测元素；

④ 按“功能”“2”键，进入“F2”页面，调节仪器的最佳工作条件；

⑤ 将“D2”改为“R”；

⑥ 调节“波长、灯位、灯电流、HV（负高压）”，使样品光、参比光能量值为 80 左右；

⑦ 选择测量条件：测量时间、测量次数、延迟时间、浓度单位、标准溶液浓度等；

⑧ 打开通风装置；

⑨ 打开空气压缩机（压力 0.3MPa，助燃气稳压压力 0.2MPa，辅助气流量大约 6.0L·min^{-1}）；

⑩ 打开乙炔钢瓶，调节乙炔分压阀使乙炔压力为 0.05～0.07MPa，调节乙炔流量约 0.50～1.0L·min^{-1}；

⑪ 点火，测量；

⑫ 文件管理（保存文件）；

⑬ 关机：乙炔钢瓶→乙炔分压阀→乙炔流量阀→空气压缩机。

(2) AA320N 原子吸收分光光度计操作规程（石墨炉法）

① 配制标准系列溶液，样品前处理；

② 打开总电源开关；

③ 光源：换空心阴极灯、打开开关；

④ 按“功能”“1”键，进入“F1”页面，选择待测元素；

⑤ 按“功能”“2”键，进入“F2”页面，调节仪器最佳工作条件：“波长、灯位、灯电

流、HV（负高压）”，使样品光、参比光能量值为80左右；

⑥ 进入“F3”页面：选择测量条件；

⑦ 进入“F4”页面：working curve（工作曲线），输入标准溶液浓度；

⑧ 进入“F5”页面：analyse testing（分析测定）；

⑨ 调节气路和冷却水：打开氩气钢瓶，调节入口压力；打开自来水龙头，使冷却水流过石墨炉原子化器左右电极；

⑩ 打开石墨炉系统电源，液晶屏会显示自检功能，然后将光标移至“Replace Tube”，按回车键，将石墨炉压紧；

⑪ 设置升温程序：包括干燥、灰化、原子化、除残等步骤；

⑫ 设置完毕后用微量进样器注入样品，按“开始/停止”键，便可进行测定；

⑬ 完成一次程序测定后，石墨管需要冷却30s，才允许再一次进行程序加温测定；

⑭ 测定后，打印测量结果；

⑮ 关机：氩气瓶→冷凝水→石墨炉电源→原子吸收分光光度计主机。

（3）原子吸收分光光度计主机

① 阻尼：用来选择读数响应时间。阻尼大，响应时间慢，信号平滑，但呆滞。一般操作选择第一挡；遇到噪声大或标尺扩展倍数较大时，适当选择较大的阻尼以求信号噪声平滑。

② 方式选择开关：选择信号测量的方式。

调整：能量表指示参比光束能量；数字显示器显示实际负高压值；

吸光度：能量表指示工作光束能量；数字显示器显示吸光度；

浓度：与“扩展”配合，可进行浓度直读分析，能量表指示工作光束能量；显示器显示浓度。

③ 信号选择开头：选择信号模式。

“连续”位测量瞬时信号；“积分”位测量积分信号，积分时间为3s；“峰高”位测量峰值信号，适用于无火焰分析。

④ 灯电流：灯电流的大小影响分析的灵敏度和精密度，较小的电流可获得较高的灵敏度，但会有较大的噪声。

⑤ 光谱带宽：狭缝，在能分开非共振线的前提下，应尽量采用宽的狭缝，以便提高信号的信噪比和分析稳定性。

（4）工作站

① 元素选择：选择分析元素、工作模式（火焰、石墨炉）。

② 分析条件设置：高压（光谱仪上实际的高压值）。找准波长对光完毕后，应调整高压使“样品光”和“参比光”的能量水平保持在“80”左右（两者的能量肯定会有差异，差异越小，读数稳定性越好）。

③ 测量条件设置：信号方式（积分、峰高）；数据处理方式：标准曲线法、标准加入法；重复：平均值的测量次数，若重复次数大于1，测量结果不仅列出平均值，而且列出标准偏差和相对偏差；精度：读数有效位；测量：测量周期；延时：按键后等待若干秒才开始测量以求读数稳定的时间。

④ 测量浓度设置方法：选择标准曲线。直线回归：最小二乘法数学模型，斜率、截距、线性相关系数；曲线拟合：二次曲线数学模型，曲线通过零点和各标准点；标准加入：样品

基体较复杂的未知样测定。未加标准的未知样作为 1 号标准；选择浓度单位；输入标准浓度。

⑤ 样品测量：

置零：测量结果不保留，不吸取样品状态下仪器的机械零点，吸入空白溶液的状态下测量零点；删除：一次性删除全部未知样品的测量结果；斜率：斜率重置，浓度测量时修正灵敏度漂移。只测一个最高标准浓度，将结果与原来同一标准的测量结果比较，求出偏移系数，并以此修正工作曲线和以后测量的每一个结果。

⑥ 打印。

四、红外分光光度计

红外光谱法又称红外分光光度分析法，是分子吸收光谱的一种。根据不同物质选择性吸收红外光区的电磁辐射来进行结构分析，以及对各种吸收红外光的化合物的定量和定性分析的一种方法。用红外光照射有机物时，分子吸收红外光会发生振动能级跃迁，不同的化学键或官能团吸收频率不同，每个有机物分子只吸收与其分子振动、转动频率相一致的红外光谱，所得到的吸收光谱通常称为红外吸收光谱。

图 6.9　瓦里安 Varian 640 傅里叶变换红外光谱仪

红外光谱对样品的适用性相当广泛，固态、液态或气态样品都能应用，无机、有机、高分子化合物都可检测。此外，红外光谱还具有测试迅速、操作方便、重复性好、灵敏度高、试样用量少、仪器结构简单等特点，因此，它已成为现代结构化学和分析化学最常用和不可缺少的工具。红外光谱在高聚物的构型、构象、力学性质的研究以及物理、天文、气象、遥感、生物、医学等领域也有广泛的应用。以瓦里安 Varian 640 傅里叶变换红外光谱仪为例（图 6.9）。

瓦里安 Varian 640 傅里叶变换红外光谱仪技术参数有以下几个方面。分辨率：$0.25cm^{-1}$；光源：专利交流电陶瓷光源；干涉仪：60 度（角）3 点激光定位动态准直干涉仪；光谱范围：375～$7800cm^{-1}$（标准配置），可以升级近红外；校验单元：内置标准校验单元；软件：中文 Resolutions Pro 软件；接口：高速 2.0USB。

1. 仪器构造

(1) 样品室。

(2) 检测器仓。

(3) 主光学仓　主光学仓内安放的是干涉仪、光圈、分束器、IR 光源、激光器和反射镜。

① 干涉仪：干涉仪在主光学仓的中央，包括动镜、定镜和分束器，产生红外干涉光。

② 光圈：不同光谱分辨率的获得除了需要控制动镜的移动距离，还需要配合不同的光圈才能得到所要的分辨率。对不同的分辨率，光圈的设定也不同。光圈上带有大小不同的八个光孔，可以通过软件直接进行控制。

③ 分束器：分束器在干涉仪内，是产生干涉光的重要部件。中红外使用的是 KBr 分束器，该材料怕潮湿，要确保仪器在干燥的环境中工作。更换分束器请参考相应手册。

④ 光源：中红外光源安装在主光学仓内右后面的塔上。更换光源请参见相应手册。

⑤ 激光器：He-Ne 激光器位于主光学仓的左后面。更换激光组件请参见相应手册。

2. 仪器使用方法

（1）系统开机

① 打开光谱仪电源开关。如果光谱仪很长时间没有开机，开机后至少需要稳定 30min，以便达到工作温度（稳定前开始采集数据，数据的准确性可能不高）。

② 打开计算机。

③ 如果需要更换检测器、分束器或者光源，请在进行数据采集之前完成这些工作。如果已经完成这些工作，就可以进行数据采集。

（2）配置硬件：硬件的配置由系统自动完成，不需要手动配置硬件。

（3）运行软件：在开始测试样品之前，先要关闭其他程序，再打开 Varian 600-IR 系列傅里叶变换红外光谱仪的控制及数据处理软件——Varian Resolutions Pro。安装完 Varian Resolutions Pro 软件后，在 Windows 的程序里面会出现一个“Varian Resolutions”文件，请选择“Varian Resolutions Pro”图标，打开软件。

（4）实验数据采集：不同的实验在数据采集上会有略微的差异，应该以实际实验情况来制定最佳的实验方案。一般的实验过程，包括以下几个步骤。

① 设定扫描参数　不同的样品，有不同的测试要求，比如要选定不同的分辨率、扫描次数等。

从“光谱采集”菜单中选择“常规光谱扫描”选项；出现扫描参数的设置界面；单击左边“内容”→“光谱采集方法总览”→“常用设置”：如果对于设置有不清楚的地方，可以单击其右边的“获得帮助”。

扫描次数：分别设置样品光谱和背景光谱的扫描次数，一般设置为 32 次，背景光谱的次数设置为大于或等于样品光谱次数，次数设置得越多，扫描得到的光谱信噪比越好。

光谱名称：分别给样品光谱和背景光谱设置一个名字；分辨率：常规的固体或者液体设置为 $8cm^{-1}$ 或 $4cm^{-1}$；扫描类型：选择光谱类型；扫描光谱范围：设置光谱范围，常规的中红外设置为 $4000 \sim 400cm^{-1}$；当使用 ATR 或者是红外显微镜等附件时，光谱范围不能超过 ATR 晶体或者是其他窗片材料可用的波数范围。

② 准直和校验光谱仪器　Varian 600-IR 系列傅里叶变换红外光谱仪带有动态准直功能和自动校正功能，动态准直功能可以自动地调节定镜，使干涉仪处于准直状态。

如有以下情况之一，需要在采集光谱前准直和校验光谱仪：第一次使用红外光谱仪；更换光源、分束器或检测器后；每天必须做一次准直和校验改变分辨率后更换附件后。

在进行准直或校验红外光谱仪之前，需要做以下操作：样品仓内没有样品挡住光路。如果是对空的样品仓进行测试，可以得到光源能量和干涉图，这样就可以看出仪器是否正常工作。如果仪器工作不正常，会出现极低的能量值。检查各光学部件是否在正常工作，指示灯是否正常，是否有出错报告（注：不要让能量过高，以免检测器饱和。如果检测器饱和，仪器会给出相应的错误报告。可以通过加衰减片或减小分辨来率来解决问题）。在使用 DTGS 检测器中，可以把光学仓遮蔽一会，放开后，能量会回到原来值。如果能量太强，遮蔽后放开，能量会下降很多。

准直光谱仪：单击“光谱采集\常规光谱扫描”，弹出下列窗口，单击“信号监测”；在弹出的下列窗口中，单击“准直”取消 Varian 600-IR 傅里叶变换红外光谱仪用户快速指南；

仪器开始自动准直，软件左下角显示准直进行状态；点击"中心点"可以放大干涉图中心部位；检查峰强度，应该小于10。如果峰出现平头，峰强超过10，表明光强度太高，检测器已经饱和，需要加衰减片或减小分辨率，把光强度降下来，使检测器处于正常工作状态。

校验光谱仪：点击"Auto Sensitivity"来校验增溢半径（GRR）电路和增溢放大系统；当进行校验的时候，状态栏会显示校验状态；当状态栏显示校验完成，点击"确定"键，保存准直和校验的结果。

③ 采集背景光谱　采集背景的目的是消除仪器及环境对样品光谱的影响，每个样品光谱都需要背景光谱。可以选择以前采集的背景，在"光谱采集/常规光谱扫描/光谱采集方法总览/背景光谱扫描/高级/已存在背景/选择"选入以前保存好的背景文件。

如果不是选定以前的背景，需要在采集样品光谱前先扫描背景，建议每个样品都分别扫描背景。设置好背景采集参数后，点击"背景光谱"会出现以下图框，进行背景扫描。采集完背景，会自动弹出保存图框，提示保存背景文件。取好背景的名字，点击"保存"存储背景光谱。点击"保存"后，会直接在图框中显示采集到的背景光谱图。

④ 采集样品光谱　以随机配制的聚苯乙烯（polystyrene，PS）膜作为样品，来进行红外透射实验。

打开样品仓，把聚苯乙烯膜放在样品架上，随机带有一个透射样品架。点击"光谱采集/常规光谱扫描"按钮，设置好采集参数后，单击"样品光谱扫描"，开始进行样品光谱采集。软件显示采集状态。采集完成后，光谱图和背景同时在一个文件中。可以把"名称"里面文件名修改成样品的名字，以便于记忆，比如把"名称"改成"PSstandard"。样品光谱保存。为了便于使用，建议用有代表性的文件名对光谱进行保存，点击"文件/另存为"进行命名、保存。

(5) 光谱数据处理：几乎所有的光谱处理功能都集中在"光谱变换"和"光谱分析"里面。"光谱变换"菜单里集中了光谱转化和运算功能；"光谱分析"是光谱的标峰、定量和检索。

① 光谱显示：观察光谱最常用的操作就是对光谱进行放大。可以使用两种方式对光谱进行放大：用雷达图（radar box）进行放大或采用光标直接在光谱上划出放大区域。雷达图位于左下角，显示整张光谱图。在雷达图中被方框选中的区域，在主显示区域进行放大显示。

还有一种放大方法是直接使用光标拖动。在需要放大的区域，点住鼠标左键；把该区域拉进光栏；放开左键，即可实现对光谱的放大；要恢复到原来光谱，可以点击快捷图标。

② 光谱差减：对于两张光谱的比较或多种成分分析，需要采用光谱相减来发现差异或消除某种光谱的影响。下面使用 polystyrene. bsp 和 polystyrene1. bsp 进行差减演示：选择"文件"→"关闭"关闭所有光谱文件；选择"文件"→"打开"来选择打开文件；选中文件，该文件将被作为被减数；选择"光谱变换"中的"光谱差减"；弹出"定义参考光谱"文件选择框，选择一个光谱作为减数；可以通过调节"差减因子"来调节差减效果，比如在本例中"差减因子"为0.4，表示光谱 polystyrene card-0.4 * 光谱；"光谱差减结果"中实时显示结果，当调节到合适的差减数值后，点击"应用"完成差减过程（注：如果选中"添加光谱"，点击"应用"后，相减的结果将和原光谱共存。但如果选中"替代原光谱"，点击"应用"后，相减的结果将覆盖原光谱）。

③ 标峰：打开"光谱分析"→"标峰"菜单；出现"标峰"对话栏：箭头改动这个值

(1是最低的灵敏度，也就是说只标出较大的峰，忽略小峰。灵敏度的最大值为8)。点击“确定”，在主光谱显示区域中就显示出光谱中主要峰的标识。定义标峰的具体参数。默认是标出峰的位置和峰面积。

④ 基线校正：基线校正是要对吸收图进行操作。如果是透射图，在作基线校正之前，要把其转化成吸收图。使用“光谱变换”里面的“吸收光谱”转化为吸收图。点击“光谱变换”中的“基线校正”。出现基线校正图框。分为上、下两个图框，上图框是原光谱，下图框是校正后的光谱，校正后光谱实时显示校正操作对光谱的影响。

⑤ 光谱打印：

直接打印：可以直接点击“文件”菜单下的“打印”直接打印当前光谱图。选用打印模板打印：打印模板可以按各自的打印要求进行编辑，模板保存后可以在后续的应用中进行调用。

(6) 数据导出：可以把采集到的光谱输出，以便于使用其他软件进行处理。在光谱栏内选中要导出的光谱；选择“文件/导出光谱”进行光谱导出操作；可以导出的格式有GRAM、ASCⅡ等。其中ASCⅡ格式可以用Excel打开、编辑。

3. 红外制样技术

透射制样技术：红外分析中，透射分析是最为传统的分析手段。在此对透射分析的常用制样手段进行讨论。

① 溴化钾压片：压片流程参考如下。

a. 称量1～2mg样品，放入玛瑙研钵，先做稍微研磨；再放入干燥溴化钾100～200mg。溴化钾必须采用干燥的光谱纯。压片操作最好在红外灯下进行，避免在样品处理的过程中吸收空气中的水分。

b. 使用玛瑙研钵进行研磨，直到样品的颗粒足够小并均匀地分布到溴化钾中。对于坚硬的晶体样品，用手研磨比较困难，可以采用研磨器或低温研磨附件。

c. 组装压片模具，先在底部放入一片压头，光面向上。

d. 把样品倒入模具，可以轻微抖动模具，以使样品均匀地散布到底面压头上。

e. 把上压头放入模具，光面朝下，压上压杆。

f. 把模具放入压片机，检查放的位置是否平整。在压片时最好边抽真空（2～5mmHg）边压制，以便抽出粉末间的空气，否则压制成的锭片容易吸水而变得不透明，且易破裂。如果需要抽掉空气，可以接上真空泵，对模具进行抽真空，时间约为2min。

g. 对油压机上压力，13mm的片子，使用的压力一般为7～10t。不同的片子规格，使用的压力不同，具体参数可以参考模具的说明书。

h. 保持近1min后，缓慢地卸掉压力。取出模具，进行退模，以取出片子。溴化钾对钢制模具表面的腐蚀性很大，模具用过后必须及时清洗干净，然后保存在干燥环境中。

i. 检查片子是否是半透明，样品是否均匀地分布到片子中。

j. 把片子放入样品架，再把样品架放入样品仓中，进行测量。

② 糊状法：对于一些不能用KBr压片的样品，可以采用糊状法进行制样。糊状法中研细的固体粉末和少量氟化煤油或矿物油（如液体石蜡）进行调合。氟化煤油在4000～1300cm^{-1}区域是红外透明的，液体石蜡适用于1300～50cm^{-1}范围，氟化煤油和石蜡油的光谱也可由差谱方法或在参比光路上补偿除去。

③ 薄膜法：固体样品制成薄膜进行测定可以避免基质或溶剂对样品光谱的干扰，薄膜

的厚度为 10～30μm，且厚薄均匀。薄膜法主要用于聚合物测定，对于一些低熔点的低分子化合物也可应用。薄膜法有以下三种：

a. 熔融涂膜：适用于一些低熔点、熔融时不分解、不产生化学变化的样品。

b. 热压成膜：对于热塑性聚合物或在软化点附近不发生化学变化的塑性无机物，可将样品放在模具中加热至软化点以上或熔融后再加压力压成厚度合适的薄膜。

c. 溶液铸膜：将样品溶解于适当的溶剂中，然后将溶液滴在盐片、玻璃板、平面塑料板、金属板、水面上或水银面上，使溶剂挥发掉就可以得到薄膜。

五、荧光分光光度计

荧光分光光度计是用于扫描液相荧光标记物所发出的荧光光谱的一种仪器。它能提供包括激发光谱、发射光谱以及荧光强度、量子产率、荧光寿命、荧光偏振等许多物理参数，从各个角度反映了分子的成键和结构情况。通过对这些参数的测定，不但可以做一般的定量分析，而且还可以推断分子在各种环境下的构象变化，从而阐明分子结构与功能之间的关系。荧光分光光度计的激发波长扫描范围一般是 190～650nm，发射波长扫描范围是 200～800nm，可用于液体、固体样品（如凝胶条）的光谱扫描。以日立 F-7000 荧光分光光度计为例（图 6.10）。

图 6.10　F-7000 荧光分光光度计

F-7000 荧光分光光度计具有如高灵敏度（RMS 信噪比为 800）以及同类产品最高级别的高扫描速（60000nm·min^{-1}）等许多新功能。目前，荧光分光光度法在各个领域内得到广泛应用，诸如有机电致发光和液晶等工业领域；水质分析等环境相关领域；荧光试剂的合成与开发等制药领域；细胞内钙离子浓度测定等生物技术相关领域。

1. 仪器特点

荧光分光光度计具有三维测定、波长扫描、三维扫描测定、时间扫描测定模式、光度测定模式等功能。荧光分光光度计灵敏度：RMS 信噪比为 800，峰间信噪比为 250。荧光分光光度计还有以下特点：扫描速度最快（60000nm·min^{-1}）；三维时间扫描模式追踪监控化学反应过程；增大检测时间范围，能够测定持续较长时间发光的磷光；可以使用浓度范围高达 6 个数量级的数据生成校正曲线，未知样品不需进行任何预处理就能进行定量。

2. 技术指标

最小样品量 0.6mL（使用标准 10mm 荧光池）；光度类型单色光比例控制光源 150W 氙灯；自动除臭氧；波长测定范围（激发波长和发射波长）200～750nm，且为零阶光（采用选装检测器可扩展至 900nm）；波长扫描速度 30nm·min^{-1}、60nm·min^{-1}、240nm·min^{-1}、1200nm·min^{-1}、2400nm·min^{-1}、12000nm·min^{-1}、30000nm·min^{-1}、60000nm·min^{-1}；数据处理单元电脑 Windows；XP Professional 操作系统打印机与 Windows；XP 操作系统兼容；外形尺寸/重量分光光度计：620(W)mm×520(D)mm×300(H)mm（不包括突出部分）/41kg；工作温度/湿度/humidity：温度 15～35℃；湿度 45%～80%（不得有冷凝水；温度为 35℃或以上时，湿度低于 70%）；配电（分光光度计）交流 100V、115V、220V、230V、240V，50/60Hz，380VAFL Solution 程序标准软件。

3. 仪器使用步骤

(1) 开机

① 开启计算机。

② 开启仪器主机电源。按下仪器主机左侧面板下方的黑色按钮"POWER"。同时，观察主机正面面板右侧的"Xe LAMP"和"RUN"指示灯依次亮起来，都显示绿色。

(2) 计算机进入 Windows XP 视窗后，打开运行软件。

① 双击桌面图标"FL Solution 2.1 for F-7000"，主机自行初始化，扫描界面自动进入。

② 初始化结束后，须预热 15～20min，按界面提示选择操作方式。

(3) 测试模式的选择：波长扫描 (wavelength scan)。

① 点击扫描界面右侧"Method"。

② 在"General"选项中的"Measurement"选择"wavelengthscan"测量模式。

③ 在"Instrument"选项中设置仪器参数和扫描参数，主要参数选项包括：

选择扫描模式"ScanMode"：Emission/Excitation/Synchronous（发射光谱、激发光谱和同步荧光)。

选择数据模式"DataMode"：Fluorescence/Phosphprescence/Luminescence（荧光测量、磷光测量、化学发光)。

设定波长扫描范围：

扫描荧光激发光谱 (excitation)：需设定激发光的起始/终止波长 (EX Start/End WL) 和荧光发射波长 (EMWL)。

扫描荧光发射光谱 (emission)：需设定发射光的起始/终止波长 (EM Start/End WL) 和荧光激发波长 (EXWL)。

扫描同步荧光 (synchronous)：需设定激发光的起始/终止波长 (EX Start/End WL) 和荧光发射波长 (EM WL)。

Attention：激发光终止与起始波长差不小于 10nm。

选择扫描速度"Scan Speed"（通常选 $240nm \cdot min^{-1}$）。

选择激发/发射狭缝（EX/EM Slit)。

选择光电倍增管负高压"PMT Voltage"（一般选 700V)。

选择仪器响应时间"Response"（一般选"Auto"）。

选择光闸控制"Shutter Control"打"√"，以使仪器在光谱扫描时自动开启，而其他时间关闭。

选择"Report"设定输出数据信息、仪器采集数据的波长（通常选 0.2nm）及输出数据的起始和终止波长 (Data Start/End)。

Attention：Data Start/End 需与"Instrument"选项中设置一致，否则所得到的数据点会逐渐减少，而无法作图。

参数设置好后，点击"确定"。

(4) 设置文件存储路径

① 点击扫描界面右侧"Sample"。

② 样品命名"Samplename"。

③ 选中"□Auto File"，打"√"，可以自动保存原始文件和 TXT 格式文本文档数据。

④ 参数设置好后，点击"OK"。

(5) 扫描测试

① 打开盖子，放入待测样品后，盖上盖子（请勿用力)。

② 点击扫描界面右侧“Measure”（或快捷键“F4”)，窗口在线出现扫描谱图。

(6) 数据处理

① 选中自动弹出的数据窗口。

② 选择“Trace”，进行读数并寻峰等操作。

③ 上传数据。

(7) 关机顺序（逆开机顺序实施操作）

① 选中“○ Close the lamp，then close the monitor windows?”，打“⊙”。

② 点击“Yes”，窗口自动关闭，同时，观察主机正面面板右侧的“Xe LAMP”指示灯暗下来，而“RUN”指示灯仍显示绿色。

③ 约 10min 后，关闭仪器主机电源，即按下仪器主机左侧面板下方的黑色按钮“POWER”（目的是仅让风扇工作，使 Xe 灯室散热)。

④ 关闭计算机。

第二节　电化学仪器的使用

一、酸度计

酸度计亦称 pH 计，是通过测量原电池的电动势，确定被测溶液中氢离子浓度的仪器。它具有结构简单，测量范围宽，速度快，适应性广，易于实现流线自动分析等特点。根据测量要求不同，酸度计分为普通型、精密型和工业型三类，读数值精度最低为 0.1，最高为 0.001。

常用的酸度计大多兼有毫伏值测量功能，可使用离子选择性电极进行测量。在酸度计的基础上研制出各种离子计，主要是增加了分别用于阴离子和阳离子、一价和二价的转换开关，有的除了有毫伏值刻度外，又增加了浓度刻度，从而使测量和读数大为便利。常用的酸度计型号有 25 型、pHS-2 型、pHS-2C 型、pHS-3C 型、pHS-3D 型等，有的自动电位滴定仪、离子计也可作为酸度计使用。以 pHS-3D 型酸度计为例介绍酸度计的构造和使用。

图 6.11　pHS-3D 型酸度计

1. 仪器构造

pHS-3D 型 pH 计是一台精密数字显示 pH 计（图 6.11)，它采用大屏幕、带蓝色背光、双排数字显示液晶，可同时显示 pH 值、温度或电位（mV)。该仪器适用于大专院校、研究院所、环境监测、工矿企业等部门的化验室取样测定水溶液的 pH 值和电位（mV）值，配上 ORP 电极可测量溶液 ORP（氧化-还原电位）值，配上离子选择性电极可测出该电极的电极电位值。

仪器的主要技术性能具体如下。

仪器级别：0.01 级；测量范围：0.00～14.00，－1999～0mV，0～＋1999mV（自动极性显示)；最小显示单位：0.01，1mV，0.1℃；温度补偿范围：0～95℃；被测溶液温度：0～60℃；仪器的基本误差：±0.02±1 个字；仪器重复性误差：不大于 0.01。

酸度计实际上是一个高阻抗毫伏计，它主要是由电极和电计两部分组成。

(1) 电极：电极是由指示电极和参比电极组成的。

① 指示电极：利用电极电位随被测溶液中氢离子浓度的变化而变化来指示被测溶液中氢离子浓度。测定 pH 值的指示电极有玻璃电极和锑电极，其中玻璃电极的使用最为广泛。

玻璃电极的结构如图 6.12 所示，玻璃电极的主要部分是一个小玻璃球泡，玻璃球泡内装有一定 pH 值的缓冲溶液，其中插入了一支银-氯化银电极作为内参比电极。玻璃膜的成分大约是 22% Na_2O、6% CaO、72% SiO_2，膜厚度大约为 0.1mm。

玻璃电极的电极电位主要取决于被测溶液的氢离子的浓度，与被测溶液的 pH 值相关。

② 参比电极：用于测量指示电极电位的电极。对参比电极的要求是电位已知、恒定，重现性好，温度系数小，有电流通过时极化电位及机械扰动的影响小。

常用的参比电极为甘汞电极，因为饱和甘汞电极易于制备和维护，是最常用的一种参比电极。在精密的测量工作中，则最好采用 $0.1mol \cdot L^{-1}$ 或 $1mol \cdot L^{-1}$ KCl 甘汞电极，因为它们的温度系数较小，达到平衡电位较快。

甘汞电极的结构如图 6.13 所示。甘汞电极有两个玻璃管，内套管封接一根铂丝，铂丝插入厚度约 5～10mm 纯汞中，纯汞下装有一层汞及氯化亚汞的糊状物构成内部电极；外套管装入氯化钾溶液，电极下端与被测溶液接触处是熔接陶瓷芯或玻璃砂芯等多孔材料。

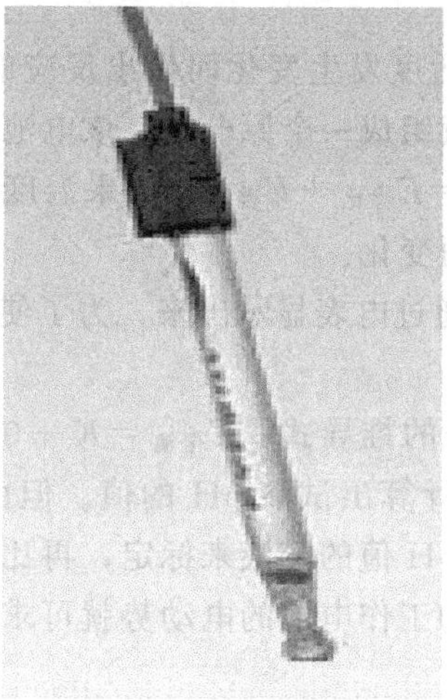

图 6.12 玻璃电极

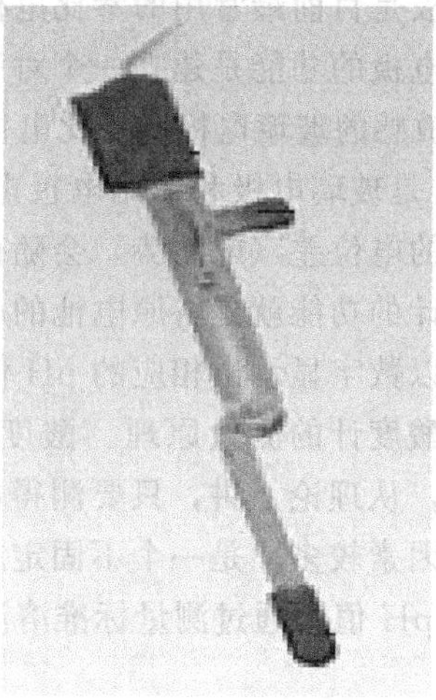

图 6.13 甘汞电极

甘汞电极电位主要决定于外套管内氯离子浓度。当氯离子浓度恒定时，电极电位也是恒定的，与被测溶液 pH 无关。在 25℃时，不同浓度的氯化钾溶液的甘汞电极具有不同的电极电位，见表 6.1。

表 6.1 甘汞电极的电极电位

氯化钾溶液浓度	$0.1mol \cdot L^{-1}$	$1mol \cdot L^{-1}$	饱和
甘汞电极电极电位/V	+0.3365	+0.2828	+0.2438

(2) 电计

① 直流放大器：高输入阻抗直流电压放大器是各种类型的电位测量仪器的核心部件，决定仪器性能的好坏主要是它的输入阻抗、输入电流和零点漂移这三个重要技术指标。

目前常用的直流放大器有直接耦合式直流放大器、调制型直流放大器。直接耦合式直流放大器是将高内阻的电信号经阻抗转换器转成低内阻信号，直接放大显示。以前用电子管和场效应晶体管直流放大器，现在多用运算放大器组成的直流放大器，可完成阻抗转换和比例放大的作用。这种电路的仪器体积小，耗电少，但测量精度越高，零点漂移越严重。国内外商品仪器多数采用这种线路。调制型直流放大器是利用振动电容将电信号调制在交流信号上，经运算放大器放大，再经低通滤波器滤波、相敏检波器检波，检出的直流信号，送精密数字电压表测量，这类放大器输入阻抗可达到 $10^{13}\Omega$。

②显示器：显示器直接显示被测溶液的氢离子浓度，一般为电表或数字电压表。目前电位测量仪器几乎全部采用数字电压表作为仪器的显示器。它具有很宽的测量范围，能自动转换极性，具有较高的测量精度，读数直观清晰，能输出数字编码信号，可以供打印机打印记录或送入计算机进行数据处理与控制等。

2. 仪器工作原理

(1) 酸度计原理　用酸度计可进行电位测量，是测量 pH 值最精密的方法。pH 计由三个部件构成：一个参比电极、一个玻璃电极、一个电流计，电流计能在电阻极大的电路中测量出微小的电位差（新型的复合电极可取代玻璃电极和甘汞电极）。

参比电极的基本功能是本身具有恒定的电位，可作为测量其他电极电位的对照标准。饱和甘汞电极是目前最常用的参比电极。

玻璃电极的功能是建立一个对所测量溶液的氢离子活度发生变化而作出反应的电位差。把对 pH 敏感的玻璃电极和参比电极放在同一溶液中，就组成一个原电池，该电池的电位差（电动势）是玻璃电极和参比电极电位的代数和：$E_{电池}=E_{参比}+E_{玻璃}$，如果温度恒定，则这个电池的电位差（电动势）会随待测溶液的 pH 变化而变化。

电流计的功能就是将原电池的电位差放大若干倍，通过电表显示出来，为了使用上的方便，直接以数字显示出相应的 pH 值。

(2) 酸度计的测量原理　酸度计是根据能斯特方程的推导式：$E_{电池}=K+0.059\mathrm{pH}_{试}$ 来测量的，从理论上讲，只要测得电池电动势 E，就可计算出试液 pH 的值。但由于 K 受到的影响因素较多，是一个不固定的常数，需要用标准 pH 值的溶液来标定，再比较测得试样溶液的 pH 值。通过测量标准溶液和试样溶液所组成的工作电池的电动势就可求出试液的 pH 值。

酸度计为了使用的方便，在测定标准溶液时，通过调节可直接显示标准溶液的 pH 值（定位），再插入试液时，就可直接显示出试液的 pH 值。

3. 仪器使用方法

(1) 开机前的准备

① 电极连接：电极架安装在仪器上，电极安装在电极架上的电极夹中。玻璃电极插头插入玻璃电极的插口，参比电极接入参比电极接线柱。如果不使用玻璃电极，可以将电极转换器插入玻璃电极插口，将其他电极接入电极转换器。

② 将多功能电极架插入插座中，将 pH 复合电极安装在电极架上，将 pH 复合电极下端的电极保护套拔下，并且拉下电极上端的橡皮套使其露出上端小孔。如不用复合电极，则在测量电极插座处插入玻璃电极插头，参比电极接入参比电极接口处。用蒸馏水清洗电极。

(2) 酸度计的调校

① 零点：拔下电极插头，选择“mV”挡，调节“调零”，使仪器显示为“0.00” mV。

② 温度补偿：调节“温度补偿”，使仪器指示温度与被测溶液的温度相同。测量时必须保持温度恒定，如果温度变化较大时，需要重新校准仪器。

(3) 定位和斜率校正　仪器一般采用二点校正的方法进行校正，仪器校正的方法有2种：

① 将测量电极浸入第一种标准缓冲溶液，调节仪器的“定位”旋钮，使仪器显示值“0.00”。更换第二种标准缓冲溶液后，调节仪器“斜率”，使仪器显示值为两种标准缓冲溶液的pH差值；然后调节“定位”，使仪器显示值为第二种标准缓冲溶液的pH值。

② 将测量电极浸入第一种标准缓冲溶液，调节仪器的“定位”旋钮，使仪器显示值为第一种标准缓冲溶液的pH值。更换第二种标准缓冲溶液，调节仪器“斜率”旋钮，使仪器显示值为第二种标准缓冲溶液的pH值。

(4) 标定　自动标定（适用于pH＝4.00、pH＝6.86、pH＝9.18的标准缓冲溶液）。

① 打开电源开关，仪器进入pH测量状态，预热30min。

② 按“模式”键一次，使仪器进入溶液温度显示状态（此时温度单位指示灯闪亮），按“△”键或“▽”键调节温度，显示数值上升或下降，使温度显示值和溶液温度一致，然后按“确认”键，仪器确认溶液温度值后回到pH测量状态。

③ 把用蒸馏水或去离子水清洗过的电极插入pH＝6.86（或pH＝4.00；或pH＝9.18）的标准缓冲溶液中，待读数稳定后按“模式”键两次（此时pH指示值全部锁定，液晶显示器下方显示“定位”，表明仪器在定位标定状态），然后按“确认”键，仪器显示该温度下标准缓冲溶液的标称值，见表1.1。

④ 把用蒸馏水或去离子水清洗过的电极插入pH＝4.00（或pH＝9.18；或pH＝6.86）的标准缓冲溶液中，待读数稳定后按“模式”键三次（此时pH指示值全部锁定，液晶显示器下方显示“斜率”，表明仪器在斜率标定状态），然后按“确认”键，仪器显示该温度下标准缓冲溶液的标称值，仪器自动进入pH测量状态。如果误使用同一标准缓冲溶液进行定位、斜率标定，在斜率标定过程中按“确认”键时，液晶显示器下方“斜率”显示会连续闪烁三次，通知斜率标定错误，仪器保持上一次标定结果。

⑤用蒸馏水及被测溶液清洗电极后即可对被测溶液进行测量。

(5) 测量pH值　经标定过的仪器，即可用来测量被测溶液，根据被测溶液与标定溶液温度的是否相同，其测量步骤也有所不同。具体操作步骤如下：

① 被测溶液与标定溶液温度相同时　用蒸馏水清洗电极头部，再用被测溶液清洗一次。把电极浸入被测溶液中，用玻璃棒搅拌溶液，使其均匀，在显示屏上读出溶液的pH值。

② 被测溶液和标定溶液温度不同时　用蒸馏水清洗电极头部，再用被测溶液清洗一次。用温度计测出被测溶液的温度值。按“模式”按钮一次，使仪器进入溶液温度状态（此时温度单位指示灯闪亮），按“△”键或“▽”键调节温度，显示数值上升或下降，使温度显示值和被测溶液温度值一致，然后按“确认”键，仪器确定溶液温度后回到pH测量状态。把电极插入被测溶液内，用玻璃棒搅拌溶液，使其均匀后读出该溶液的pH值。

(6) 测量电极电位（mV值）

① 打开电源开关，仪器进入pH测量状态；连续按“模式”键（四次），使仪器进入mV测量即可。

② 把离子选择电极（或金属电极）和参比电极夹在电极架上。

③ 用蒸馏水清洗电极头部，再用被测溶液清洗一次。

④ 把离子电极的插头插入测量电极插座处。

⑤ 把参比电极接入仪器后部的参比电极接口处。

⑥ 把两种电极插在被测溶液内，将溶液搅拌均匀后，即可在显示屏上读出该离子选择电极的电极电位（mV 值），还可自动显示正负极性。

⑦ 如果被测信号超出仪器的测量（显示）范围，或测量端开路时，显示屏显示 1--mV，作超载报警。

⑧ 使用金属电极测量电极电位时，将带夹子的 Q9 插头接入测量电极插座处，夹子与金属电极导线相接；或用电极转换器的一头接测量电极插座处，金属电极与转换器接续器相连接。参比电极接入参比电极接口处。

（7）关闭仪器电源，清洗电极。

二、电位滴定仪

自动电位滴定仪是以测量电极电位的变化确定滴定终点，从而求出被测溶液中离子浓度的仪器。一般的自动电位滴定仪都是在酸度计的基础上增加一些装置而构成的。

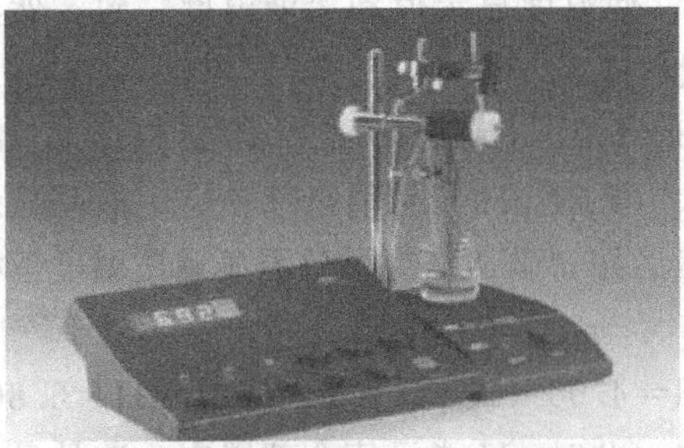

图 6.14　ZD-2 型自动电位滴定仪

随着具有高选择性和高灵敏度的离子选择性电极的出现，自动电位滴定仪结构简单、造价低廉、灵敏度高、稳定性好，特别易于实现流程自动化监测，广泛应用于工厂化验室和研究单位。以 ZD-2 型自动电位滴定仪（图 6.14）为例介绍电位滴定仪的构造和使用。

ZD-2 型自动电位滴定仪是一种分析精度高的实验室分析仪器，它采用液晶显示屏，能显示 pH 值或电位值。该仪器主要用于高等院校、科研机构、石油化工、制药、药检、冶金等行业的各种成分的化学分析，具有手动或自动滴定方式，可利用 pH 值或电极电位的控制滴定，也可以采用永停终点法进行容量分析。

仪器主要技术性能：

测量范围：0～14.00，－1400～1400mV；分辨率：0.01，1mV；电子单元基本误差：±0.03±1 个字，±5mV±1 个字；仪器 pH 值测量基本误差：±0.06；容量分析重复性误差：0.2%；滴定控制灵敏度：±0.1，±5mV；终点设定范围：－1400～1400mV 或 0～14；电子单元稳定性：±0.01/3h。

1. 仪器构造

ZD-2 型自动电位滴定仪主要由电源指示灯、滴定指示灯、终点指示灯、斜率补偿调节旋钮、温度补偿调节旋钮、定位调节旋钮、“设置”选择开关、“pH/mV”选择开关、“功能”选择开关、“终点电位”调节旋钮、“预控点”调节旋钮、“滴定开始”按钮组成。见图 6.15 和图 6.16。图中各项按钮功能如下：

（1）电源指示灯　打开电源，此指示灯应亮。

（2）滴定指示灯　开始滴定后，此指示灯闪亮。

（3）终点指示灯　用于指示滴定是否结束。打开电源，此指示灯亮，开始滴定后，此指示灯熄灭。滴定结束后，此指示灯亮。

（4）斜率补偿调节旋钮　pH 标定时使用。

(5) 温度补偿调节旋钮 pH标定及测量时使用。

(6) 定位调节旋钮 pH标定时使用。

(7)"设置"选择开关 此开关置于"终点"时，可进行终点mV或pH设定（"pH/mV"开关置于"pH"时，进行pH终点设定；置于"mV"时，进行mV终点设定）。此开关置于"测量"时，进行mV或pH测量（mV还是pH测量同样取决于"pH/mV"开关的位置）。此开关置于预控点时，可进行pH或mV的预控点设置。如设置预控点为100mV，仪器将在离终点100mV时自动从快滴转为慢滴。

(8)"pH/mV"选择开关 此开关置于"pH"时，可进行pH测量或pH终点值设置或pH预控点设置。此开关置于"mV"时，可进行mV测量或mV终点设置或mV预控点设置。

(9)"功能"选择开关 此开关置于"手动"时，可进行手动滴定；置于"自动"时，进行预设终点滴定，到终点后，滴定终止，滴定灯亮。此开关置于"控制"时，进行pH或mV控制滴定，到达终点pH值或mV值后，仪器仍处于准备滴定状态，滴定灯始终不亮。

(10)"终点电位"调节旋钮 用于设置终点电位或pH值。

(11)"预控点"调节旋钮 用于设置预控点mV值和pH值，其大小取决于化学反应的性质，即滴定突跃的大小。一般氧化还原滴定、强酸强碱中和滴定和沉淀滴定可选择预控点值小一些；弱酸强碱、强酸弱碱可选择中间预控点值；而弱酸弱碱滴定需选择大小预控点值。

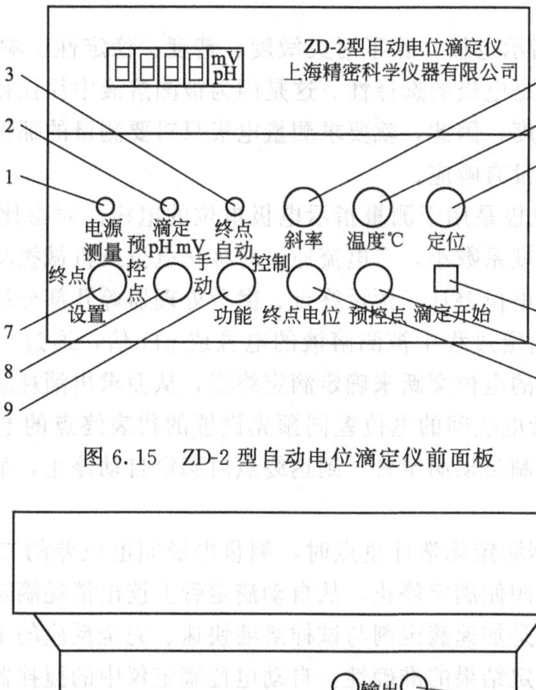

图6.15 ZD-2型自动电位滴定仪前面板

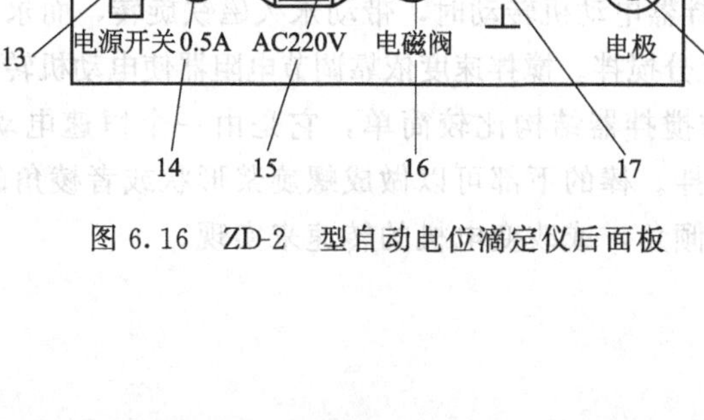

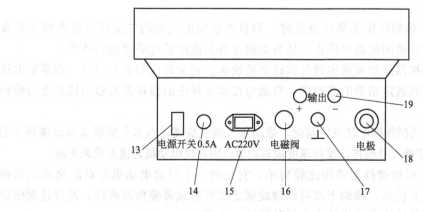

图6.16 ZD-2 型自动电位滴定仪后面板

(12) “滴定开始”按钮 “功能”开关置于“自动”或“控制”时，按一下此按钮，滴定开始。

“功能”开关置于“手动”时，按下此按钮，滴定进行，放开此按钮，滴定停止。

(13) 电源开关。

(14) 保险丝座。

(15) 电源插座。

(16) 电磁阀接口。

(17) 接地接线柱，可接参比电极。

(18) 电极插口。

(19) 记录仪输出：供 0～1V 记录仪使用。

2. 仪器工作原理

自动电位滴定仪中的主要部件有自动滴定装置、电极、电计三部分。

(1) 自动滴定装置

① 自动滴定管：由自动滴定管和自动阀组成，由仪器控制电磁阀，电磁阀控制滴定管的滴液速度。它的最大的特点是简单，但滴定剂的耗用量仍需要在滴定管上读出。

② 自动阀：在自动电位滴定仪中，控制溶液通过或截断是依靠自动阀来实现的。

(2) 电极 电极是由指示电极、参比电极所组成。根据被测离子和滴定剂的性质来选择指示电极和参比电极。

① 指示电极：对于指示电极，除了对灵敏度、精度、稳定性、响应时间的技术要求之外，一个特别重要的问题是电极的选择性。这是因为被测溶液中往往存在着多种离子，但只测量其中某一种离子的浓度，因此，就要求测量电极只对要测量的那种离子有响应，而对被测溶液中存在的其余离子没有响应。

② 参比电极：参比电极是用于测量指示电极电位的电极。对参比电极的要求是电位已知、恒定，重现性好，温度系数小，有电流通过时极化电位及机械扰动的影响小等。

(3) 电计 电计是由电位差计、预设终点、微分处理器等几部分组成。

① 电位差计：测量滴定过程中被测溶液的电位或 pH 值，通过绘制 E-V 或 $\Delta E/\Delta V$-V 滴定曲线，根据滴定曲线的电位突跃来确定滴定终点，从而求出消耗滴定剂的体积。

② 预设终点：将测量电极间的电位差同预先设置的代表终点的电位差相比较，比较后的差值经放大器再用来控制自动滴定管，到达终点时滴定自动停止，最后从自动滴定管上读出消耗滴定剂的体积。

③ 微分处理器：根据滴定化学计量点时，测量电极间电位差的二阶微商值由极正值变为极负值，从而启动自动阀使滴定停止，从自动滴定管上读出消耗滴定剂的体积。

(4) 搅拌器 搅拌器是加速滴定剂与试样溶液快速、完全反应的重要器件。在滴定的过程中，搅拌直接影响到滴定结果的准确性。自动电位滴定仪中的搅拌器有磁力搅拌器与机械搅拌器两种。

① 磁力搅拌器：当搅拌器电动机转动时，带动永久磁铁旋转，而永久磁铁又带动烧杯中的搅拌棒旋转，使滴定溶液充分搅拌。搅拌速度依靠调节电阻器使电动机转速变化来实现。

② 机械搅拌器：机械搅拌器结构比较简单，它是由一个恒速电动机带动玻璃或塑料棒旋转，使滴定溶液充分搅拌。棒的下部可以做成螺旋桨形状或者棱角的形状，搅拌速度依靠调节搅拌棒的不同形状或倾角，或改变电机的转速来实现。

3. 仪器使用方法

（1）开机前的准备

① 滴定装置安装：将滴管架旋在搅拌器的安装螺纹上。将夹芯、夹套的孔对齐，穿过滴管架，调节到合适位置，旋紧螺母使之固定。将电磁阀末端插入夹芯，旋紧支头螺钉使之固定。将滴管夹安装在滴管架上，调节至合适位置，旋紧滴管架固定螺钉。将滴定管夹在滴管架上，将电磁阀上方的橡皮管套入滴定管末端。将电极夹安装在滴管架的下端。装上电极及毛细管，将电磁阀下方的橡皮管套入毛细管。

② 电磁阀连接与调节：将电磁阀插头插入仪器后面板电磁阀接口。使用前应调节支头螺钉，使电磁阀断电时，无滴液滴下；电磁阀开启时，滴液滴下，并调节合适的流量。

③ 管道的安装或更换：先将电磁阀的螺母拧下，将底座抽出。然后将底座上两个螺钉拧下，放松压紧螺钉。即可更换管道。

④ 电极的选择与连接：电极的选择取决于滴定时的化学反应，如属中和反应，可用 pH 复合电极或玻璃电极和甘汞电极；如属银盐与卤素反应，可采用银电极和特殊甘汞电极。将电极插头插入仪器后面板上的电极插口。将转换器插头插入仪器电极插口；测量电极插头插入转换器插座处；参比电极插头接入仪器后面板接线柱处。有些电极需要通过接触器连接，电极接到接触器，将接触器插入转换器插座。

（2）电位 mV 测量

① 仪器安装连接好以后，插上电源线，打开电源开关，电源指示灯亮，预热 15min 后使用。

②“设置”开关置于“测量”，“pH/mV”选择开关置于“mV”。

③ 将电极插入被测溶液中，将溶液搅拌均匀后，即可读取电极电位（mV）值。

④ 如果被测信号超出仪器的测量范围，显示屏会不亮，超载报警。

（3）pH 标定及测量

① pH 标定：仪器在进行 pH 测量之前，先要标定。一般来说，仪器在连续使用时，每天要标定一次。“设置”开关置于“测量”，“pH/mV”开关置于“pH”。调节“温度”旋钮，使旋钮白线指向对应的溶液温度值。将“斜率”旋钮顺时针旋到底（100%）。将清洗过的电极插入 pH 值为 6.86 的缓冲溶液中。调节“定位”旋钮，使仪器显示读数与该缓冲溶液当时温度下的 pH 值相一致。用蒸馏水清洗电极，再插入 pH 值为 4.00（或 pH 值为 9.18）的标准缓冲溶液中，调节“斜率”旋钮使仪器显示读数与该缓冲溶液当时温度下的 pH 值相一致。重复直至不用再调节“定位”或“斜率”旋钮为止，至此，仪器完成标定。标定结束后，“定位”和“斜率”旋钮不应再动，直至下一次标定。

② pH 测量：“设置”开关置于“测量”，“pH/mV”开关置于“pH”。用蒸馏水清洗电极头部，再用被测溶液清洗一次。用温度计测出被测溶液的温度值。调节“温度”旋钮，使旋钮白线指向对应的溶液温度值。电极插入被测溶液中，搅拌溶液使溶液均匀后，读取该溶液的 pH 值。

（4）自动电位滴定

① 安装好滴定装置，在烧杯中放入搅拌棒，并将烧杯放在 JB-1A 搅拌器上。

② 终点设定：“设置”开关置于“终点”，“pH/mV”开关置于“mV”，“功能”开关置于“自动”，调节“终点电位”旋钮，使显示屏显示所要设定的终点电位值。终点电位选定后，“终点电位”旋钮不可再动。

③ 预控点设定：预控点的作用是当离开终点较远时，滴定速度很快；当到达预控点后，滴定速度很慢。设定预控点就是设定预控点到终点的距离，其步骤如下："设置"开关置于"预控点"，调节"预控点"旋钮，使显示屏显示所要设定的预控点数值。例如，设定预控点为100mV，仪器将在离终点100mV处转为慢滴。预控点选定后，"预控点"调节旋钮不可再动。

④ 终点电位和预控点电位设定好后，将"设置"开关置于"测量"，打开搅拌器电源，调节转速使搅拌从慢逐渐加快至适当转速。

⑤ 揿一下"滴定开始"按钮，仪器即开始滴定，滴定灯闪亮，滴液快速滴下，在接近终点时，滴速减慢。到达终点后，滴定灯不再闪亮，过10s左右，终点灯亮，滴定结束。注意：到达终点后，不可再揿"滴定开始"按钮，否则仪器将认为另一极性相反的滴定开始，从而继续进行滴定。

⑥ 记录滴定管内滴液的消耗量。

(5) 电位控制滴定

① "功能"开关置于"控制"，其余操作同(4)。

② 在到达终点后，滴定灯不再闪亮，但终点灯始终不亮，仪器始终处于预备滴定状态，同样，到达终点后，不可再揿"滴定开始"按钮。

(6) pH自动滴定

① pH终点设定："设置"开关置于"终点"，"功能"开关置于"自动"，"pH/mV"开关置于"pH"，调节"终点电位"旋钮，使显示屏显示所要设定的终点pH值。

② 预控点设置："设置"开关置于"预控点"，调节"预控点"旋钮，使显示屏显示所要设置的预控点pH值。例如，所要设置的预控点为pH＝2，仪器将在离终点pH＝2左右处自动从快滴转为慢滴。其余操作同(4)。

(7) pH控制滴定(恒pH滴定)　"功能"开关置于"控制"，其余操作同(6)。

(8) 手动滴定

① "功能"开关置于"手动"，"设置"开关置于"测量"。

② 揿下"滴定开始"开关，滴定灯亮，此时滴液滴下，揿下此开关的期间控制滴液滴下，放开此开关，则停止滴定。

(9) 关闭仪器电源，清洗电极。

三、电导率仪

电导率仪是电化学分析仪器的一个重要组成部分，也是一种比较古老的分析仪器。它是根据被测溶液的电导率的大小或电导率的变化来进行定量分析。电导率仪结构简单，有极高的灵敏度，便于实现连续测量，但选择性很差，只能测量离子的总量。可用于水质监测、大气中有害气体分析(如SO_2、CO_2、NH_3、HCl、H_2S等)、测定某些物理、化学常数(离解常数、溶度积、化学反应速率等)，还可用于电导滴定分析。

电导率仪根据电子线路不同，可分为：电桥式电导率仪、直读式晶体管电导率仪、具有相敏检波的直读式电导率仪、微处理机控制的实验室电导率仪等。电导率仪根据测量的原理不同，可分为：电极式电导率仪、电磁感应式电导率仪。以DDS-307A型电导率仪为例(图6.17)。

1. 仪器的主要技术性能

测量范围：0～$1\times10^4\mu S\cdot cm^{-1}$，仪器分成四挡量程，各挡量程间采用手动按键切换；仪器的基本误差：±1.0%（FS）±1，±0.5℃±1℃；仪器重复性误差：0.17%（FS）[0～2×10^3]$\mu S\cdot cm^{-1}$，0.33%（FS）[2×10^3～1×10^4]$\mu S\cdot cm^{-1}$；温度补偿范围：0～40℃；被测溶液温度：0～60℃

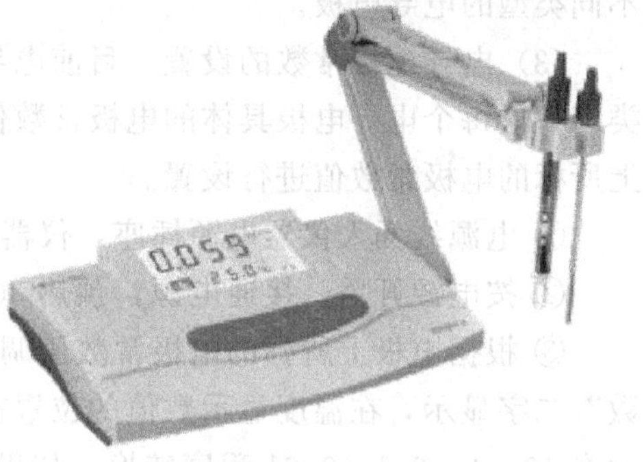

图 6.17　DDS-307A 型电导率仪

2. 仪器工作原理

电导率仪由电导池、测量电源、测量电路和指示器四部分组成。

（1）电导池　或称电导电极，是测量电导的传感元件。电导电极一般是两片截面积相同的切片以一定距离镶嵌在绝缘的支架上。

电极材料最好为铂或有效面积较大的铂黑，因为它的化学惰性好，一般不与测量体系物质发生化学反应，在电极片受到污染后容易进行化学处理和清洗；也可用银（银黑）、钽或镍作电极材料。铂黑电极的表面积大，电流密度小，极化作用小，因此测量高电导率溶液时（10～$10^5\mu S\cdot cm^{-1}$），宜采用铂黑电极。测量低电导率溶液时（0～$10\mu S\cdot cm^{-1}$），铂黑电极对电解质有强烈吸附作用，出现不稳定现象，这时宜用光亮铂电极。

（2）测量电源　一般采用交流电源，可以使电极表面交替进行氧化和还原，其净结果可认为没有发生氧化或还原，可减小或消除极化现象。电导率仪测量电源种类较多，主要根据测试的方法和被测对象的要求来加以选择。

（3）测量电路　常见电导率仪测量电路有：平衡电桥测量电路、串联欧姆计式测量电路、线性分压测量电路和比例运算放大器等几种。平衡电桥测量电路的测量比较复杂，串联欧姆计式测量电路的测量误差较大，线性分压测量电路的放大器放大倍数增大稳定性较差，比例运算放大器测量电路的灵敏度高，其中反相比例运算放大器在电导率仪中得到广泛的应用。

（4）放大器　测量电路的输出信号都比较小，为了提高检测灵敏度，保证测量精度，就必须用一个交流放大器来放大测量电路的输出信号；在电表直读式测量仪器中，由于取样电阻上的输出交流信号很小，不能直接推动电表读数，也需要一个交流放大器把弱小的信号加以放大，推动电表读数。所以，放大器也成为电导率仪中不可缺少的组成部分。对于放大器的要求应该有高的输入阻抗，较大的放大倍数和较高的稳定性。为了直接测定溶液的电导率，在电导率仪中通常设置一个电极常数调节器，其作用是把所用电极的电导电极常数规格化为 1，通常是依靠调节放大器的放大倍数，使电导率仪直接读出溶液的电导率。

（5）指示器　电导率仪的指示器一般可以分两类：一类是诸如耳机、电眼和示波器等作为电桥平衡法测量电导率的指示器；另一类是诸如电表和直流数字电压表等作为直读式电导率仪的指示器，目前广泛采用的是数字电压表指示器。

3. 仪器使用方法

（1）开机前的准备　将多功能电极架插入多功能电极架插座中。电导电极安装在电极架上。用蒸馏水清洗电极。

（2）电导电极的选择　根据测量电导率范围选择相应常数的电导电极，正确选择电导电极常数，对获得较高的测量精度是非常重要的。可配用的常数为 0.01、0.1、1.0、10 四种不同类型的电导电极。

(3) 电导电极常数的设置　目前电导电极的电极常数为0.01、0.1、1.0、10四种不同类型，但每个电导电极具体的电极常数值，制造厂均粘贴在每支电导电极上。根据电导电极上所标的电极常数值进行设置。

① 电源线插入仪器电源插座，仪器必须有良好接地！

② 按电源开关，接通电源，预热30min。

③ 根据电极上所标的电极常数值调节仪器。按三次模式键，此时为常数设置状态，“常数”二字显示，在温度显示数值的位置有数值闪烁显示，按“△”或“▽”键，闪烁数值显示在10、1、0.1、0.01程序转换，如果知道电导电极常数为1.025，则选择“1”并按“确认”键，此时在电导率、TDS测量数值的位置有数值闪烁显示，按“△”或“▽”键，闪烁数值显示在0.800～1.200范围变化，如果知道电导电极常数为1.025，按“△”或“▽”键将闪烁数值显示为“1.025”并按“确认”键，仪器回到电导率测量模式，至此校准完毕。

(4) 温度补偿的设置

① 当仪器接上温度电极时，该温度显示数值为自动测量的温度值，即温度传感器反映的温度值，仪器根据自动测量的温度值进行自动温度补偿。

② 当仪器不接温度电极时，该温度显示数值为手动设置的温度值，在温度值手动校准功能模式下（按“模式”键两次），可以按“△”或“▽”键手动调节温度数值上升、下降，并按“确认”键确认所选择的温度数值。使选择的温度数值为被测溶液的实际温度值，此时，测量得到的将是被测溶液经过温度补偿后折算为25℃下的电导率值。

③ 如果“温度”补偿选择的温度数值为“25℃”时，那么测量的将是被测溶液在该温度下未经补偿的原始电导率值。

(5) 测量电导率值　常数设置、温度补偿设置完毕，就可以直接进行测量。

① 用蒸馏水清洗电导电极头部，再用被测溶液清洗一次。

② 把电导电极浸入被测溶液中，用玻璃棒搅拌溶液，使其均匀，在显示屏上读出溶液电导率。

③ 当测量过程中，显示值为“1——”时，说明测量值超出量程范围，此时，应按“△”键，选择大一挡量程，最大量程为20mS·cm^{-1}或1000mg·L^{-1}；当测量过程中，显示值为“0”时，说明测量值小于量程范围，此时，应按“▽”键，选择小一挡量程，最小量程为20μS·cm^{-1}或10mg·L^{-1}。

(6) 电导电极常数的测定法

① 参比溶液法：

a. 电源线插入仪器电源插座，仪器必须有良好接地！

b. 按电源开关，接通电源，预热30min。

c. 配制标准KCl溶液，根据被测电导电极常数选择标准KCl溶液浓度，见表6.2。

表6.2　测定电极常数的标准KCl浓度

电极常数/cm^{-1}	0.01	0.1	1	10
KCl近似浓度/mol·L^{-1}	0.001	0.01	0.01或0.1	0.1或1①

① 1mol·L^{-1}标准KCl溶液：20℃下每升溶液中KCl为74.2460g。

注：KCl应该用一级试剂，并在110℃烘箱中烘4h，放在干燥器中冷却后方可称量。

d. 用蒸馏水清洗电导电极，再用标准 KCl 溶液清洗三次。

e. 把电导池接入电桥（或电导率仪）。

f. 控制溶液温度为 (25±0.1)℃。

g. 把电极浸入标准 KCl 溶液中。

h. 测出电导池电极间电阻 R 或用电导率仪测出电导池电极间的电导率 $k_{测}$。

i. 计算电极常数 J：

$$J=k_{标}R \quad 或 \quad J=\frac{k_{标}}{k_{测}}$$

式中，$k_{标}$ 为标准 KCl 溶液的电导率，见表 6.3；$k_{测}$ 为测量标准 KCl 溶液的电导率。

表 6.3　标准 KCl 溶液及电导率值

温度/℃	标准 KCl 溶液近似浓度/mol·L^{-1}			
	1	0.1	0.01	0.001
	电导率/S·cm^{-1}			
15	0.09212	0.010455	0.0011414	0.0001185
18	0.09780	0.011163	0.0012200	0.0001267
20	0.10170	0.011644	0.0012737	0.0001322
25	0.11131	0.012852	0.0014083	0.0001465
35	0.13110	0.015351	0.0016876	0.0001765

② 比较法：用一已知常数的电导电极与未知常数的电导电极测量同一溶液的电导率。

a. 选择一个已知常数的标准电极（设常数为 $J_{标}$）。

b. 把未知常数的电极（设常数为 J_1）与标准电极以同样的深度插入液体中（都应事先清洗）。

c. 依次把它们接到电导率仪上，分别测出电导率。

(7) 关闭仪器电源，清洗电极。

第三节　气相色谱仪的使用

气相色谱法适用于分析具有一定蒸气压且热稳定性好的组分，对气体试样和受热易挥发的有机物可直接进行分析，而对 500℃以下不易挥发或受热易分解的物质部分可采用衍生化法或裂解法。气相色谱仪由载气源、进样部分、色谱柱、柱温箱、检测器和数据处理系统组成。进样部分、色谱柱和检测器的温度均在控制状态。以 GC122 气相色谱仪为例(图 6.18)。

1. 仪器构造

(1) 载气源：氦气、氮气和氢气可用作气相色谱法的流动相，可根据供试品的性质和检测器种类选择载气，除另有规定外，常用载气为氮气。

(2) 进样部分：进样方式一般可采用溶液直接进样或顶空进样。采用溶液直接进样时，进样口温度应高于柱温 30～50℃。顶空进样适用于固体和液体供试品中挥发性组分的分离和测定。

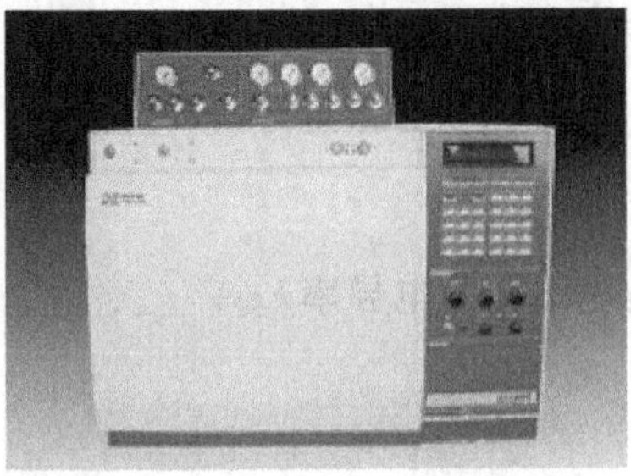

图 6.18 GC122 气相色谱仪

(3) 色谱柱：根据需要选择。新填充柱和毛细管柱在使用前需老化以除去残留溶剂及低分子量的聚合物，色谱柱如长期未用，使用前应老化处理，使基线稳定。

(4) 柱温箱：柱温箱温度的波动会影响色谱分析结果的重现性，因此柱温箱控温精度应在±1℃，且温度波动小于每小时 0.1℃。

(5) 检测器：适合气相色谱法的检测器有火焰离子化检测器（FID）、热导检测器（TCD）、氮磷检测器（NPD）、火焰光度检测器（FPD）、电子捕获检测器（ECD）、质谱检测器（MS）等。火焰离子化检测器对烃类化合物响应良好，适合检测大多数的药物；氮磷检测器对含氮、磷元素的化合物灵敏度高；火焰光度检测器对含磷、硫元素的化合物灵敏度高；电子捕获检测器适用于检测含卤素的化合物；质谱检测器还能给出供试品某个成分相应的结构信息，可用于结构确证。除另有规定外，火焰离子化检测器一般以氢气作为燃气，空气作为助燃气。在使用火焰离子化检测器时，检测器温度一般应高于柱温，并不得低于 150℃，以免水汽凝结，通常为 250～350℃。

(6) 数据处理系统：目前多用计算机工作站。

2. 仪器工作原理

气相色谱仪由五大系统组成：气路系统、进样系统、分离系统、控温系统以及检测和记录系统。

(1) 气路系统　气相色谱仪具有一个让载气连续运行、管路密闭的气路系统。通过该系统，可以获得纯净的、流速稳定的载气。常用的载气有氮气和氢气。载气的净化，需经过装有活性炭或分子筛的净化器，以除去载气中的水、氧等不利的杂质。流速的调节和稳定是通过减压阀、稳压阀和针形阀串联使用后达到。一般载气的变化程度<1%。

(2) 进样系统　进样系统包括进样器和汽化室两部分。进样系统的作用是将液体（或固体）试样，在进入色谱柱之前瞬间汽化（气化），然后快速定量地转入到色谱柱中。进样的大小、进样时间的长短、试样的气化速度等都会影响色谱的分离效果和分析结果的准确性和重现性。

① 进样器：液体样品的进样一般采用微量注射器。气体样品的进样常用色谱仪本身配置的推拉式六通阀或旋转式六通阀定量进样。

② 汽化室：为了让样品在汽化室中瞬间汽化而不分解，因此要求汽化室热容量大，无催化效应。为了尽量减少柱前谱峰变宽，汽化室的死体积应尽可能小。

(3) 分离系统　分离系统由色谱柱组成。色谱柱主要有两类：填充柱和毛细管柱。

① 填充柱由不锈钢或玻璃材料制成，内装固定相，一般内径为 2～4mm，长为 1～3m。填充柱的形状有 U 形和螺旋形两种。

② 毛细管柱又叫空心柱，分为涂壁、多孔层和涂载体空心柱。空心毛细管柱材质为玻璃或石英，内径一般为 0.2～0.5mm，长度为 30～300m，呈螺旋形。色谱柱的分离效果除与柱长、柱径和柱形有关外，还与所选用的固定相和柱填料的制备技术以及操作条件等因素有关。

(4) 控制温度系统　温度直接影响色谱柱的选择分离、检测器的灵敏度和稳定性。控制温度主要指对色谱柱炉、汽化室、检测室的温度进行控制。色谱柱的温度控制方式有恒温和程序升温两种。对于沸点范围很宽的混合物，一般采用程序升温法进行。程序升温指在一个分析周期内柱温随时间由低温向高温做线性或非线性变化，以达到用最短时间获得最佳分离的目的。

（5）检测和放大记录系统

① 检测系统：根据检测原理的差别，气相色谱检测器可分为浓度型和质量型两类。浓度型检测器测量的是载气中组分浓度的瞬间变化，即检测器的响应值正比于组分的浓度。如热导检测器（TCD）、电子捕获检测器（ECD）。质量型检测器测量的是载气中所携带的样品进入检测器的速度变化，即检测器的响应信号正比于单位时间内组分进入检测器的质量。如氢火焰离子化检测器（FID）和火焰光度检测器（FPD）。

② 记录系统：记录系统是一种能自动记录由检测器输出的电信号的装置。

3. 仪器使用方法

（1）按说明书要求安装好载气、燃气和助燃气的气源气路与气相色谱仪的连接，确保不漏气。配备与仪器功率适应的电路系统，将检测器输出信号线与数据处理系统连接好。

（2）开启仪器前，首先接通载气气路，打开稳压阀和稳流阀，调节至所需的流量。

（3）在载气气路通有载气的情况下，先打开主机总电源开关，再分别打开汽化室、柱恒温箱、检测器室的电源开关，并将调温旋钮设定在预定数值。

（4）待汽化室、柱恒温箱、检测器室达到设置温度后，可打开热导池检测器，调节好设定的桥电流值，再调节平衡旋钮、调零旋钮，至基线稳定后，即可进行分析。

（5）若使用氢火焰离子化检测器，应先调节燃气（氢气）和助燃气（空气）的稳压阀和针形阀，达到合适的流量后，按点火开关，使氢焰正常燃烧；打开放大器电源，调基流补偿旋钮和放大器调零旋钮至基线稳定后，即可进行分析。

（6）若使用氮磷检测器和火焰光度检测器，点燃火焰后，调节燃气和助燃气流量的比例至适当值，其他调节与氢火焰离子化检测器相似。

（7）若使用电子捕获检测器，应使用超纯氮气并经 24h 烘烤后，使基流达到较高值再分析。

（8）每次进样前应调整好数据处理系统，使其处于备用状态。进样后由绘出的色谱图和打印出的各种数据来获得分析结果。

（9）分析结束后，先关闭燃气、助燃气气源，再依次关闭检测器桥路或放大器电源，然后关闭汽化室、柱恒温箱、检测器室的控温电源，仪器总电源。待仪器加热部件冷却至室温后，最后关闭载气气源。

第四节　高效液相色谱仪的使用

以 HPLC1100 高效液相色谱仪为例（图 6.19）。

1. 仪器构造

高效液相色谱仪主要由高压输液泵、进样器、色谱柱、检测器、中央控制器及色谱工作站等部分组成，基本构造如图 6.20 所示。

（1）高压泵　作用是输送高压、平稳无脉冲的流动相，驱动样品和流动相以一定量的流量经过色谱柱。高压泵按其性质可分为恒流泵和恒压泵两类。

① 恒压泵：气动放大泵是一种恒压泵。气动泵活塞回转装置是自动控制的，它可将流

图 6.19 HPLC1100 高效液相色谱仪

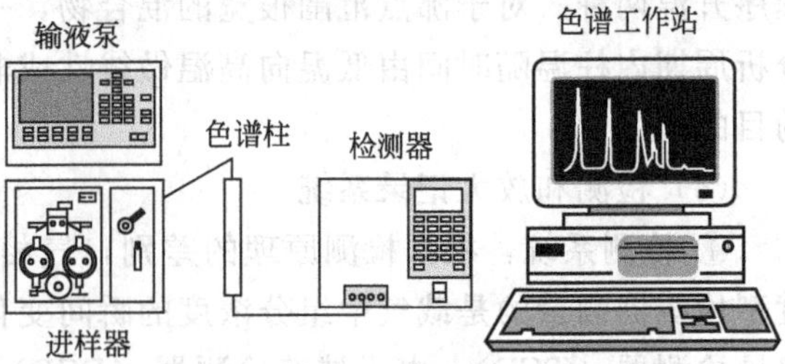

图 6.20 高效液相色谱仪基本构造图

动相储存的液体吸入泵体。在往泵中补充溶剂时，基线会受干扰，但时间很短，通常在 1s 以内。最好避免在吸液过程内出现色谱峰。

恒压泵的优点是能供给无脉冲的、稳定流量的输出。由于它能使输送的液体迅速达到输出的压力，在泵的负荷阻力小的情况下，可提供大的输出流量。因此，适用于匀浆法填装色谱柱。

恒压泵的缺点是液缸体积大，更换流动相不方便，不适用于频繁更换流动相选择合适溶剂的试验，也不便于梯度洗提。

② 恒流泵：往复式柱塞泵是目前广泛应用的一种恒流泵，能给出恒定的载液的泵。其优点是死体积小（约 0.1mL），更换溶剂方便，很适用于梯度洗提；缺点是输出有脉冲波动，它会干扰某些检测器（差示折光检测器）的正常工作，并由于产生基线噪声而影响检测器的灵敏度。

(2) 梯度洗提装置　HPLC 中的梯度洗提和气相色谱法中的程序升温一样，给分离工作带来很大的方便，现已成为 HPLC 中一个重要的不可缺少的部分。所谓梯度洗提，就是载液中含有两种（或更多）不同极性的溶剂，在分离过程中按一定的程序连续改变载液中溶剂的配比和极性，通过载液中极性的变化来改变被分离组分的分离因素，以提高分离效果。其优点是：使分离时间缩短，分辨能力增加，有利于峰形的改善，还可以提高最小检测量和定量分析的精度。

(3) 进样装置　在高效液相色谱中，进样方式及试样体积对柱效有很大的影响。因此要求将试样“浓缩”地瞬时注入到色谱柱上端柱载体的中心成一个小点，即能获得良好的分离效果和重现性。避免把试样注入到柱载体前的流动相中，否则会使溶质以扩散形式进入柱顶，就会导致试样组分分离效能的降低。目前，符合要求的进样方式主要有两种。

① 注射器进样装置：同气相色谱法一样，试样用微量注射器刺过装有弹性隔膜的进样器，针尖直达上端固定相或多孔不锈钢滤片，然后迅速按下注射器芯，试样以小滴的形式到达固定相床层的顶端。其缺点是不能承受高压，在压力超过 150×10^5Pa 后，密封垫会产生泄漏。

② 高压定量进样阀：通过进样阀（常用六通阀）直接向压力系统内进样而不必停止流动相流动的一种进样装置。

(4) 色谱柱　标准柱型内径为 4.6mm 或 3.9mm，长度为 15～30cm 的直形不锈钢柱，填料颗粒度为 5～10μm，$n=7000\sim10000$。

(5) 检测器　理想的检测器应具有灵敏度高、重现性好、响应快、线性范围宽、适用范围广、对流动相流量和温度波动不敏感、死体积小等特性。

① 紫外光度检测器：液相色谱法广泛使用的检测器。其作用原理是基于被分析试样组分对待测定波长紫外光的选择性吸收，组分浓度与吸光度的关系遵守比尔定律。紫外光度检测器的优点是灵敏度高，最小检测浓度可达 $10^{-9}g\cdot mL^{-1}$，因而即使是那些对紫外光吸收较弱的物质，也可用这种检测器进行检测，此外，它对温度和流速不敏感，可用于梯度洗提，结构简单；缺点是不适用于对紫外光完全不吸收的试样，溶剂的选用受限制。

② 荧光检测器：荧光检测器的结构及工作原理和荧光光度计和荧光分光光度计相似，是一种很灵敏和选择性好的检测器。具有对称共轭结构的有机芳环分子受紫外光激发后，能辐射出比紫外光波长较长的荧光。

③ 差示折光检测器：不同的物质有不同的折射率，当样品组分随流动相从柱中流出，它的折射率与纯流动相不同。差示折光检测器是以纯溶剂作参比，连续监测柱后洗脱物折射率的变化，并根据变化的差值确定样品中各组分的量。其优点是通用型的浓度型检测器，灵敏度可达 $10^{-7}g\cdot mL^{-1}$；缺点是对温度变化很敏感，检测器的温度控制精度应为 10^{-3}℃，不能用于梯度洗提。

④ 电导检测器：根据电化学分析方法而设计的，是离子色谱法应用最广泛的检测器，原理是根据物质在某些介质中电离所产生电导变化来测定电离物质含量，即通过测定离子溶液电导率的大小来测量离子浓度。

2. 仪器工作原理

储液器中储存的载液（常需除气）经过滤后由高压泵输送到色谱柱入口。当采用梯度洗提时一般需用双泵系统来完成输送。试样由进样器注入载液系统，而后送到色谱柱进行分离。分离后的组分由检测器检测，输出信号供给记录仪或数据处理装置。如果需收集馏分做进一步分析，则在色谱柱一侧出口将样品馏分收集起来。

3. 仪器使用方法

（1）操作前的准备

① 配制足量的流动相：用高纯度的试剂配制流动相，必要时用 UV 进行溶剂检查，使其在所使用的波长处没有吸收或吸收很小。水应为新鲜制备的高纯水（用超级纯水器制得或用重蒸馏水）。凡规定 pH 值的流动相，应使用精密 pH 计进行调节。流动相配好后用适宜的 0.45μm 滤膜过滤，脱气。

② 配制供试品溶液：按有关标准规定的方法配制。用于定量分析时，对照品和供试品应分别配制两份。供试液注入色谱仪前，一般先用 0.45μm 滤膜过滤，必要时样品需提取净化。

③ 检查使用记录本和仪器状态：检查仪器上所连的色谱柱是否可用于本次试验，色谱柱进出口位置是否与流动相的流向一致，原保存溶剂与现用溶剂能否互溶，流动相的 pH 值与所用色谱柱是否相适应，仪器是否完好，各开关位置是否处于关断的位置。

（2）泵的操作

① 用流动相冲洗过滤器，再把过滤器浸入流动相中，启动泵；打开泵的排放阀，设置高流速或按冲洗键进行充泵排气，观察出口处流动相呈连续液流后，将流速逐步回零或停止冲洗，关闭排放阀。

② 将流速调至分析用值，对色谱柱进行平衡. 同时观察压力指示，压力应稳定，用干燥滤纸片的边缘检查柱管各连接处，应无渗漏。初始平衡时间一般需约 30min。如为梯度洗脱应在程序器上设置梯度程序，用初始比例的流动相对色谱柱进行平衡。

(3) UVD和色谱数据处理机的操作　开启检测器电源开关，选择光源（氘灯或钨灯），选定检测波长；待稳定后，测试参比和样品光路的信号，应符合要求；设置吸光度方式和检测相应时间（一般≤1s），设置满刻度吸收值（适用于记录仪）；开启色谱处理机，设定处理方法，初步设定衰减、纸速、记录时间、最小峰面积等参数，或设定记录仪的纸速和衰减；进行检测器回零操作，检查处理机的电瓶，应符合要求，或检查记录仪的笔应处在设定的起始位置，如有变动，可继续回零操作直至符合要求；记录基线，待稳定后进行处理机斜率测试，符合要求后方能进行进样操作。

(4) 进样操作（六通阀式）　把进样器手柄放在载样位置；用供试液清洗配套的注射器，再抽取适量，如用定量环载样，则注射器进样量应不小于定量环容积的5倍，用微量注射器定容进样时，进样量不小于50%环容积；把注射器的平头针直插至进样器的底部，注入样品溶液，除另有规定外，注射器不应取下；把手柄转至注样位置，定量环内样品溶液即进入色谱柱。

(5) 色谱数据的收集和处理　注样的同时启动数据处理机，开始采集和处理色谱信息，待最后一峰出完后，继续走一段基线，确认再无组分流出，方能结束记录。根据第一张预试的色谱图，适当调整衰减、纸速、记录时间等参数，使色谱峰信号在色谱图上有一定的强度，主峰高一般为满量程的60%～80%。进行正式分析操作时，对照品和样品每份至少注样两次，由全部注样结果（$n \geqslant 4$）求得平均值，计算相对标准偏差（一般应不大于2.0%）。

(6) 清洗和关机　分析完，先关检测器和数据处理机，再用经过滤和脱气的适当溶剂清洗色谱系统，正相柱一般用正己烷冲洗，反相柱如使用过含盐流动相，则用 H_2O、$CH_3OH \cdot H_2O$、CH_3OH 以分析流速依次冲洗10～30min，特殊情况时间延长。冲洗完，逐渐降低流速至零，关泵，进样器也应用相应溶剂冲洗（可使用进样阀所附专用冲洗接头）。

关闭电源，填写使用记录本，内容包括日期、样品、色谱柱、流动相、柱压、使用时间、仪器完好状态等。

第七章 仪器分析基础实验

实验一 容量器皿的校准

一、实验目的

掌握滴定管、容量瓶、移液管的校准方法。

二、实验原理

容量器皿的实际容量与它所标示的往往不完全相符，因此，在准确性较高的分析中，使用前必须进行容量器皿的校正。

在实际工作中，容量瓶与移液管常常是配合使用的。例如，要用 25mL 移液管从 250mL 容量瓶中量取 1/10 容积的溶液，则移液管与容量瓶容积之比只要 1∶10 就行了。因此，只要求两者容积间有一定的比例关系。这时，可采用相对校准的方法（具体方法见实验步骤）。

滴定管、容量瓶、移液管的实际容积，可采用称量法校准。其原理是根据称量器中所放出或所容纳水的质量，并根据该温度下的密度，计算出该称量器在 20℃（通常以 20℃为标准温度）时的容积。但是由质量换算成容积时必须考虑三个因素：温度对水的密度的影响；空气浮力对称量水的质量的影响；温度对玻璃容积的影响。

三、实验仪器

电光天平，50mL 酸式滴定管，250mL 容量瓶，25mL 移液管，50mL 带磨口塞锥形瓶。

四、实验步骤

1. 滴定管校准（称量法）

准备好一根洗净的酸式滴定管，注入蒸馏水至零刻度以上。把滴定管夹在滴定管架上，将液面调节至“0.00”刻度以下附近。慢慢旋开活塞，把滴定管中的水以每分钟约 10mL 的流速放入已称量且外壁干燥的 50mL 锥形瓶中。每加入水 10mL 左右，即盖紧瓶塞并称准至 mg 位直至放出水。每次前后质量之差，即为放出水的质量。最后再根据实验温度下水的密度ρ_t，计算它们的实际容积。并从滴定管所标示的容积和实际容积之差，求出其校正值。重复校准一次（两次校准之差应小于 0.02mL）并求出校正值的平均值。

2. 移液管和容量瓶的相对校准

在预先洗净且晾干的250mL容量瓶中，用移液管准确移入25mL蒸馏水，重复移取10次后，观察瓶颈处水的弯月面是否与标线正好相切，否则，应另做一记号。经过这样相对校准后的容量瓶和移液管，便可以较好地配套使用。

五、实验数据记录与处理

滴定管的校准

滴定管读数	水的体积/mL	瓶与水的质量/g	水的质量/g	实际容积/mL	校正值/mL	总校正值/mL
0.03		29.200(空瓶)				
10.13	10.10	39.280	10.080	10.12	+0.02	+0.02
20.10	9.97	49.190	9.910	9.95	−0.02	0.00
30.17	10.07	59.270	10.080	10.12	+0.05	+0.05
40.20	10.03	69.240	9.970	10.01	−0.02	+0.03
49.99	9.79	79.070	9.830	9.87	+0.08	+0.11

注：水的温度为25℃，1mL水的质量为0.9961g。

六、思考题

1. 以20℃为标准温度，由质量换算成容积时必须考虑的三个因素是什么？
2. 写出容量器皿校准后的容积计算方法。
3. 校准时滴定管外壁必须是干燥的，为什么？

七、实验注意事项

滴定管中的水以每分钟约10mL的流速放出，不易过快。

实验二　离子交换法制备实验室用水与水质检验

一、实验目的

1. 掌握离子交换法净化水的原理和方法。
2. 掌握水中一些离子的定性分析方法。
3. 正确使用电导率仪、电导电极。

二、实验原理

实验室里要获得纯度较高的水，通常采用蒸馏法和离子交换法将水净化。由前一种得到的称“蒸馏水”，由后一种得到的称“去离子水”。

离子交换法通常利用离子交换树脂来进行。离子交换树脂是指能将本身的离子与溶液中的同号电荷离子起交换作用的合成树脂。离子交换树脂由高分子骨架、离子交换基团和孔三部分组成，其中离子交换基团连在高分子骨架（R）上。按官能团性质的不同可分为阳离子交换树脂和阴离子交换树脂。它的特点是性质稳定，与酸、碱及一般有机溶剂都不起作用。从结构上看，交换树脂可分为两部分：一部分是具有网状结构的体形高分子聚合物，即交换树脂的母体；另一部分是连在母体上的活性基团。例如，强酸性离子交换树脂（如国产 732 型树脂）可用 RSO_3H 表示，R 代表母体，$—SO_3H$ 代表活性基团；强碱性阴离子交换树脂（如国产 717 型树脂）可用 $R—N(CH_3)_3OH$ 表示，它是在母体上连上季铵基 $—N(CH_3)OH$。

天然水或自来水中常含有 Mg^{2+}、Ca^{2+}、Na^+ 等阳离子和 HCO_3^-、SO_4^{2-}、Cl^- 等阴离子。当水样通过阳离子交换树脂时，水中的阳离子则与树脂中的 H^+ 交换。

它们和水溶液中的离子分别发生如下可逆反应。

阳离子交换树脂（氢型）：$nRH+M^{n+}(Na^+、Ca^{2+}、Mg^{2+}) \rightleftharpoons R_nM+nH^+$

阴离子交换树脂（氢氧型）：$nR(NH)OH+A^{n-}(Cl^-、SO_4^{2-}、CO_3^{2-}) \rightleftharpoons [R(NH)]_nA+nOH^-$

H^+ 和 OH^- 结合生成水。经过阳、阴离子交换树脂处理过的水称为去离子水。为进一步提高纯度，可再串接一套阳、阴离子交换柱。经过多级交换处理，水质更纯。

经处理后的去离子水的要求为：电导率 $\kappa \leqslant 5\mu S \cdot cm^{-1}$，定性检验无 Ca^{2+}、Mg^{2+}、Cl^-、SO_4^{2-} 等。各种水样电导率的大致范围（电导率 $\kappa/S \cdot cm^{-1}$）：自来水 5.3×10^{-4}～5.0×10^{-3}；去离子水 8.0×10^{-7}～4.0×10^{-6}；纯水（理论值）5.5×10^{-8}。

三、实验仪器与试剂

1. 仪器

电导率仪，微型离子交换柱 3 支（$\varphi=15mm$，$l=25cm$ 玻璃管，也可用 25mL 滴定管代替），微型烧杯（10mL）5 只，透明玻璃点滴板。

2. 试剂

HCl（$2mol \cdot L^{-1}$），HNO_3（$2mol \cdot L^{-1}$），NaOH（$2mol \cdot L^{-1}$），NaCl（饱和，质量分数为 26.5%），$BaCl_2$（$0.5mol \cdot L^{-1}$），$AgNO_3$（$0.1mol \cdot L^{-1}$），$NH_3 \cdot H_2O$（$2mol \cdot L^{-1}$），$BaCl_2$（$1mol \cdot L^{-1}$），铬黑（0.01%），钙指示剂，铬黑 T 指示剂，732 型强酸性阳离子交换树脂，717 型强碱性阴离子交换树脂，NH_3-NH_4Cl 缓冲溶液（pH=10），精密 pH 试纸。

四、实验步骤

1. 新树脂的预处理（此项工作可由预备室完成）

（1）732 型树脂：将树脂用饱和 NaCl 溶液浸泡一夜，用水漂洗至水澄清无色后，用约为树脂 2/3 体积 $2mol \cdot L^{-1}$ 的 HCl 溶液浸泡 4h。倾去溶液，再用约为树脂 1/3 体积 $2mol \cdot L^{-1}$ 的 HCl 溶液浸泡 5min，待树脂沉降后倾去酸液。最后用纯水搅拌洗涤树脂，倾去上层溶液，将水尽量倒净。重复洗涤至 pH=5～6，备用。

（2）717 型树脂：操作与 732 型相同，只是用 $2mol \cdot L^{-1}$ 的 NaOH 溶液代替 HCl 溶液，最后用纯水洗至 pH=7～8。

2. 装柱

将 3 支交换柱底部的螺钉夹旋紧，加入一定量的纯水，再将少许玻璃棉推入交换柱下端，以防树脂漏出。然后用滴管将处理好的树脂连同水一起加入交换柱中。加水过多，可打开底部的螺钉夹，将过多的水放出。但要注意，在整个交换实验中，水层始终要高过树脂层，树脂层中不得留有气泡，否则必须重装。在3支交换柱中分别加入阳离子交换树脂、阴离子交换树脂和阴、阳混合均匀的交换树脂（体积比为2∶1）。树脂层高度均为交换柱的2/3。将3支交换柱用乳胶管串联起来。注意：各联结点必须紧密，不能漏气，乳胶管弯曲处不能折死，可用铁架把它支撑起来。

3. 仪器安装

按图7.1安装交换装置。交换柱用已拆除尖嘴的碱式滴定管，先用少量的玻璃纤维松散地塞在柱子的底部，以防树脂漏出。将柱的出液口夹住，向柱中注入少量去离子水。然后在A管中加入阳离子交换树脂，B管中加入阴离子交换树脂，C管中加入质量比为1∶1的混合阴、阳离子交换树脂，树脂层高度约为30cm。装柱时树脂层中不能有气泡，否则会造成水或溶液断路和树脂层的紊乱。因此，在装柱的操作过程中，必须使树脂一直浸泡在水或溶液中。柱中的液体流出时，树脂上方应保持一定高度的液层，切勿使液层下降到树脂面以下，否则，再加液体时，树脂层就会出现气泡。

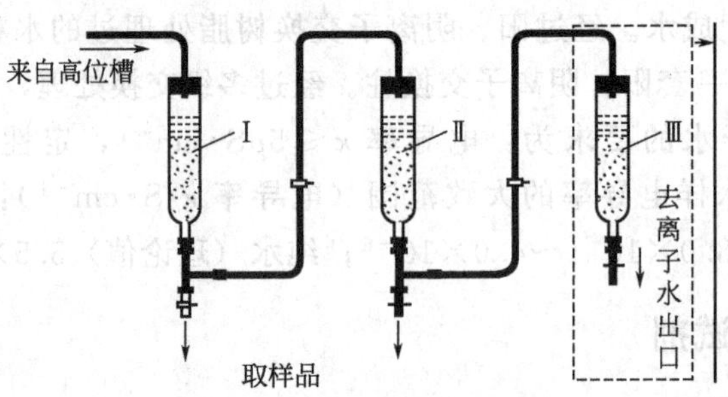

图7.1 离子交换纯水装置

Ⅰ—阳离子交换柱；Ⅱ—阴离子交换柱；Ⅲ—阴阳离子混合交换柱

4. 去离子水的制备

将水源开关打开，调节各交换柱的螺钉，让自来水流入，水的流速控制在每分钟约25～30滴。弃去流出的30mL水样后开始接收水样，按装置从后向前的顺序，依次用烧杯接收流经阳离子、阴离子及混合离子交换柱流出水（去离子水）；流经阳离子、阴离子交换柱流出水；流经阳离子交换柱流出水；以及自来水四个水样各约30mL进行水质检验。

5. 水质检验

(1) Ca^{2+}的检测：取约2mL水样于试管中，加入2滴$2mol\cdot L^{-1}$ NaOH和1滴钙指示剂，若溶液变红，则表示有Ca^{2+}存在。

(2) Mg^{2+}的检测：取约2mL水样于试管中，加入2滴NH_3-NH_4Cl缓冲溶液，再加入2滴铬黑T指示剂，观察溶液颜色若变为酒红色，则表示有Mg^{2+}存在。

(3) SO_4^{2-}的检测：取约2mL水样于试管中，加入2滴$2mol\cdot L^{-1}$ HNO_3酸化，再加入3滴$0.5mol\cdot L^{-1}$的$BaCl_2$，观察溶液是否浑浊。浑浊则表示有SO_4^{2-}存在。

(4) Cl^-的检测：取约2mL水样于试管中，加入2滴$2mol\cdot L^{-1}$的HNO_3，再加入3滴$0.1mol\cdot L^{-1}$的$AgNO_3$，摇匀，观察溶液是否浑浊。浑浊则表示有Cl^-存在。

(5) pH值的测定：用精密pH试纸测定水样的pH值。

(6) 电导测定：水的纯度越高，所含的杂质离子就越少，电阻也就越大。同理，电阻率也就越大，对液体导体通常用电阻率的倒数——电导率来表示。即水的纯度越高，其电导率越小。因而可通过测定水的电导率来确定水的纯度。

在烧杯内盛待测水样约 30mL，插入电导电极（必须将电极全部浸入待测水样中），即可从表头读出电导率的值。注意每次测定之前，都需用待测水样仔细冲洗电极。

6. 树脂的再生（此项工作可由预备室完成）

阴、阳离子交换树脂再生可直接在交换柱上进行，为了便于下一轮学生做该实验时能从柱中开始，故采用如下方法再生。

（1）阳离子交换树脂再生：将阳离子交换柱中树脂倒在烧杯里，先用水漂洗一次，倾泻掉水后加入约为树脂 2/3 体积质量分数为 0.07 的 HCl 溶液，搅拌后让其浸泡 20min。倾去酸液，再用约为树脂 1/3 体积同浓度的 HCl 溶液浸泡 5min。倾去酸液，最后用纯水洗至 pH＝5～6。

（2）阴离子交换树脂再生：方法同阳离子交换树脂再生，只是用质量分数为 0.08 的 NaOH 溶液代替 HCl 溶液，最后用纯水洗至 pH＝7～8。

（3）混合树脂再生：混合树脂必须分离后才能再生。为此将混合柱内的树脂倒入一高脚烧杯中，加入适量质量分数为 0.25NaCl 的溶液，因阳离子交换树脂的密度比阴离子交换树脂的大，搅拌后阴离子交换树脂便浮在上层，用倾析法将上层的阴、阳离子交换树脂的阴离子交换树脂倒入另一烧杯，重复此操作直至阴、阳离子交换树脂完全分离为止。分离开的阴、阳离子交换树脂可分别与阴离子交换柱和阳离子交换柱的树脂一起再生。

五、实验数据记录与处理

水质检测数据记录表

水样	Ca^{2+}	Mg^{2+}	SO_4^{2-}	Cl^-	pH 值	电导率/$\mu S\cdot cm^{-1}$
自来水						
阴离子交换柱流出水						
阳离子交换柱流出水						
去离子水						

六、思考题

1. 试述离子交换法净水的原理。

2. 定性检验水中是否含有少量 Ca^{2+}、Mg^{2+}、SO_4^{2-}、Cl^- 的原理分别是什么？

3. 为什么可用自来水的电导率来估计它的纯度？电导率数值越小的水样其纯度是否越高？

4. 蒸馏水和去离子水都是纯水，两者有何不同？

5. 为什么经过阳离子交换树脂处理后的自来水，电导率比原来大？

七、实验注意事项

1. 离子交换时应控制水的流速，以每分钟 6～8 滴为宜。

2. 收集各交换柱流出的水样 8～10mL 即可。

3. 市售的阳离子交换树脂大多为 Na 型，阴离子交换树脂大多为 Cl 型，使用前也要进行转型操作。

实验三 紫外分光光度法测定苯酚

一、实验目的

1. 了解紫外分光光度计的结构、性能及使用方法。
2. 熟悉定性、定量测定的方法。

二、实验原理

紫外分光光度法（ultraviolet spectrophtometry），它是研究分子吸收 190～1100nm 波长范围内的吸收光谱。紫外吸收光谱主要产生于分子价电子在电子能级间的跃迁，是研究物质电子光谱的分析方法。通过测定分子对紫外线的吸收，可以对大量的无机物和有机物进行定性和定量测定。

苯酚是一种剧毒物质，可以致癌，已经被列入有机污染物的黑名单。但在一些药品、食品添加剂、消毒液等产品中均含有一定量的苯酚。如果其含量超标，就会产生很大的毒害作用。苯酚在紫外光区的最大吸收波长 $\lambda_{max}=270$nm。对苯酚溶液进行扫描时，在 270nm 处有较强的吸收峰。

定性分析时，可在相同的条件下，对标准样品和未知样品进行波长扫描，通过比较未知样品和标准样品的光谱图对未知样进行鉴定。在没有标准样品的情况下，可根据标准谱图或有关的电子光谱数据表进行比较。

定量分析是在 270nm 处测定不同浓度苯酚的标准样品的吸光值，并自动绘制标准曲线。再在相同的条件下测定未知样品的吸光度值，根据标准曲线可得出未知样中苯酚的含量。

三、实验仪器与试剂

1. 实验仪器

UV1600 型紫外分光光度计，容量瓶（1000mL、250mL），比色管（50mL），吸量管（5mL、10mL）。

2. 实验试剂

（1）苯酚储备液（1000μg·mL^{-1}）：准确称取苯酚 1.000g 于 200mL 蒸馏水中，溶解后定量转移到 1000mL 的容量瓶中。

（2）苯酚标准溶液（10μg·mL^{-1}）。

四、实验步骤

1. 设置仪器参数。
2. 波长扫描

（1）确定波长扫描参数：测量方式、扫描速度、波长范围、光度范围、换灯点等。

（2）放入参比液和样品。

（3）波长扫描。

3. 定性分析。
4. 定量分析

（1）标准系列的配制：于5支50mL的比色管中，用吸量管分别加入0.5mL、2mL、5mL、10mL、20mL的$10\mu g\cdot mL^{-1}$苯酚标准溶液，用蒸馏水定容至刻度，摇匀。

（2）确定定量分析参数：波长、样池数、浓度等。

5. 测量完毕，返回主页面，关机。

五、实验数据记录与处理

1. 定性分析：比较未知样品和标准样品的光谱图对未知样品进行鉴定。
2. 定量分析：根据标准曲线可得出未知样品中苯酚的含量。

六、思考题

1. 讨论定性分析和定量分析的理论依据和方法。
2. 紫外分光光度计的主要组成部件有哪些？
3. 说明紫外分光光度法的特点及适用范围。

实验四　紫外分光光度法测定水中硝酸盐的含量

一、实验目的

1. 掌握用紫外分光光度计法测定水样中的硝酸盐。
2. 掌握紫外分光光度计的调节和使用。

二、实验原理

硝酸根NO_3^-在220nm波长处有特征吸收，因此可以不经显色直接进行测定，对一般饮用水和其他洁净水体中NO_3^-的测定具有简便、快速、准确等优点。本法中硝酸盐氮的最低检出浓度为$0.08mg\cdot L^{-1}$，测定上限为$4mg\cdot L^{-1}$。

水体中的悬浮物及Fe^{3+}、Cr^{3+}对测定产生干扰，可采用$Al(OH)_3$絮凝沉淀除去。硫酸根（SO_4^{2-}）、氯离子（Cl^-）不产生干扰。碳酸根（CO_3^{2-}）、碳酸氢根（HCO_3^-）在220nm处有弱吸收而干扰，可加入一定量的盐酸除去。亚硝酸盐干扰，可加入氨基磺酸除去；当亚硝酸盐低于$0.1mg\cdot L^{-1}$时，可以不加氨基磺酸。

对于饮用水和洁净水，可以不做预处理。

微量的有机物有干扰，可以利用有机物在275nm处也有吸收且与220nm处吸收值相近，而硝酸根有在275nm处不吸收的特性，对水样，用220nm处的吸收值减去275nm处的吸收值（$A_{220}-A_{275}=A_{样}$）即可免除有机物的干扰。

三、实验仪器与试剂

1. 仪器

紫外分光光度计，1cm石英比色皿，容量瓶（50mL）8只，移液管（25mL）1支，吸量管（20mL）1支。

2. 试剂

（1）去离子水：所有溶液的制备和稀释，都用去离子水。

（2）硝酸盐储备液：称取 0.7218g 无水硝酸钾置于烧杯中，加水溶解后，移至 100mL 容量瓶中，并稀释至刻度。此溶液含氮 $100\mu g \cdot mL^{-1}$。

（3）硝酸盐标准液：准确移取 10mL 储备液于 100mL 容量瓶中，用水稀释至刻度。此标准液含氮 $10\mu g \cdot mL^{-1}$。

（4）盐酸：$1mol \cdot L^{-1}$。

四、实验步骤

1. 水样处理

移取 25mL 透明水样（如不透明用滤纸或微孔滤膜过滤）于 50mL 容量瓶中，加 1mL $1mol \cdot L^{-1}$ 盐酸，用水稀释至刻度，摇匀。

2. 吸收曲线的绘制

用移液管移取硝酸盐的标准溶液 10mL 于 50mL 容量瓶中，加 1mL $1mol \cdot L^{-1}$ 盐酸，用水稀释到刻度，摇匀，在分光光度计上，于 190～250nm 间，用 1cm 比色皿每隔 5nm 以试剂空白溶液为参比测定一次吸光度，以波长为横坐标，吸光度为纵坐标绘制吸收曲线，从而选择出测定硝酸盐的最适宜波长。

3. 工作曲线的绘制

在六只 50mL 容量瓶中，用吸量管分别加入 1mL、2mL、4mL、7mL、10mL、15mL 硝酸盐标准溶液，再分别加入 $1mol \cdot L^{-1}$ 盐酸 1mL，用水稀释至刻度，摇匀。在所选择的波长下用 1cm 比色皿，测定以上各溶液的吸光度。以吸光度为纵坐标，浓度为横坐标，绘制工作曲线。

4. 水中硝酸盐的测定

测定步骤 2 中处理过的水样，从工作曲线上查得水样中氮的含量。

五、实验数据记录与处理

1. 实验记录

吸收光谱曲线

波长/nm	190	200	205	210	215	220	225	230	235	240	245	250
吸光度(A)												

工作曲线

编号	1	2	3	4	5	6	7	样品	
加标液量/mL	0.0	1.00	2.00	4.00	6.00	8.00	10.0	220nm	275nm
含氮量/μg	0.0	10	20	40	60	80	100		
吸光度(A)									

2. 数据处理

标准曲线绘制、作图及结果计算：由作图得，$C_x=$__________；

则水样中氮含量为：$\text{硝酸盐氮含量}(mg \cdot L^{-1})=\dfrac{\text{硝酸盐氮总量}\ C_x(\mu g)}{\text{水样}\ (mL)}$

六、思考题

1. 此实验中，能否用普通光学玻璃比色皿进行测定？为什么？
2. 配制试样溶液浓度的大小，对吸光度测量值有何影响？实验中应如何调整？
3. 硝酸盐氮测定中，有哪些干扰因素？是如何消除干扰的？

实验五 分光光度法测定果蔬中维生素 C 含量

一、实验目的

1. 掌握果类、蔬菜中维生素 C 的测定原理和测定方法。
2. 掌握分光光度法的原理及分光光度计的使用。

二、实验原理

维生素 C 对人的健康的影响：维生素 C，又称抗坏血酸等，在人体的代谢过程中起着重要的作用。人体中缺少维生素 C 会引起多种疾病。人体中所需的维生素 C 大多数由新鲜的水果和蔬菜供给。

本方法是根据还原性抗坏血酸氧化成脱氢型抗坏血酸，再与 2,4-二硝基苯肼作用生成红色的脎，其与总抗坏血酸含量成正比的原理，采用分光光度法对西红柿（番茄）、黄瓜、山药和马铃薯（土豆）中维生素 C 的含量进行测试分析的。

三、实验仪器与试剂

1. 仪器

分光光度计，搅拌器，恒温水浴。

2. 试剂

(1) 维生素 C（抗坏血酸）标准溶液（$1g \cdot L^{-1}$）：称 100mg 纯抗坏血酸溶于 100mL 1% 草酸溶液中，于 4℃冰箱保存。

(2) 2,4-二硝基苯肼溶液（2%）：称 2,4-二硝基苯肼 2g 溶于 100mL 的 $9mol \cdot L^{-1}$ 硫酸中，过滤，不用时放入冰箱内，每次用前必须过滤。

(3) $9mol \cdot L^{-1}$ 硫酸：小心地将 25mL 浓硫酸倒入 75mL 蒸馏水中，冷却后盛于试剂瓶中。

(4) 1%草酸溶液：称 10g 草酸于蒸馏水中，并稀释到 1L。

(5) 1%硫脲溶液：称 5g 硫脲于 500mL 1%草酸中。

(6) 85%硫酸溶液：小心地将 85mL 浓硫酸加于 15mL 蒸馏水中，冷却后盛于试剂瓶中。

(7) 活性炭：将 100g 活性炭加入 750mL 的 $1mol \cdot mL^{-1}$ 盐酸中，加热煮沸 2h，在大布氏漏斗中抽气过滤，用蒸馏水反复洗涤，直至滤液无 Fe（可用 10%亚铁氰化钾进行检验）为止，然后置于 110℃烘箱中烘干，冷却后，移入干燥、洁净的瓶内。

四、实验步骤

1. 吸收光谱曲线的绘制

用紫外分光光度计在488～492nm范围内扫描脎的吸收光谱，可以得到一条吸收光谱曲线，由光谱曲线可找到最大吸收波长（490nm）。

2. 标准曲线绘制

取$1g \cdot L^{-1}$抗坏血酸标准溶液0mL、2mL、4mL、6mL、8mL、10mL，用1%硫脲溶液稀释到100mL。再分别加入0.2g活性炭于50mL标准稀释液中，摇振1min，过滤。分别取滤液10mL置于50mL容量瓶中加1%硫脲4mL，2% 2,4-二硝基苯肼2mL，置于37℃恒温水浴中反应3h后，将试管放在冰水中，加85%硫酸5mL，小心用水稀释至刻度，在室温下放置30min，于波长490nm处测定吸光度，以抗坏血酸的含量为横坐标，吸光度为纵坐标作标准曲线。

3. 样品分析

分别称100g新鲜西红柿、黄瓜、马铃薯，加入2%草酸100mL，在研钵中研成匀浆，分别倒入100mL容量瓶中，用1%草酸稀释到刻度，混匀、过滤，取滤液10mL置于50mL容量瓶中加1%硫脲4mL，2% 2,4-二硝基苯肼2mL，置于37℃恒温水浴中反应3h后，将试管放在冰水中，加85%硫酸5mL，小心用水稀至刻度，在室温放置30min，于波长490nm处测定吸光度。

五、实验数据记录与处理

1. 吸收光谱曲线数据记录

波长λ/nm	460	470	480	485	490	495	500	510	520
吸光度(A)									

2. 标准曲线数据

编号	1	2	3	4	5	6
加标量/mL	0.0	2.0	4.0	6.0	8.0	10.0
含维生素C量/mg	0.0	2	4	6	8	10
吸光度(A)						

3. 样品测定数据

样品名称	西红柿(番茄)	黄瓜	马铃薯(土豆)
称取质量			
吸光度(A)			
含维生素C量/mg			

六、思考题

1. 温度对测定有无影响？
2. 样品溶液长时间放置会不会对测定结果产生影响？
3. 试想还有哪些果蔬可以用本方法进行测定？自己设计一份分析方案。

七、实验注意事项

1. 温度直接影响测定结果。当温度低于30℃时反应不完全，温度上升至37℃以上，加热时间超过3h，反应完全。

2. 样品处理后及时测定，以免维生素C损失，影响测定结果的准确性。

实验六 火焰原子吸收分光光度法测定自来水中钙、镁的含量

一、实验目的

1. 熟悉原子吸收分光光度计的基本结构及其使用方法。
2. 掌握正确应用标准曲线法测定自来水中钙、镁的含量。

二、实验原理

本实验采用标准曲线法定量分析，标准曲线法适用于未知试液中共存基体成分较为简单的样品。如果溶液中共存基体成分比较复杂，则应在标准溶液中加入相同类型和浓度的基体成分，以消除或减少基体效应带来的干扰，必要时须采用标准加入法而不用标准曲线法。

三、实验仪器与试剂

1. 仪器

原子吸收分光光度计，空心阴极灯，100mL 容量瓶，250mL 容量瓶，烧杯，表面皿，25mL 容量瓶，5mL 吸量管 2 支，10mL 移液管 1 支，25mL 移液管 1 支。

2. 试剂

（1）金属镁或碳酸（G.R.），无水碳酸钙，浓盐酸（G.R.），稀盐酸溶液（$1mol \cdot L^{-1}$），纯水。

（2）标准溶液配制

① 钙标准储备液（$1000\mu g \cdot mL^{-1}$）：准确称取已在 110℃下烘干 2h 的无水碳酸钙 0.6250g 于 100mL 烧杯中，用少量纯水润湿，盖上表面皿，滴加 $1mol \cdot L^{-1}$ 盐酸溶液，直至完全溶解，然后把溶液转移到 250mL 容量瓶中，用水稀释到刻度，摇匀备用。

② 钙标准使用液（$100\mu g \cdot mL^{-1}$）：准确吸取 10mL 上述钙标准储备液于 100mL 容量瓶中，用水稀释至刻度，摇匀备用。

③ 镁标准储备液（$1000\mu g \cdot mL^{-1}$）：准确称取金属镁 0.2500g 于 100mL 烧杯中，盖上表面皿，滴加 5mL $1mol \cdot L^{-1}$ 盐酸溶液溶解，然后把溶液转移到 250mL 容量瓶中，用水稀释至刻度，摇匀备用。

④ 镁标准使用液（$50\mu g \cdot mL^{-1}$）：准确吸取 5mL 上述镁标准储备液于 100mL 容量瓶中，用水稀释至刻度，摇匀备用。

四、实验步骤

1. 配制标准溶液系列

（1）钙标准溶液系列：准确吸取 2.00mL、4.00mL、6.00mL、8.00mL、10.0mL 上述钙标准使用液，分别置于 5 支 25mL 容量瓶中，用水稀释至刻度，摇匀备用。该标准溶液系列钙的浓度分别为 $8.00\mu g \cdot mL^{-1}$、$16.0\mu g \cdot mL^{-1}$、$24.0\mu g \cdot mL^{-1}$、$32.0\mu g \cdot mL^{-1}$、$40.0\mu g \cdot mL^{-1}$。

(2) 镁标准溶液系列：准确吸取 1.00mL、2.00mL、3.00mL、4.00mL、5.00mL 上述镁标准使用液，分别置于 5 支 25mL 容量瓶中，用水稀释至刻度，摇匀备用。该标准溶液系列镁的浓度分别为 2.0μg·mL^{-1}、4.0μg·mL^{-1}、6.0μg·mL^{-1}、8.0μg·mL^{-1}、10.0μg·mL^{-1}。

2. 配制自来水样溶液

准确吸取适量（视未知钙、镁的浓度而定）自来水置于 25mL 容量瓶中，用水稀释至刻度，摇匀。

3. 调节原子吸收分光光度计，待仪器电路和气路系统达到稳定，记录仪基线平直时，即可进样。测定各标准溶液系列溶液的吸光度。

4. 参考仪器调节条件见表 7.1。

表 7.1 参考仪器调节条件

元素	吸收线波长 λ/nm	空心阴极灯电流 I/mA	狭缝宽度 d/mm	乙炔流量 Q/L·min^{-1}	空气流量 Q/L·min^{-1}
钙	422.7	0.2	6	1	4.5
镁	285.2	0.08	4	1	4.5

5. 在相同的实验条件下，分别测定自来水样溶液中钙、镁的吸光度。

五、实验数据记录与处理

1. 记录实验条件

仪器型号		吸收线波长/nm	
空心阴极灯电流/mA		狭缝宽度/mm	
燃烧器高度/mm		负高压/挡	
量程扩展/挡		时间常数/挡	
乙炔流量/L·min^{-1}		空气流量/L·min^{-1}	

2. 列表记录

测量钙、镁标准溶液系列溶液的吸光度，然后以吸光度为纵坐标，标准溶液系列浓度为横坐标绘制标准曲线。

编号	1#	2#	3#	4#	5#
钙标准溶液浓度/μg·mL^{-1}					
镁标准溶液浓度/μg·mL^{-1}					
吸光度(A)					

3. 测量自来水样溶液的吸光度（mm），然后在上述标准曲线上查得水样中钙、镁的浓度（μg·mL^{-1}）。若经稀释需乘上倍数求得原始自来水中钙、镁的含量。

六、思考题

1. 简述原子吸收分光光度分析的基本原理。

2. 原子吸收分光光度分析为何要用待测元素的空心阴极灯作光源？能否用氢灯或钨灯代替，为什么？

实验七 配方奶粉中锌的测定

一、实验目的

1. 掌握原子吸收光谱法的原理。
2. 掌握金属元素含量的测定方法。

二、实验原理

样品经灰化或酸消解后，用火焰原子吸收分光光度法测定锌在 213.8nm 的吸光度，再利用标准曲线法定量分析奶粉中的含铁量。

三、实验仪器与试剂

1. 仪器

原子吸收分光光度计，250mL 消化管 8 支，50mL 量筒 2 支，表面皿 8 个，1000mL 容量瓶，50mL 容量瓶 30 只。

2. 试剂

(1) 1∶11 盐酸。

(2) 混合酸：硝酸与高氯酸比为 3∶1。

(3) 锌标准溶液 ($500\mu g \cdot mL^{-1}$)：准确称取 0.500g 金属锌 (99.99%)，溶于 10mL 浓盐酸中，在水浴中蒸发至近干，用少量水溶解后移入 1000mL 容量瓶中，用水稀释至刻度，储于聚乙烯瓶中。

(4) 锌工作液 ($10\mu g \cdot mL^{-1}$)：吸取 10.0mL 锌标准溶液于 50mL 容量瓶中，以 1∶11 盐酸稀释至刻度。

四、实验步骤

1. 样品处理

(1) 干法灰化：精确称取试样 1g，置于 50mL 瓷坩埚中，在电炉上小火炭化至无烟后移入马弗炉中，于 500℃下灰化约 8h 后，取出坩埚，冷却至室温后，再加入少量混合酸，在电加热板上小心加热，不使之干涸，直至残渣中无碳粒，待坩埚稍冷，加 10mL 1∶11 盐酸，溶解残渣并移入 50mL 容量瓶中，再用 1∶11 盐酸反复洗涤坩埚，洗液一并移入容量瓶中，并稀释至刻度，摇匀，同时作空白对照。

(2) 湿法消解：精确称取试样 1g，置于 250mL 消化管中，加混合酸消化液 25mL，盖上表面皿，置消化炉上消化，直至无色透明为止，加数毫升去离子水，加热以除去多余的硝酸，待消化管中液体少于 5mL 后，取下冷却，用去离子水洗涤并转移于 50mL 容量瓶中，加去离子水定容至刻度。

2. 标准溶液的配制

准确吸取 0、0.10mL、0.20mL、0.40mL、0.80mL、1.00mL 锌标准溶液分别置于 6 个 50mL 容量瓶中，以 1∶11 盐酸稀释至刻度，混匀（各容量瓶中每毫升分别相当于 0、0.2μg、0.4μg、0.8μg、0.16μg、0.2μg 锌）。

3. 样品的测定

用火焰原子吸收分光光度法测定标准溶液和样品溶液中锌在 213.8nm 的吸光度。

五、实验数据记录与处理

1. 实验条件记录

波长/nm		负高压/V		灯电流/mA	
谱带宽度/nm					

2. 样品的测定

序号	1	2	3	4	5	6	样品
浓度/$\mu g \cdot mL^{-1}$							
吸光度(A)							

六、思考题

1. 除了灰化法和消解法外，还有哪些预处理方法？
2. 原子吸收分光光度计测定锌的仪器条件是什么？

实验八　液体、固体样品红外吸收光谱的测绘

一、实验目的

1. 掌握溶液法、夹片法及压片法三种制样方法。
2. 能够正确解析简单芳香族化合物的红外光谱规律。
3. 熟练掌握仪器的使用方法。

二、实验原理

取苯甲醛、苯腈、苯胺、苯甲酸及邻苯二甲酸二甲酯五种样品或任意几种，分别以溶液法、夹片法及溴化钾法制样，在 4000～650cm^{-1}范围内扫描绘制红外光谱，通过对各红外光谱的解析来熟悉红外光谱的测绘方法。

三、实验仪器与试剂

1. 仪器

红外光谱仪，压片机，真空泵，0.1mm 液体吸收池，1mL 注射器，玛瑙研钵，不锈钢药勺，不锈钢镊子，带尖玻璃棒，称量瓶等。

2. 试剂

化学纯的苯甲醛、苯腈、苯胺、苯甲酸及邻苯二甲酸二甲酯，分析纯的二硫化碳、四氯

化碳及溴化钾。

四、实验步骤

1. 制样

在以上五种样品中，有四种为液体、一种为固体。对液体样品将其中的任意三种用夹片法制样，剩余的一种用溶液法制样；对固体样品则采用溶液法及压片法分别制样。

（1）溶液法：选固体样品及任一种液体样品用此法制样。对同一样品应分别配制 6%左右的四氯化碳溶液及 6%左右的二硫化碳溶液。

（2）夹片法：称取大约 300mg 已烘干的溴化钾于玛瑙研钵中，仔细磨细后分为两等份，分别装入压模中，在压片机下抽真空 2min，于 8×10^{8}Pa 压力下加压 5min，压成一个透明的溴化钾空白片。用带尖的细玻璃棒蘸一小滴液体样品滴于一片溴化钾空白片上，其上再覆盖一片溴化钾空白片。

（3）压片法：称取约 1mg 固体样品于玛瑙研钵中，充分研磨，再加入大约 120mg 干燥溴化钾粉末，继续研磨 2～3min，按压制溴化钾空白片的条件在压片机下压片。

2. 测定

样品溶液可注入液体吸收池内进行测定。将吸收池的两个聚四氟乙烯塞打开，用注射器依次注入纯溶剂及待测溶液，洗涤各吸收池 2～3 次，然后注满待测溶液。溶液从一个口注入，从另一个口溢出时认为吸收池已充满溶液，塞紧塞子。将充满溶液的吸收池置于红外光谱仪的光路中，对四氯化碳溶液在 4000～1350cm^{-1}范围内扫描，对二硫化碳溶液在 1350～650cm^{-1}范围内扫描。

将夹有或含有样品的溴化钾片安置在压片架上，连同压片架一起置于红外光谱仪的光路中，在 4000～650cm^{-1}区间扫描以绘制红外吸收光谱。

五、实验数据记录与处理

解析谱图，确定各样品谱图中主要吸收峰的归属，鉴定化合物。

六、思考题

1. 红外吸收光谱分析，对固体试样的制片有何要求？
2. 如何进行红外吸收光谱的定性分析？
3. 红外光谱实验室为什么对温度和相对湿度要维持一定的指标？

七、实验注意事项

1. 对每一种样品，在制好样之后应立即进行测定以防样品或溶剂挥发。
2. 压好的溴化钾片，应放在干燥器中，以防吸潮。
3. 可能会由于液体吸收池的塞子不严，溶剂迅速挥发，在未完成扫描之前池中的溶液就挥发殆尽，得不到完整的谱图。
4. 在使用夹片法或压片法绘制的红外吸收光谱中，常出现水的吸收峰，解析谱图时应注意。

实验九 醛和酮红外光谱的检测

一、实验目的

1. 学习醛和酮的羰基吸收频率，说明取代效应和共轭效应，指出各个醛、酮的主要谱带。

2. 熟悉压片法及可拆式液体池的制样技术。

二、基本原理

醛和酮在 $1870\sim1540cm^{-1}$ 范围内出现强吸收峰，这是 C═O 的伸缩振动吸收带。其位置相对固定且强度大，很容易识别。而 C═O 的伸缩振动受到样品的状态、相邻取代基团、共轭效应、氢键、环张力等因素的影响，其吸收带实际位置有所差别。

脂肪醛在 $1740\sim1720cm^{-1}$ 范围有吸收，α-碳上的电负性取代基会增加 C═O 谱带吸收频率。例如，乙醛在 $1730cm^{-1}$ 处有吸收，而三氯乙醛在 $1768cm^{-1}$ 处有吸收。双键与羰基产生共轭效应，会降低 C═O 的吸收频率。芳香醛在低频处有吸收。内氢键也使吸收向低频方向移动。

酮的羰基比相应的醛的羰基能在稍低的频率处吸收。饱和脂肪酮在 $1715cm^{-1}$ 左右有吸收。同样，双键的共轭会造成吸收向低频移动。酮与溶剂之间的氢键也将降低羰基的吸收频率。

三、实验仪器与试剂

1. 仪器

傅里叶红外分光光度计及附件，KBr 压片法所需附件。

2. 试剂

苯甲醛，肉桂醛，正丁醛，二苯甲酮，环己酮，苯乙酮，滑石粉，无水乙醇，KBr。

四、实验步骤

用可拆式液体池将苯甲醛、肉桂醛、正丁醛、环己酮、苯乙酮等分别制成 0.015～0.025mm 厚的液膜，绘出红外光谱。而二苯甲酮为固体则可按压片法制成 KBr 片剂测其红外光谱。

五、实验数据记录与处理

1. 确定各化合物的羰基吸收频率，根据各化合物的光谱写出它们的结构式。

2. 根据苯甲醛的光谱，指出在 $3000cm^{-1}$ 左右和 $750\sim675cm^{-1}$ 之间所得到的主要谱带，简述分子中的键或基团构成这些谱带的原因。

3. 根据环己酮的光谱，指出在 $2900cm^{-1}$ 和 $1460cm^{-1}$ 处附近吸收的主要谱带对应的基团。

4. 比较苯甲醛、肉桂醛、正丁醛烷基频率，论述共轭效应和芳香性对羰基吸收频率的影响。

六、思考题

1. 化合物的红外吸收光谱是怎样产生的？
2. 化合物的红外吸收光谱能提供哪些信息？
3. 如何进行红外吸收光谱图的图谱解释？
4. 共轭效应及芳香性对酮的羰基的频率有何影响？

实验十　荧光分析法测定邻羟基苯甲酸和间羟基苯甲酸的含量

一、实验目的

1. 了解荧光分析法的基本原理和操作。
2. 掌握荧光分析法进行多组分含量的测定。

二、实验原理

邻羟基苯甲酸（亦称水杨酸）和间羟基苯甲酸分子组成相同，均含一个能发射荧光的苯环，但因其取代基的位置不同而具有不同的荧光性质。在 pH＝12 的碱性溶液中，二者在 310nm 附近紫外光的激发下均会发射荧光；在 pH＝5.5 的近中性溶液中，间羟基苯甲酸不发射荧光，邻羟基苯甲酸由于分子内形成氢键增加了分子刚性而有较强的荧光，且荧光强度与 pH＝12 时相同。利用这一性质，可在 pH＝5.5 时测定二者混合物中邻羟基苯甲酸的含量，间羟基苯甲酸不干扰。另取同样量的混合物溶液，测定 pH＝12 的荧光强度，减去 pH＝5.5 时测得的邻羟基苯甲酸的荧光强度，即可求出间羟基苯甲酸的含量。

三、实验仪器与试剂

1. 仪器

荧光分光光度计，10mL 比色管，分度吸量管。

2. 试剂

（1）邻羟基苯甲酸标准溶液：$60\mu g \cdot mL^{-1}$（水溶液）。

（2）间羟基苯甲酸标准溶液：$60\mu g \cdot mL^{-1}$（水溶液）。

（3）NaOH 水溶液：$0.1mol \cdot L^{-1}$。

（4）pH＝5.5 的 HAc-NaAc 缓冲溶液：47g NaAc 和 6g 冰醋酸溶于水并稀释至 1L 即得。

四、实验步骤

1. 标准系列溶液的配制

（1）分别移取 0.40mL、0.80mL、1.20mL、1.60mL、2.00mL 邻羟基苯甲酸标准溶液于已编号的 10mL 比色管中，各加入 1.0mL pH＝5.5 的 HAc-NaAc 缓冲溶液，以蒸馏水稀释至刻度，摇匀。

（2）分别移取 0.40mL、0.80mL、1.20mL、1.60mL、2.00mL 间羟基苯甲酸标准溶液于已编号的 10mL 比色管中，各加入 1.2mL $0.1mol \cdot L^{-1}$ 的 NaOH 水溶液，以蒸馏水稀释

至刻度，摇匀。

(3) 取未知溶液 2.0mL 于 10mL 比色管中，其中一份加入 1.0mL pH=5.5 的 HAc-NaAc 缓冲溶液，另一份加入 1.2mL 0.1mol·L^{-1}的 NaOH 水溶液，以蒸馏水稀释至刻度，摇匀。

2. 荧光激发光谱和发射光谱的测定

测定标准系列溶液的配制步骤（1）中第三份溶液和（2）中溶液各自的激发光谱和发射光谱，先固定发射波长为 400nm，在 250～350nm 区间进行激发波长扫描，获得溶液的激发光谱和荧光最大激发波长 λ_{ex}^{max}；再固定激发波长 λ_{ex}^{max}，在 350～500nm 区间进行发射波长扫描，获得溶液的发射光谱和荧光最大发射波长 λ_{em}^{max}。此时，在激发波长 λ_{ex}^{max} 处和发射波长 λ_{em}^{max}处的荧光强度应基本相同。

3. 荧光强度测定

根据上述激发光谱和发射光谱扫描结果，确定一组波长（λ_{em}和 λ_{em}），使之对两组分都有较高的灵敏度，并在此组波长下测定前述各标准系列溶液和未知溶液的荧光强度 F。

五、实验数据记录与处理

以各标准溶液的荧光强度 F 为纵坐标，分别以邻羟基苯甲酸或间羟基苯甲酸的浓度 c 为横坐标制作工作曲线。根据 pH=5.5 时未知液的荧光强度，可以从邻羟基苯甲酸的工作曲线上确定邻羟基苯甲酸在未知液中的浓度；根据 pH=12 时未知液的荧光强度与 pH=5.5 时未知液的荧光强度的差值，可从间羟基苯甲酸的工作曲线上确定未知液中间羟基苯甲酸的浓度。

六、思考题

1. λ_{ex}^{max}、λ_{em}^{max}各代表什么？为什么对某种组分其 λ_{ex}^{max}和 λ_{em}^{max}处的荧光强度应基本相同？

2. 影响物质荧光强度的因素有哪些？

七、实验注意事项

1. 工作曲线的测定和未知液测定时应保持仪器设置参数的一致。

2. 开机时先开氙灯再开计算机；关机时先关计算机再关主机电源。

实验十一　荧光分光光度法测定维生素 B_2 的含量

一、实验目的

1. 学习荧光分光光度法测定维生素 B_2 的分析原理。

2. 掌握荧光分光光度计的操作技术和测定维生素 B_2 的方法。

二、实验原理

荧光分光光度法与紫外分光光度法相比，灵敏度更高，选择性更好；荧光分光光度法既能依据发射光谱来鉴定物质，又能依据吸收光谱来鉴定物质；所需试样量少；操作方法简便。

常温下处于基态的分子吸收一定的紫外-可见光的辐射能成为激发态分子，激发态分子通过无辐射跃迁至第一激发态的最低振动能级，再以辐射跃迁的形式回到基态，发出比吸收光波长长的光从而产生荧光。

当实验条件一定时，荧光强度与荧光物质的浓度成线性关系：$F=Kc$。这是荧光分光光度法定量分析的理论依据。

激发光谱是固定测量波长（选最大发射波长），化合物发射的荧光强度与照射光波长的关系曲线。激发光谱曲线的最高处，处于激发态的分子最多，荧光强度最大。发射光谱是固定激发波长（选最大激发波长），化合物发射的荧光强度与发射光波长的关系曲线。

固定发射光波长进行激发波长扫描，找出最大激发波长，然后固定激发波长进行荧光发射波长扫描，找出最大荧光发射波长。

维生素 B_2 是橘黄色无臭的针状结晶，易溶于水而不溶于乙醚等有机溶剂，在中性或酸性溶液中稳定，光照易分解，热稳定。维生素 B_2 液在 430～440nm 蓝光的照射下，发出绿色荧光，荧光峰在 535nm。维生素 B_2 在 pH＝6～7 的溶液中荧光强度最大，在 pH＝11 的碱性溶液中荧光消失。维生素 B_2 在碱性溶液中经光线照射会发生分解而转化为光黄素，光黄素的荧光比核黄素的荧光强得多，故测维生素 B_2 的荧光时溶液要控制在酸性范围内，且在避光条件下进行。

三、实验仪器与试剂

1. 仪器

荧光光度计，5mL 吸量管 1 支，2mL 吸量管 1 支，50mL 容量瓶 6 只，100mL 容量瓶 1 只。

2. 试剂

10.0μg·mL^{-1}维生素 B_2 标准溶液，冰醋酸，维生素 B_2 试样。

四、实验步骤

1. 荧光光度计基本操作

（1）打开氙灯，再打开主机，然后打开计算机启动工作站并初始化仪器，预热 30min；

（2）仪器初始化完毕后，在工作界面上选择测量项目，设置适当的仪器参数：设置激发波长为 440nm，发射波长为 540nm，入射缝宽和出射缝宽均为 10nm。

2. 样品测定

（1）标准系列溶液的配制及标准溶液荧光强度的测定：于 6 只干净的 50mL 容量瓶中，分别吸取 0.50mL、1.00mL、1.50mL，2.00mL，2.50mL 和 3.00mL 维生素 B_2 标准溶液，各加入 2.00mL 冰醋酸，稀释至刻度，摇匀。得到浓度分别是 0.1μg·mL^{-1}、0.2μg·mL^{-1}、0.3μg·mL^{-1}、0.5μg·mL^{-1}、0.6μg·mL^{-1}的维生素 B_2 溶液，从稀到浓测量系列标准溶液的荧光强度。

（2）未知试样的测定：称取 0.1378g 维生素 B_2 试样，用少量水溶解后转入 100mL 容量瓶中，加 2.00mL 冰醋酸，稀释至刻度，摇匀。平行测量荧光强度 3 次。

五、实验数据记录与处理

1. 标准工作曲线的绘制

浓度 /$\mu g \cdot mL^{-1}$	荧光强度(F)			
	1	2	3	平均
0.1				
0.2				
0.3				
0.4				
0.5				
0.6				

2. 未知样品浓度的测定

根据待测液的荧光强度，从标准工作曲线上求得其浓度，计算出试样中维生素 B_2 含量。

编号	1	2	3	平均值
F				
$c/\mu g \cdot mL^{-1}$				

维生素 B_2 含量＝____%

六、思考题

1. 试解释荧光光度法较吸收光度法灵敏度高的原因。
2. 维生素 B_2 在 pH＝6～7 时荧光最强，本实验为何在酸性溶液中测定？

七、实验注意事项

1. 使用荧光光度计时，要按照仪器使用规定使用，不可随意操作。
2. 使用石英比色皿时，要注意勿用手直接触摸比色皿表面，应握住侧棱。

实验十二　水样电导率的测定

一、实验目的

1. 学习电导率仪的主要性能的检定方法。
2. 掌握电导率测定的基本原理。
3. 熟悉测定水溶液电导率的方法。
4. 熟练电导率仪的仪器操作。

二、实验原理

电导率仪的检定工作由两部分组成，即对仪器指示器（以下简称电计）的检定以及对电计与电导池配套的检定。

仪器的级别按电计分度值（或显示单位）占满量程百分数划分。

电计引用误差、电导电极常数调节器误差、电计重复性、仪器引用误差和重复性应符合技术要求。

在外加电场的作用下，阴、阳离子以相反的方向移动传递电荷，产生导电现象，其导电能力的强弱可以用电导 G 来表示，电导的单位为西门子，简称为西（S）。

电解质溶液的电导的大小与电极表面积成正比，与两极间的距离成反比。

$$G=\frac{1}{R}=k\frac{A}{l} \tag{7.1}$$

式中，k 为电导率。电导池两个电极间的距离与电极面积之比，称为电导电极常数（J）。

$$k=GJ \tag{7.2}$$

不同电导池有不同的电导电极常数，但电导电极常数很难由实验直接测得，通常测量电导电极在已知电导率的电解质中的电导，然后计算出该电导电极常数。在实际测定中，电导电极常数的选择取决于试样溶液的电导率，见表 7.2。

表 7.2　电导电极的选择

电导率量程/$\mu S \cdot cm^{-1}$	电导电极常数/cm^{-1}	KCl 标准溶液/$mol \cdot L^{-1}$
0.1～3	0.01 或 0.1(亮铂)	0.001 或 0.01
1～30	0.1 或 1.0(亮铂或铂黑)	0.001 或 0.01
10～300	1(铂黑)	0.01
100～3000	1 或 10(铂黑)	0.01 或 0.1
1000～30000	10 或 50(铂黑)	0.1 或 1

当电导电极常数确定后，用该电导池测定试样溶液的电导，再计算出电导率。

溶液的电导不仅与温度、离子的移动速度有关，还与电解质的正、负离子所带的电荷和电解质溶液的浓度有关。

电导率不能用直流电测量，因为要极化，产生法拉第阻抗。因此常使用高频交流电源。（>1000Hz）。

本实验用电导率仪直接测定水样的电导率，而水的电导率的大小反映了水的纯度。电导率越小，即水中离子总数越小，水质纯度越高；反之，电导率越大，离子总量越大，水质纯度越低。普通蒸馏水的电导率为 $3\sim5\mu S \cdot cm^{-1}$，而去离子水可达 $0.1\mu S \cdot cm^{-1}$。

三、实验仪器与试剂

1. 仪器

电导率仪，DJS-1 型光亮电导电极，DJS-1 型铂黑电导电极，1000mL 容量瓶，100mL 烧杯，温度计。

2. 试剂

(1) 去离子水：本实验中使用的去离子水的电导率要小于 $0.2\mu S \cdot cm^{-1}$。

(2) KCl 标准溶液（$0.0100mol \cdot L^{-1}$）：将优级纯的氯化钾在 200～240℃下烘干 2h，然后放入干燥器中冷却至室温。称取 0.7455g 氯化钾，用去离子水溶解后，移入 1000mL 容量瓶中，稀释至刻度，摇匀。

(3) 水样：实验室用水、自来水和河湖水样等。

四、实验步骤

1. 准备工作

(1) 仪器准备：开启仪器电源，预热 20min。

(2) 电导电极的准备：电导电极应无裂纹，无污染物。铂黑电导电极板上的铂黑应无明显剥落现象。测定自来水、未知试液时，采用铂黑电导电极，其电导电极常数约为 $10cm^{-1}$；测定实验室使用的蒸馏水、去离子水时，采用光亮电导电极，电导电极常数约为 $1cm^{-1}$。

(3) 仪器的检查：仪器各调节器应能正常调节，各紧固件无松动。

(4) 测量水样和室内温度。

2. 电导率仪的校准

(1) 校准电导电极常数：取一个洁净的 100mL 烧杯，用 $0.0100mol \cdot L^{-1}$ 的 KCl 标准溶液洗涤三次，加入 50mL KCl 标准溶液。用去离子水洗涤电导电极多次，再用 $0.0100mol \cdot L^{-1}$ 的 KCl 的标准溶液润洗三次。将电导电极夹在电极夹中，浸入 $0.0100mol \cdot L^{-1}$ 的 KCl 标准溶液。设置电导电极常数为 1.00，测量 $0.0100mol \cdot L^{-1}$ 的 KCl 标准溶液的电导率 $k_{测}$，重复测量三次，取平均值，计算出电导电极常数。

(2) 温度补偿：用温度计测量被测溶液温度，调节“温度补偿”旋钮为被测溶液的温度值。

3. 电导率仪主要性能指标的检定

(1) 电计引用误差的检定

① 将标准交流电阻箱与电导率仪接通线路，接通二者的导线电阻不超过 0.1Ω。

② 调节电导率仪和标准交流电阻箱在相应位置，设置电导电极常数为 1.00。

③ 对应于所接入的标准电导，分别读出电计示值。重复测量三次，取其平均值 $G_{检}$。

④ 计算出电导平均值 $G_{检}$ 与接入的标准电导 $G_{标}$ 之差 ΔG。

⑤ 每一电导率量程一般检定 5 点。

(2) 电计重复性的检定

① 设置电导电极常数为 1.00，按标准电导 $G_{标}$ 值选择相应的量程挡。

② 对应于所接入的标准电导，分别读出电计示值 $G_{检}$，重复测量 3～5 次。

③ 计算出电计示值 $G_{检}$ 的分散范围。

④ 测量的电计示值分散范围占满量程的百分数为电计重复性。

(3) 电导电极常数调节器的检定

① 先将电导电极常数调节器置于 $J_1=1.00$。接入标准电导 $G_{1标}$ 时，电计示值为 G_1，此时 $G_1=k_1$。

② 将常数调节器由 J_1 变换至待检测的 J 处，重新确定仪器零点，而标准电导 $G_{1标}$ 不变，测得电计示值 $k_{检}$。再根据 J 和 $G_{1标}$ 可得到计算值 $k_{计}$。

③ 分别在高常数值和低常数值两个点上进行检定。

(4) 仪器引用误差的检定

① 对于一个常数未知的电导电极，可在某一量程内选择一种合适的标准溶液（此标准溶液称为“校准”溶液，电导率为 $k_{1标}$，其值包括配制 KCl 溶液时所用蒸馏水的电导率）。

② 置电导电极常数调节器于 $J_1=1.00$。在仪器上读得电导 G_1，计算出电导电极常数 J 值。这个过程称为对电导电极常数的“校准”。重复操作并测量三次，求得电导电极常数平均值 J。

③ 置电导电极常数调节器于 J 处，可在另一量程选择另一种标准溶液（此标准溶液称为“测量”溶液，电导率为 $k_{标}$）。在仪器上读得电导率 $k_{检}$。这个过程称为“测量”。

④ 重复操作并测量三次，取其平均值 $k_{检}$。

⑤ 若电导电极常数已知，置电导电极常数调节器于相应位置，选用一种合适的标准溶液（电导率为 $k_{标}$）进行测量，重复操作并测量三次，取其平均值 $k_{检}$。

(5) 仪器重复性的检定

① 对某一种合适的标准溶液重复测量 3～5 次，分别读出电计示值 $k_{检}$。

② 计算出电计示值 $k_{检}$ 的分散范围。

③ 测量的电计示值分散范围占满量程的百分数为电计重复性。

4. 水样电导率的测定

以实验室用水或自来水和河湖水样电导率的测定为例：取一个洁净的 100mL 烧杯，用实验室用水洗涤三次，加入 50mL 实验室用水或自来水和河湖水样。用去离子水洗涤电导电极多次（实验室用水用光亮电导电极，自来水和河湖水样用铂黑电导电极），再用被测水样润洗三次。将电导电极夹在电极夹中，浸入被测水样。调节测量频率（实验室用水用低频，自来水和河湖水样用高频），读取电导率值。平行测定三次。

5. 结束工作

关闭仪器电源，拔出电源插头，填写仪器使用记录。用蒸馏水清洗电导电极，放回电极盒内。清洗烧杯，并将药品和试剂摆放整齐，擦干实验台。

五、实验数据记录与处理

1. 电导电极常数 J

$$J=\frac{k_{标}}{k_{测}} \tag{7.3}$$

式中，$k_{标}$ 为标准 KCl 溶液标准的电导率，$S\cdot cm^{-1}$；$k_{测}$ 为测量标准 KCl 溶液的电导率，$S\cdot cm^{-1}$。

$k_{标}$	$k_{测1}$	$k_{测2}$	$k_{测3}$	$\overline{k}_{测}$	J

2. 电计引用误差的检定

$$\frac{\Delta G}{G_{满}}=\frac{G_{标}-G_{检}}{G_{满}}\times 100\% \tag{7.4}$$

式中，$G_{满}$ 为电导率仪被检挡的满量程电导值；$G_{标}$ 为接入的标准电导；$G_{检}$ 为测定的电计示值。

$G_{标}$	$G_{检1}$	$G_{检2}$	$G_{检3}$	$\overline{G}_{检}$	电计引用入误差

3. 电计重复性的检定

$$\frac{\Delta G}{G_{满}}=\frac{\max(G_{检}-G'_{检})}{G_{满}}\times 100\% \tag{7.5}$$

式中，$G_{满}$ 为电导率仪被检挡的满量程电导值；$G_{检}$ 为测定的电计示值。

$G_{检1}$	$G_{检2}$	$G_{检3}$	电计示值分散范围	电计重复性

4. 电导电极常数调节器的检定

$$\frac{\Delta k}{k_{满}}=\frac{k_{计}-k_{检}}{k_{满}}\times 100\% \tag{7.6}$$

式中，$k_{满}$ 为电导率仪被检挡的满量程；$k_{检}$ 为测得的电计示值；$k_{计}$ 为由 J 和 $G_{标}$ 得到的计算值。

J	$J=1.00$ 时电导率/$S\cdot cm^{-1}$	$J=10.00$ 时电导率/$S\cdot cm^{-1}$	常数调节器误差
1			
10			

5. 仪器引用误差的检定

$$\frac{\Delta k}{k_{满}}=\frac{k_{标}-k_{检}}{k_{满}}\times 100\% \tag{7.7}$$

式中，$k_{满}$ 为电导率仪被检挡的满量程；$k_{标}$ 为标准溶液的电导率；$k_{检}$ 为测得的电计示值。

$k_{标}$	$k_{检1}$	$k_{检2}$	$k_{检3}$	$\bar{k}_{检}$	仪器引用误差

6. 仪器重复性的检定

$$\frac{\Delta k}{k}=\frac{\max(k_{检}-k'_{检})}{k}\times 100\% \tag{7.8}$$

式中，k 为标准溶液的电导率；$k_{检}$ （$k'_{检}$）为测得的电计示值。

k	$k_{检1}$	$k_{检2}$	$k_{检3}$	电导率分散范围	仪器重复性

7. 水样电导率的测定

将测定结果换算成25℃时的电导率：

$$k_{25}=(k_t-k_{水})a+0.0548 \tag{7.9}$$

式中，k_{25}是25℃时溶液的电导率；a 是t℃时理论纯水换算成25℃时电导率的换算因数；$k_{水}$ 是t℃时理论纯水的电导率（表7.3），0.0548为25℃时理论纯水的电导率。

水样	1	2	3	平均值
蒸馏水				
去离子水				
自来水				
湖水				

表7.3 不同温度下纯水的电导率

t/℃	$k_{水}$/$\mu S\cdot cm^{-1}$	a	t/℃	$k_{水}$/$\mu S\cdot cm^{-1}$	a
10	0.0230	1.412	22	0.0466	1.067
12	0.0260	1.346	24	0.0784	1.021
14	0.0292	1.283	26	0.0640	0.980
16	0.0330	1.224	28	0.0519	0.941
18	0.0370	1.168	30	0.0578	0.906
20	0.0418	1.116	32	0.0712	0.875

六、思考题

1. 为什么要检测水的电导率？
2. 如何测定电导电极常数？
3. 电导率仪为什么使用交流电电源？

实验十三　气相色谱的定性和定量分析

一、实验目的

1. 学习计算色谱峰的分辨率。
2. 掌握根据保留值作已知物对照定性的分析方法。
3. 熟悉用归一化法定量测定混合物各组分的含量。

二、实验原理

成功分离一个混合试样是气相色谱法完成定性及定量分析的前提和基础。衡量一对色谱峰分离的程度可用分离度 R 表示：

$$R=\frac{t_{R_2}-t_{R_1}}{\frac{1}{2}(Y_1+Y_2)} \tag{7.10}$$

式中，t_{R_2}、Y_2 和 t_{R_1}、Y_1 分别是两个组分的保留时间和峰底宽。当 $R=1.5$ 时，两峰完全分离；当 $R=1.0$ 时，两峰有 98%分离。在实际应用中，$R=1.0$ 一般可以满足需要。

用色谱法进行定性分析的任务是确定色谱图上每一个峰所代表的物质。在色谱条件一定时，任何一种物质都有确定的保留值、保留时间、保留体积、保留指数及相对保留值等保留参数。因此，在相同的色谱操作条件下，通过比较已知纯样和未知物的保留参数或在固定相上的位置，即可确定未知物为何种物质。

三、实验仪器与试剂

1. 仪器

气相色谱仪，全自动氢气发生器，秒表，注射器（10μL，100μL），带磨口试管若干。

2. 试剂

正己烷，环己烷，苯，甲苯（均为 A. R.），未知的混合试样。

3. 实验条件

色谱柱全长 2m，内径 2mm；流动相：氢气；柱温：85～95℃；汽化温度：120℃；检测器温度：120℃；桥电流：110mA；载气流速：稍高于 $0.1\text{L}\cdot\text{min}^{-1}$。

四、实验步骤

1. 认真阅读气相色谱仪操作说明。
2. 在教师指导下，开启色谱仪，根据实验条件，将色谱仪按仪器操作步骤调至可进样状态，待仪器上电路和气路系统达到平衡，记录仪上基线平直时，即可进样。

3. 准确配制正己烷：环己烷：苯：甲苯为 1：1：1.5：2.5（质量比）的标准溶液，以备测量校正因子。

4. 进未知混合试样 1.4～2μL 和空气 20～40μL，各 2～3 次，调节工作站的参数，得到合适的色谱图。记录色谱图上各峰的保留时间 t_R 和死时间 t_M。

5. 分别注射正己烷、苯、环己烷、甲苯等纯试剂 0.2μL，各 2～3 次，记录色谱图上各峰的保留时间 t_M。

6. 进 1.4～2.0μL 已配制好的标准溶液 2～3 次，记录色谱图及各峰的保留时间。

7. 在与步骤 6 完全相同的条件下，进 1.4～1.6μL 未知混合试样 2～3 次，调节工作站的参数，得到合适的色谱图，打印色谱图及各峰的保留时间 t_R。

五、结果处理

1. 用实验步骤中步骤 6 所得数据，计算前 3 个峰中每 2 个峰间的分辨率。

2. 比较实验步骤中步骤 4 和步骤 5 所得色谱图及保留时间，指出未知混合试样中各色谱峰对应的物质。

3. 用实验步骤中步骤 6 所得数据，以苯为基准物质，计算各组分的质量校正因子。

4. 用实验步骤中步骤 7 所得色谱图，计算未知混合试样中各组分的质量分数。

六、思考题

1. 本实验中，进样量是否需要非常准确？为什么？
2. 将测得的质量校正因子与文献值比较。
3. 试说明 3 种不同单位校正因子的联系。
4. 试根据混合试样各组分及固定液的性质解释各组分的流出顺序。

七、实验注意事项

1. 钢瓶的工作压力，一定要控制在所规定范围内，不得超压工作。必须切记，保障安全。

2. 实验结束后，检查仪器是否正常，关闭是否正确。

实验十四　邻二甲苯中杂质的气相色谱分析

一、实验目的

掌握内标法定量的基本原理和测定试样中的杂质含量方法。

二、实验原理

对于试样中少量杂质的测定，或仅需测定试样中某些组分时，可采用内标法定量。内标法测定时需要试样中加入一种物质作内标，而内标物质应符合下列条件：

1. 应是试样中不存在的纯物质；
2. 内标物质的色谱峰位置，应位于被测组分色谱峰的附近；
3. 其物理性质及物理化学性质应与被测组分相近；

4. 加入的量应与被测组分含量接近。

设在质量为 m 的试样中加入内标物质的质量为 m_s，被测组分的质量为 m_i，被测组分及内标物质的色谱峰的面积（或峰高）分别为 A_i、A_s，则 $m_i=f_iA_i$，$m_s=f_sA_s$。

$$\frac{m_i}{m_s}=\frac{f_iA_i}{f_sA_s},m_i=m_s\frac{f_iA_i}{f_sA_s} \tag{7.11}$$

$$c_i=\frac{m_i}{m_{试样}}\times100\%,c_i=\frac{m_s}{m_{试样}}\times\frac{f_iA_i}{f_sA_s}\times100\%$$

若以内标物质作标准，则可设 $f_s=1$，可按下式计算被测组分的含量，即：

$$c_i=\frac{m_s}{m_{试样}}\times\frac{f_iA_i}{A_s}\times100\%,c_i=\frac{m_i}{m_{试样}}\times\frac{f_i''h_i}{h_s}\times100\% \tag{7.12}$$

式中，f_i''为峰高相对质量校正因子。

也可用配制的一系列标准溶液测得相应的 A_i/A_s 绘制标准曲线，如图 7.2 所示。这样可在无须预先测定 f_i（或 f_i''）的情况下，称取固定量的试样和内标物质，混匀后即可进样，根据 A_i/A_s 值求得 c_i。

内标法定量结果准确，对于进样量及操作条件不需要严格控制，内标准确曲线法更适用于工厂的控制分析。本实验选用甲苯作内标物质，以内标标准曲线法测定邻二甲苯中的苯、乙苯、1,2,3-三甲苯的杂质含量。

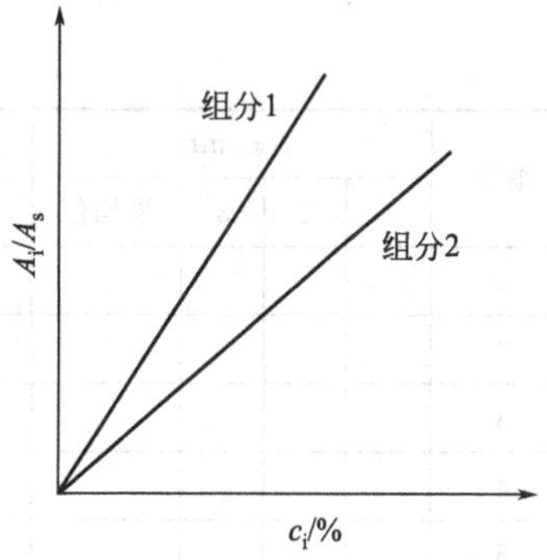

图 7.2　内标标准曲线

三、实验仪器与试剂

1. 仪器

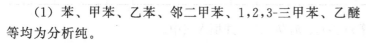

气相色谱仪，色谱柱，氮气或氢气钢瓶，容量瓶，微量进样器（10μL），医用注射器（5mL、10mL）。

2. 试剂

（1）苯、甲苯、乙苯、邻二甲苯、1,2,3-三甲苯、乙醚等均为分析纯。

（2）按表 7.4 配制一系列标准溶液，分别置于 5 只 100mL 容量瓶中，混匀备用。

表 7.4　标准溶液配制

编号	苯/g	甲苯/g	乙苯/g	邻二甲苯/g	1,2,3-三甲苯/g
1	0.66	3.03	2.16	38.13	2.59
2	1.32	3.03	4.32	38.13	5.18
3	1.98	3.03	6.48	38.13	7.77
4	2.64	3.03	8.64	38.13	10.36
5	3.30	3.03	10.80	38.13	12.95

3. 实验条件

固定相：邻苯二甲酸二壬酯，6201 载体（15∶100），60～80 目；流动相：氮气，流量为 15mL·min^{-1}；柱温：100℃；汽化温度：150℃；检测器：热导池，检测温度为 100℃；桥电流：110mA；衰减比：1∶1；进样量：3μL。

四、实验步骤

1. 称取未知试样 11.0g 于 25mL 容量瓶中，加入 0.61g 甲苯，混合备用。

2. 根据实验条件，将色谱仪器操作步骤调节至待进样状态，待仪器的电路和气路系统达到平衡，记录仪上的基线平直时，即可进样。

3. 依次分别吸取上述各标准溶液 3～5μL 进样，记录色谱图。重复进样两次，并于谱图上标明标准溶液号码，注意每次进样一种标准溶液后需用一种待进样标准溶液洗涤微量进样器 5～6 次。

4. 在同样条件下，吸取已配入甲苯的未知试样 3μL 进样，记录色谱图，并重复进样两次。

五、数据处理

1. 记录实验条件。

2. 测量各色谱图上各组分色谱峰高 h_i 值，并填入表中。

数据记录表

编号	$h_{苯}$/mm				$h_{甲苯}$/mm				$h_{乙苯}$/mm				$h_{1,2,3-三甲苯}$/mm			
	1	2	3	平均值	1	2	3	平均值	1	2	3	平均值	1	2	3	平均值
1																
2																
3																
4																
5																
未知																

3. 以甲苯作内标物质，计算 m_i/m_s、h_i/h_s 值，并填入表中。

数据记录表

编号	苯/甲苯		乙苯/甲苯		1,2,3-三甲苯/甲苯	
	m_1/m_2	h_1/h_2	m_1/m_2	h_1/h_2	m_1/m_2	h_1/h_2
1						
2						
3						
4						
5						
未知试样						

4. 绘制各组分 m_i/m_s-h_i/h_s 的标准曲线图。

5. 根据未知试样的 h_i/h_s 值，于标准曲线上查出相应的 m_i/m_s 值。

6. 按下式计算未知试样中苯、乙苯、1,2,3-三甲苯的含量。

$$c_i=\frac{m_s}{m_{试样}}\times\frac{m_i}{m_s}\times 100\% \quad (7.13)$$

六、思考题

1. 内标法定量有何优点，它对内标物质有何要求？
2. 实验中是否要严格控制进样，实验条件若有所变化是否会影响测定结果，为什么？
3. 在内标标准曲线法中，是否需要应用校正因子，为什么？
4. 试讨论色谱柱温度对分离的影响。

实验十五 高效液相色谱柱效能的测定

一、实验目的

1. 学习高效液相色谱柱效能的测定方法。
2. 了解高效液相色谱仪基本结构和工作原理以及初步掌握其操作技能。

二、实验原理

气相色谱中评价色谱柱柱效的方法及计算理论塔板数的公式，同样适用于高效液相色谱：

$$n=5.54\left(\frac{t_R}{Y_{1/2}}\right)^2=16\left(\frac{t_R}{Y}\right)^2 \quad (7.14)$$

速率理论及范第姆特方程式对于研究影响高效液相色谱柱效的各种因素，同样具有指导意义：

$$H=A+B/u+Cu \quad (7.15)$$

然而由于组分在液体中的扩散系数很小，纵向扩散项（B/u）对色谱峰扩展的影响实际上可以忽略，而传质阻力项（Cu）则成为影响柱效的主要因素。可见要提高液相色谱的柱效能，则需提高柱内填料装填的均匀性和减小粒度，以加快传质速率。目前所使用的固定相通常为 5～10μm 的微粒，而装填技术的优劣亦将直接影响色谱柱的分离效能。

除上述影响柱效的一些因素外，对于液相色谱还应考虑进样器的死体积和进样技术等所导致的柱前展宽，以及由柱后连接管、检测器流通池体积所导致的柱后展宽。

三、实验仪器与试剂

1. 仪器

恒流泵或恒压泵，紫外光度检测器，高压六通进样阀，记录仪，微量进样器（25μL），超声波发生器。

2. 试剂

（1）分析纯试剂：苯、萘、联苯、甲醇、正己烷等；

（2）标准储备液：配制含苯、萘、联苯各 $1000\mu g\cdot mL^{-1}$ 的正己烷溶液，混匀备用；

（3）标准使用液：用上述储备液配制含苯、萘、联苯各 $10\mu g\cdot mL^{-1}$ 的正己烷溶液，混匀备用。

四、实验步骤

1. 色谱条件

（1）色谱柱：长 150mm，内径 3mm，装填 C_{18}烷基键合相，颗粒度 10μm 的固定相；

（2）流动相：甲醇：水（83：17），流量 0.5mL·min^{-1}和 1mL·min^{-1}；

（3）紫外光度检测器：测试波长 254nm，灵敏度 0.08；

（4）记录仪：量程 5mV，走纸速度 480mm·h^{-1}；

（5）进样量 3μL。

2. 柱效能的测定

（1）将配制好的流动相于超声波发生器上脱气 15min；

（2）根据实验条件（流动相流量取 0.5mL·min^{-1}），将仪器按照仪器的操作步骤调节至进样状态，待仪器液路和电路系统达到平衡，记录仪基线平直时，即可进样。

（3）吸取 3μL 标准使用液进样，记录色谱图，重复进样 2 次。

（4）把流动相流量改为 1mL·min^{-1}，稳定后，吸取 3μL 标准使用液进样，记录色谱图，并重复进样 2 次。

五、实验数据记录与处理

1. 实验原始数据

组分	次数	t_R/mm		$Y_{1/2}$/mm		n/块·m^{-1}	
		0.5mL·min^{-1}	1mL·min^{-1}	0.5mL·min^{-1}	1mL·min^{-1}	0.5mL·min^{-1}	1mL·min^{-1}
苯	1						
	2						
	3						
	平均						
萘	1						
	2						
	3						
	平均						
联苯	1						
	2						
	3						
	平均						

2. 实验条件

（1）色谱柱与固定相：______________________；

（2）流动相及其流量：______________________；

（3）检测器及其灵敏度：____________________；

（4）记录仪量程与纸速：___________________；

（5）进样量：___________________。

3. 测量各色谱图中苯、萘、联苯等的保留时间 t_R 及相应色谱峰的半峰宽 $Y_{1/2}$，计算各

对应理论塔板数 n，并将数据列入实验数据记录与处理表中。已知组分的出峰顺序为苯、萘、联苯。

六、思考题

1. 由本实验计算所得的各组分理论塔板数说明什么？
2. 高效液相色谱采用 5～10μm 粒度的固定相有何优点；同时它又给实验带来什么问题，如何克服？
3. 紫外光度检测器是否适用于检测所有的有机化合物，为什么？

实验十六　反相色谱法分离芳香烃

一、实验目的

1. 学习高效液相色谱仪的操作。
2. 了解反相液相色谱法分离非极性化合物的基本原理。
3. 掌握用反相液相色谱法分离芳香烃类化合物的方法。

二、实验原理

高效液相色谱法是重要的液相色谱法。它选用颗粒很细的高效固定相，采用高压泵输送流动相，分离、定性及定量全部过程都通过仪器来完成。除了有快速、高效的特点外，它能分离沸点高、分子量大、热稳定性差的试样。

根据使用的固定相及分离原理不同，一般将高效液相色谱法分为分配色谱、吸附色谱、离子交换色谱和空间排斥色谱等。

在分配色谱中，组分在色谱柱上的保留程度取决于它们在固定相和流动相之间的分配系数。

$$K=\frac{\text{组分在固定相中的浓度}}{\text{组分在流动相中的浓度}}$$

显然，K 越大，组分在固定相上的停留时间越长，固定相与流动相间的极性差值也越大，因此，相应出现了流动相为非极性物质而固定相为极性物质的正相液相色谱法和以流动相为极性物质而固定相为非极性物质的反相液相色谱法。目前应用最广的固定相是通过化学反应的方法将固定液键合到硅胶表面上，即所谓的键合固定相。若将正构烷烃等非极性物质（如 n-C_{18}烷）键合到硅胶基质上，以极性溶剂（如甲醇和水）为流动相，则可分离非极性或弱极性的化合物。据此，采用反相液相色谱法可分离烷基苯类化合物。

三、实验仪器与试剂

1. 仪器

高效液相色谱仪，UV（254nm）检测器，色谱柱［250mm×4.6mm，n-C_{18}柱；流动相为 80%甲醇+20%水（使用前超声波脱气）］，注射器（10μL）。

2. 试剂

苯、甲苯、n-丙基苯、n-丁基苯（均为分析纯），未知样品。

四、实验步骤

1. 用流动相溶液（80％甲醇＋20％水）配制浓度为$10mg \cdot mL^{-1}$的标准样品。

2. 色谱条件：柱温应为室温；流动相流速为$1.3mL \cdot min^{-1}$；UV 检测器灵敏度调到 0.32～0.64 AIUFS。

3. 待记录仪基线稳定后，分别进苯、甲苯、n-丙基苯、n-丁基苯标准样各 $5\mu L$，进样同时，按标记钮（MARKER）。

4. 获得四种标准样的色谱图后，按步骤 3 进未知试样 $20\mu L$，记录色谱图。

五、实验数据记录与处理

1. 测定每一个标准样的保留距离（进样标记至色谱峰顶间的距离）。

2. 测定未知试样中每一个峰的保留距离，与标准样色谱图比较，标出未知试样中每一个峰代表什么化合物。

3. 用标样峰的峰面积，估算未知试样中相应化合物的含量。

六、思考题

1. 解释未知试样中各组分的洗脱顺序。

2. 试说明苯甲酸在本实验的色谱柱上，是强保留还是弱保留？为什么？

第八章 仪器分析综合设计实验

第一节 仪器分析综合实验

实验一 光度法测定高锰酸钾和重铬酸钾混合物

一、实验目的

1. 了解分光光度法中双组分的测定原理和测定方法。
2. 熟悉高锰酸钾和重铬酸钾吸收光谱曲线谱图。
3. 掌握摩尔吸收系数的确定方法。
4. 熟练掌握可见分光光度计的使用。

二、实验原理

高锰酸钾和重铬酸钾溶液都有颜色，在可见光区都有吸收。通过绘制物质的吸收光谱曲线以选择合适的测定波长。改变光的波长，测定物质在不同光的波长下的吸光度。一般情况下，选择的波长为两物质的最大吸收波长。本实验中选择高锰酸钾（545nm）和重铬酸钾（440nm）的最大吸收波长为测定波长。

定量分析原理：可以利用吸光度的加和性，即根据 $A_{总}=A_a+A_b+A_c+\cdots$ 同时测定二组分 a 和 b 混合溶液中各组分的含量。通过选择不同波长进行测定，再列、解方程组，从而求出样品混合液中高锰酸钾和重铬酸钾的含量。

$$A_{440nm}=\varepsilon_{KMnO_4(440nm)}\times c_{KMnO_4}+\varepsilon_{K_2Cr_2O_7(440nm)}\times c_{K_2Cr_2O_7}$$
$$A_{545nm}=\varepsilon_{KMnO_4(545nm)}\times c_{KMnO_4}+\varepsilon_{K_2Cr_2O_7(545nm)}\times c_{K_2Cr_2O_7}$$

三、实验仪器与试剂

1. 仪器

分光光度计 1 台，50mL 容量瓶 3 支，10mL 吸量管 3 支。

2. 试剂

0.100mol·L^{-1}高锰酸钾溶液，0.200mol·L^{-1}重铬酸钾溶液。

四、实验步骤

1. 高锰酸钾和重铬酸钾标准测定溶液的配制：分别移取高锰酸钾和重铬酸钾标准溶液

5.0mL 加入 2 支 50mL 容量瓶中，用蒸馏水稀释至刻度，摇匀。

另取 5mL 混合溶液加入 50mL 容量瓶中，用蒸馏水稀释至刻度。

2. 吸收光谱曲线的测绘：以蒸馏水为参比液，分别测绘高锰酸钾和重铬酸钾的吸收光谱曲线。根据吸收曲线选择确定定量分析的波长。

3. 摩尔吸收系数的测定：在选定的波长处，以蒸馏水为参比液，分别测定高锰酸钾和重铬酸钾标准溶液的吸光度值，根据朗伯－比尔定律确定相应的摩尔吸收系数。

4. 样品测定：在选定的波长处，以蒸馏水为参比，测定样品的吸光度值；根据吸光度的加和性列、解方程组，求出样品中高锰酸钾和重铬酸钾的含量。

5. 计算出原试液中高锰酸钾和重铬酸钾的浓度。

五、实验数据记录与处理

1. 钴和铬的吸收光谱曲线数据

波长/nm	420	430	440	450	480	510	530	540	545	550	560	570
$KMnO_4$												
$K_2Cr_2O_7$												

2. 摩尔吸收系数测定数据

项目	1	2
加标液量/mL	5.0mL	摩尔吸收系数 ε
$\varepsilon_{KMnO_4(440nm)}$		
$\varepsilon_{KMnO_4(545nm)}$		
$\varepsilon_{K_2Cr_2O_7(440nm)}$		
$\varepsilon_{K_2Cr_2O_7(545nm)}$		

3. 样品吸光度测定

测定波长/nm	440nm	545nm
吸光度值(A)		

4. 作吸收光谱曲线，选择波长为 440nm、545nm。

5. 由相应溶液测定求得的摩尔吸收系数分别为：

$\varepsilon_{KMnO_4(440nm)}=$____________；$\varepsilon_{KMnO_4(545nm)}=$____________；

$\varepsilon_{K_2Cr_2O_7(440nm)}=$____________；$\varepsilon_{K_2Cr_2O_7(545nm)}=$____________；

$c_{KMnO_4}=$____________；$c_{K_2Cr_2O_7}=$____________。

6. 原试样中高锰酸钾的浓度及重铬酸钾的浓度分别为多少？

六、思考题

1. 什么是吸光度的加和性？怎样利用吸光度的加和性对双组分体系进行分析？
2. 如何利用朗伯－比尔定律确定摩尔吸收系数？
3. 在该实验中，如果比色皿之间存在吸光度误差，会不会影响实验结果？
4. 如何消除比色皿误差？

5. 如何通过作吸收光谱曲线选择测定波长？在该实验中，选取任意两波长进行测定对结果有无影响？

6. 列方程组的依据是什么？比色皿的厚度是否影响？

实验二　分光光度法测定食盐中的碘含量

一、实验目的

1. 了解光度法测定食盐中碘含量的原理和方法。
2. 熟悉掌握分光光度计等仪器的操作和使用。
3. 逐步学会自己设计实验步骤。
4. 培养严谨的实验态度和实事求是的科学作风。

二、实验原理

碘是人体所必需的微量营养元素之一，具有重要的生理功能。碘缺乏病是一种常见且危害性较强的营养缺乏性疾病，是普遍存在的公共卫生问题。因此预防和控制碘缺乏病具有重要历史意义。国际推荐标准，成人每天必须从食物中摄取 100～300μg 的碘满足机体的需要。因此我国国家标准（GB 26878—2011）规定在碘盐中碘平均含量为 20～30mg·kg^{-1}。但碘摄入过量可能导致甲状腺功能减退症、自身免疫甲状腺病和乳头状甲状腺癌的发病。因此，加强碘盐中碘含量的检测具有重要意义。

本实验采用分光光度法测定食盐中的碘含量。以淀粉为显色剂，在酸性介质中，碘酸钾与过量的碘化钾反应生成单质碘，反应方程式如下。单质碘遇淀粉生成蓝色络合物，用分光光度计测定其吸光度，进而求算碘盐中碘的含量。本方法操作简便，灵敏度高，耗费试剂少。

$$KIO_3 + 5KI + 6H_2SO_4 \xlongequal{} 6KHSO_4 + 3I_2 + 3H_2O$$

三、实验仪器与试剂

1. 仪器

紫外可见分光光度计（1cm 比色皿），电子天平，吸量管 1mL、2mL、5mL 各 3 支，100mL 烧杯 8 只，100mL 棕色容量瓶 12 支，100mL 容量瓶 4 支，25mL 容量瓶 32 支。

2. 试剂

（1）碘标准溶液（1.0mg·mL^{-1}）：称取分析纯碘酸钾 0.1686g，用去离子水溶解，移至 100mL 棕色容量瓶中，定容，摇匀，避光储藏。

（2）碘工作溶液（10μg·mL^{-1}）：精确吸取 1.00mL 碘酸钾标准液于 100mL 棕色容量瓶中，加水定容，摇匀，现配现用。

（3）碘化钾溶液（0.4mg·mL^{-1}）：称取 0.0498g 分析纯碘化钾，用去离子水溶解，移至 100mL 棕色容量瓶并定容，摇匀，现用现配。

（4）硫酸溶液（0.1mol·L^{-1}）：吸取 0.67mL18mol·L^{-1} 浓硫酸于 100mL 容量瓶中定容，摇匀。

（5）淀粉指示剂（1%）：称取 1.00g 可溶性淀粉于 100mL 小烧杯中，加 100mL 沸水溶解，搅拌，继续煮沸至透明，冷却至室温，现用现配。

四、实验步骤

1. 最大吸收波长的确定

在25mL容量瓶中依次加入1.00mL碘酸钾工作液、1.00mL碘化钾溶液、1.00mL淀粉显色剂、1.00mL硫酸溶液，用去离子水定容摇匀，溶液显蓝色。用去离子水作参比液，在500～700nm波长范围内，测定蓝色溶液吸光度，查找最大吸收波长。

2. 最佳实验条件的确定

在分光光度分析法中，反应的实验条件直接影响着测定结果的准确性和灵敏度。因此需要选择最佳实验条件。采用方法为每次实验改变V_{KI}、$V_{H_2SO_4}$、$V_{淀粉}$、$T_{显色}$中的一个，做4组实验，来选择最佳实验条件。

(1) KI最佳用量的确定：取7支25mL容量瓶，分别加入0.4mg·mL^{-1}碘化钾溶液0.50mL、1.00mL、2.00mL、3.00mL、4.00mL、5.00mL、6.00mL，再加入1.00mL碘酸钾工作液、1.00mL淀粉溶液、1.00mL硫酸溶液，去离子水定容摇匀，溶液显蓝色。用去离子水作参比液，测定蓝色溶液在最大吸收波长处的吸光度。(注意实验在20min之内完成!)

(2) 硫酸最佳用量的确定：在低酸度下碘单质发生歧化反应$3I_2+6OH^- = 5I^- + IO_3^- + 3H_2O$，此时会有负误差；在高酸度下，淀粉会水解，产生紫红色物质，影响测定结果。实验方法、步骤同(1)，固定其他显色条件不变的前提下，只改变硫酸溶液的体积$V_{硫酸}$，测定其吸光度。绘制吸光度A与硫酸溶液体积$V_{硫酸}$之间的关系曲线，确定其最佳用量。

(3) 淀粉(1%)的最佳用量的确定：实验方法、步骤同(1)，固定其他显色条件不变的前提下，只改变淀粉溶液的体积$V_{淀粉}$、显色后测定各溶液的吸光度，绘制吸光度A与淀粉溶液的体积$V_{淀粉}$之间的关系曲线，确定其最佳用量。

(4) 显色时间的影响：实验方法、步骤同(1)。固定其他显色条件(V_{KI}、$V_{H_2SO_4}$、$V_{淀粉}$均为最佳条件)，改变显色时间(5min、7min、8min、10min、13min、15min、18min、20min、25min)，显色后测定各溶液的吸光度，绘制吸光度A与显色时间t之间的关系曲线，确定最佳显色时间。

3. 工作曲线的绘制

取6支25mL容量瓶，分别加入0.50mL、1.00mL、2.00mL、3.00mL、4.00mL、5.00mL碘酸钾工作液，按确定的最佳用量加入碘化钾溶液、硫酸溶液、淀粉指示剂，去离子水定容摇匀，溶液显蓝色。用去离子水作参比液，测定蓝色溶液在最大吸收波长处的吸光度。(注意实验在20min之内完成!) 以碘浓度为横坐标，吸光度值为纵坐标，绘制标准工作曲线。

4. 样品的测定

准确称取市售碘盐样品为1g，溶解后分别移于100mL容量瓶中，去离子水定容，摇匀。在最佳显色条件下测其吸光度，根据标准工作曲线的回归方程，计算出样品中碘的含量。

5. 回收率的测定

在碘盐样品溶液中，定量加入碘酸钾工作液0、1.00mL、1.50mL、2.00mL，通过试剂空白的吸光度代入回归方程，计算出本底值，再根据加入标准样品的量（加标量）和测定值，计算本实验方法的回收率。

五、实验数据记录与处理

1. 最佳实验条件

最大吸收波长/nm			
KI用量/V		硫酸用量/V	
淀粉用量/V		显色时间/min	

2. 工作曲线

项目	1	2	3	4	5	6	样品
浓度/$\mu g \cdot mL^{-1}$							
吸光度(A)							

回归方程：________________

相关系数：________________

3. 回收率

编号	本底值	加标量	测定值	回收率
1				
2				
3				
4				
5				

六、思考题

1. 还有哪些方法能够测定食盐中碘的含量？
2. 哪些条件影响实验的测定？

实验三 石墨炉原子吸收光谱法测定人体指甲中的铜

一、实验目的

1. 熟练使用原子吸收光谱仪。
2. 了解石墨炉原子化器的基本构造。
3. 掌握无火焰原子吸收的原理、特点和分析方法。

二、实验原理

石墨炉原子吸收是最灵敏的分析方法之一，绝对灵敏度可高达10^{-14}～10^{-13}g，相对灵敏度达$ng \cdot mL^{-1}$级。样品可以直接在原子化器中进行处理，样品用量少，每次进样量为5～

100μL。人体指甲中铜的含量很少，采用无火焰原子吸收法分析可以满足需要。

石墨炉原子化需经过干燥、灰化、原子化、除残阶段4个过程。

1. 干燥阶段

这个过程升温较慢，其目的是将样品中的溶剂蒸发掉。液体样品注入石墨炉后，应在略低于溶剂沸点的温度下烘干。干燥温度过低，干燥时间过短，不能达到干燥目的；温度过高，则会引起暴沸，造成样品损失。

2. 灰化阶段

这一过程也比较缓慢，主要目的是使基体灰化完全。否则，在原子化阶段未完全蒸发的基体可能产生较强的背景或分子吸收。干燥阶段结束后进入灰化阶段，炉温升高使样品中的基体或某些杂质灰化，可以有效减少干扰。灰化温度过低、时间过短，基体杂质不易除去；温度过高，时间过长，则可能损失待测元素。

3. 原子化阶段

这一过程要求升温速率很快，这样可使自由原子数目最多。灰化阶段结束后，石墨炉温度迅速升高到2000～3000℃，使待测元素原子化。这一阶段的温度和时间直接影响分析结果，温度过低或时间过短不能有效原子化；温度过高，时间过长，又会使石墨管消耗严重。

4. 除残阶段

其温度一般比原子化温度略高一些，以除去石墨管中的杂质元素及记忆效应。除残温度应高于原子化温度，除残的目的是为了消除残留物产生的记忆效应。

三、实验仪器与试剂

1. 仪器

原子吸收分光光度计（配有石墨炉原子化器），容量瓶50mL 5支，吸量管1mL 1支，烧杯25mL 2只；量筒10mL 1支。

2. 试剂

(1) 标准Cu储备液（$1000\mu g \cdot mL^{-1}$）：称取约1g金属铜（准确至0.0002g）置于400mL烧杯中，加入20mL 1∶1硝酸溶剂，在沙浴上加热至近干。然后加入10mL浓硫酸，小心蒸至冒二氧化硫白烟。冷却后，加入去离子水使全部盐类溶解。再一次冷却，移入1L容量瓶中，用去离子水稀释至刻度，摇匀并计算溶液中铜的浓度。

(2) Cu标准液（$100ng \cdot mL^{-1}$）。

(3) HNO_3溶液（1%）。

四、实验步骤

1. 最佳测定条件的选择

(1) 仪器调节：打开仪器预热30min，开启冷却水和保护气开关。设定仪器条件如下。灯电流10mA；狭缝宽度0.04mm；进样量25μL；吸收线波长324.75nm。

(2) 根据以下参考条件，分别设计几个单因素试验，选择各自的最佳条件：干燥温度80～120℃，干燥时间20s；灰化温度200～1000℃，灰化时间20s；原子化温度2200℃，原子化时间10s；除残温度2500℃，除残时间3s。

① 干燥温度和干燥时间的选择：应根据溶剂或液态试样组分的沸点选择干燥温度。一般选择的温度应略低于溶剂的沸点。干燥时间主要取决于进样量，一般进样量为

20μL 时，干燥时间大约为 20s。条件选择是否得当可以用蒸馏水或者空白溶液进行检查。

② 灰化温度和灰化时间的选择：在确定灰化温度和灰化时间时，要充分考虑两个方面的因素。一方面在保证被测元素没有损失的前提下应尽可能使用较高的灰化温度，以便尽可能完全地去除干扰。另一方面，较低的灰化温度和较短的灰化时间有利于减少待测元素的损失。灰化温度和灰化时间应根据实验，制作灰化曲线来进行确定。

在初步选定的干燥温度和干燥时间条件下，取 25μL 铜标准溶液，先在 200℃灰化 30s 或更长时间，然后根据初步选定的原子化温度和时间进行原子化。选择给出最小背景吸收信号的温度作为最低灰化温度。在选定的最低灰化温度下，连续递减灰化时间，观察背景吸收信号，确定最短灰化时间。在选择好灰化时间的情况下，每间隔 100℃依次递增灰化温度，根据不同灰化温度与对应原子化信号绘制灰化曲线。选择直线部分所对应的最高温度作为最佳灰化温度。

③ 原子化温度和时间的选择：原子化温度和时间的选择原则是，选用达到最大吸收信号的最低温度作为原子化温度，原子化时间是以保证完全原子化为准。最佳的原子化温度和时间由原子化曲线确定。

取 25μL 铜标准溶液，根据上述初步确定的干燥、灰化温度和时间的条件，进行干燥和灰化，并选择 2200℃为原子化温度，时间为 10s，观测原子化信号回到基线的时间，作为原子化时间。

选择高于灰化温度 200℃作为原子化温度，测量吸收信号，然后每间隔 100℃依次增加原子化温度。以原子化温度对吸光度信号绘制原子化曲线。将能给出最大吸收信号的最低温度选为最佳的原子化温度。

2. 无火焰原子吸收光谱法测定人体指甲中的铜

（1）标准溶液的配制：将 $1000\mu g \cdot mL^{-1}$ 的 Cu 标准储备液逐次用 1% 的 HNO_3 稀释成 $0.02\mu g \cdot mL^{-1}$、$0.04\mu g \cdot mL^{-1}$、$0.1\mu g \cdot mL^{-1}$、$0.2\mu g \cdot mL^{-1}$ 的标准系列溶液。

（2）试样的制备：剪取的指甲试样先用去离子水洗净，准确称取 20～30mg 样品，加入 6mL 15% TMAH（四甲基氢氧化铵），于 60～70℃加热，溶解后，用水稀释至 10mL，以备测定。

（3）样品的测定：用移液器分别吸取 25μL 标准系列和试样溶液注入石墨炉中，测量吸光度值，并绘制标准工作曲线，以及求算试样溶液的含铜量。

五、实验数据记录与处理

1. 记录实验条件

干燥温度/℃		干燥时间/s	
灰化温度/℃		灰化时间/s	
原子化温度/℃		原子化时间/s	
除残温度/℃		除残时间/s	

2. 列表记录测量铜标准溶液系列溶液的吸光度，然后以吸光度为纵坐标，标准溶液系列浓度为横坐标绘制标准曲线。

编号	1#	2#	3#	4#	5#
铜标准溶液浓度/$\mu g \cdot mL^{-1}$					
吸光度(A)					

3. 测量指甲样品溶液的吸光度，然后在上述标准曲线上查得水样铜的浓度（$\mu g \cdot mL^{-1}$）。若经稀释需乘上倍数求得原始样品中铜的含量。

六、思考题

1. 在石墨炉原子化法测定过程中，哪些条件对分析结果影响最大，为什么？
2. 试比较火焰和非火焰原子吸收光度法的优缺点。

七、实验注意事项

1. 在无火焰原子吸收光谱法进行样品测定时，液体进样是采用微量可调移液器。在使用时注意应根据不同样品和不同样品体系及时更换枪头，以免交叉污染。

2. 在用移液器进样时，注意要快速一次性将移液器中液体注入到石墨管中，以免枪头中有样品残留。

实验四　乳制品的检验

一、实验目的

1. 掌握样品消化的方法。
2. 掌握乳粉中还原糖的测定方法。
3. 进一步熟悉滴定操作的基本技巧和原子吸收分光光度计的使用方法。

二、实验原理

乳和乳制品是重要的动物性食品之一。以新鲜乳汁为原料，经过消毒、浓缩、干燥而制成的粉状乳制品。乳粉的种类很多，主要按照原料乳的含脂状况分为全脂粉和脱脂粉；根据其生产过程中加糖与否分为加糖乳粉和不加糖乳粉（一般称为淡乳粉）；按照乳粉的来源，有牛乳粉和羊乳粉之分等。

全脂乳粉在长期储存时，脂肪容易发生氧化变质，其保存期大约 6 个月；而脱脂乳粉克服了这一缺陷，能够较长时间的保存，最长可以达三年。组成乳的化学成分主要有：水分、蛋白质、脂肪、乳糖、矿物质、磷脂、维生素、酶、免疫体、色素、气体以及其他的微量化学成分。乳的组成成分中含有人体生长发育所必需的全部营养物质。尤其重要的是乳的各种成分几乎能全部被人体消化和吸收。所以牛乳可谓是一种完全食品。在此仅仅对全脂牛乳粉进行系统的检验。

三、实验内容

（一）感官检查

呈均匀一致的淡黄色、颗粒均匀一致的粉状，不得有块状和机械性杂质，具有消毒牛乳的气味和滋味，不得有其他任何异味。

（二）理化检查

1. 还原糖的测定

可使用直接滴定法（又称斐林氏法）进行测定。

(1) 实验原理　样品经除去蛋白质后，在加热条件下，直接滴定标定过的碱性酒石酸铜液，以亚甲基蓝作指示剂，根据样品液消耗的体积，计算还原糖量。

(2) 实验仪器　分析天平，称量瓶，加热板，100mL 烧杯，150mL 锥形瓶，250mL 容量瓶，25mL 移液管，50mL 酸式滴定管，10mL 量筒，5mL 吸量管，洗瓶，滤纸，漏斗，玻璃珠若干。

(3) 实验试剂

① 碱性酒石酸铜甲液：称取 15g 硫酸铜（$CuSO_4 \cdot 5H_2O$）及 0.05g 亚甲基蓝，溶于水中并稀释至 1000mL。

② 碱性酒石酸铜乙液：称取 50g 酒石酸钾钠及 75g NaOH，溶于水中，再加入 4g 亚铁氰化钾，完全溶解后，用水稀释至 1000mL，储存于橡胶塞玻璃瓶中。

③ 乙酸锌溶液：称取 21.9g 乙酸锌，加 3mL 冰醋酸，加水溶解并稀释至 100mL。

④ 10.6%亚铁氰化钾溶液。

⑤ 盐酸。

⑥ 葡萄糖标准液：精密称量 1.000g 经过 98～100℃干燥至恒重的纯葡萄糖，加水溶解后加入 5mL 盐酸，并用水稀释至 1000mL。此溶液每毫升相当于 1mg 葡萄糖。

(4) 实验步骤

① 样品处理：称取 2.5～5g 固体样品或吸取 25～50mL 液体样品。置于 250mL 容量瓶中，加 50mL 水，摇匀后，慢慢加入 5mL 乙酸锌溶液及 5mL 10.6%亚铁氰化钾溶液，加水至刻度，混合均匀，静置 30min，用干燥滤纸过滤，弃去初滤液，滤液备用。

② 标定碱性酒石酸铜溶液：吸取 5.0mL 碱性酒石酸铜甲液及 5.0mL 碱性酒石酸铜乙液，置于 150mL 锥形瓶中，加水 10mL，加入玻璃珠 2 粒，从滴定管加约 9mL 葡萄糖标准溶液，控制在 2min 内加热至沸腾，趁沸腾以每两秒一滴的速度继续滴加葡萄糖标准溶液，直至溶液蓝色刚好褪去为终点，记录消耗的葡萄糖标准溶液总体积。同时平行操作三份，取其平均值。计算每 10mL（甲、乙液各 5mL）碱性酒石酸铜溶液相当于葡萄糖的质量（mg）。

③ 样品液预测：吸取 5.0mL 碱性酒石酸铜甲液及 5.0mL 碱性酒石酸铜乙液，置于 150mL 锥形瓶中，加水 10mL，加入玻璃珠 2 粒，控制在 2min 内加热至沸腾，趁热以先快后慢的速度，从滴定管中滴加样品溶液，并保持溶液沸腾状态，待溶液颜色变浅时，以每两秒一滴的速度滴定，直至溶液蓝色刚好褪去为终点。记录样品液消耗体积。

④ 样品溶液测定：吸取 5.0mL 碱性酒石酸铜甲液及 5.0mL 碱性酒石酸铜乙液，置于 150mL 锥形瓶中，加水 10mL，加入玻璃珠 2 粒，从滴定管加入比预测体积少 1mL 的样品液于锥形瓶中，控制在 2min 内加热至沸腾，趁沸腾继续以每两秒一滴的速度滴定，直至蓝色刚好褪去为终点。记录样品液消耗体积。同时平行操作三份，得平均消耗体积。

(5) 实验数据记录与处理

$$x = m_1/m_2 \times (V/250) \times 1000(\%) \tag{8.1}$$

式中，x 为样品中还原糖的含量（以葡萄糖计），%；m_1 为 10mL 碱性酒石酸铜液（甲、乙液各 5mL)，相当于还原糖（以葡萄糖计）的质量，mg；m_2 为样品质量或者体积，g 或 mL；V 为测定时平均消耗样品溶液的体积，mL；250 为样品处理液总体积，mL。

（6）实验注意事项

① 亚甲基蓝是一种氧化还原指示剂，其氧化能力比碱性酒石酸铜试剂更弱，当还原糖与碱性酒石酸铜试剂反应时，亚甲基蓝保持氧化型，呈蓝色；当还原糖将碱性酒石酸铜试剂消耗殆尽时，少量过剩的还原糖可将亚甲基蓝还原成还原型，无色。此为指示滴定终点。此反应为可逆反应，当无色亚甲基蓝与空气中的氧结合时，又变为蓝色。故滴定时不要离开热源，使溶液保持沸腾，让上升的蒸气阻止空气侵入溶液中。

② 在碱性酒石酸铜试剂中加入亚铁氰化钾，可使反应生成的红色氧化亚铜与亚铁氰化钾发生络合反应，形成可溶性络合物，消除红色沉淀对滴定终点观察的干扰，使滴定终点变色更明显。反应式如下：$Cu_2O + K_4Fe(CN)_6 + H_2O \longrightarrow K_2Cu_2Fe(CN)_6 + 2KOH$。

③ 碱性酒石酸铜试剂，甲、乙液应分别配制，临用时等量混合。

④ 直接滴定法对样品溶液中还原糖浓度有一定要求，希望每次消耗样品体积与标定碱性酒石酸铜试剂所消耗葡萄糖标准溶液的体积相近，约为 10mL。如果样品溶液中还原糖浓度过大或者过小，就会使滴定时消耗的体积过少或过多，会使测定误差增大。必须通过预测定后进行调整和掌握样品液中还原糖的大致浓度。当浓度过高时，应当稀释，再进行测定；当浓度过低时，则直接加入 10mL 样品液，免去加水 10mL，再直接用葡萄糖标准溶液滴定至终点。从不加样品液用葡萄糖标准的滴定体积中减去，所差体积即相当于 10mL 样品中所含相当于葡萄糖的还原糖量。

⑤ 直接滴定法对滴定操作条件应严格把握，以保证平行。对碱性酒石酸铜试剂的标定、样品预测定、样品液的测定，三者的滴定条件均应保持一致。对每一次使用的锥形瓶规格质量、电炉功率、滴定温度、滴定消耗的大致体积、终点观察方法等都应尽量一致，以减少误差。并将滴定所需体积的绝大部分先加入碱性酒石酸铜试剂中共沸，使其充分反应，仅留 1mL 左右作为滴定终点的判定。

2. 乳粉中铅含量的测定

（1）实验原理　铅在自然界中分布甚广，但对人体具有毒害作用，其毒性大小决定于含铅化合物的溶解度。即溶解度大，则毒性也大，如硫化铅（PbS）的毒性小于硫酸铅（$PbSO_4$）；硫酸铅毒性小于铅糖 $(CH_3COO)_2Pb$。进入人体的铅，大部分经过粪便和尿液排出体外，但在体内经积累达 0.04g 时就会引起慢性中毒。体内累积总量达 20g 时则致死无疑。

人体中的铅主要来自食品和饮水，因此世界各国对食品中铅的含量，均有明确的限制，并且严格进行检查。我国对各种食品中铅的含量规定见表 8.1。

表 8.1　动物性食品中铅的允许含量标准　单位：$mg \cdot kg^{-1}$，以 Pb 计

食品	肉类	皮蛋	淡炼乳	罐头	蜂蜜	乳粉
铅含量	≤0.51	≤3	≤0.5	≤2.0	≤1.0	≤0.5

动物性食品中铅含量的测定方法主要有双硫腙比色法、原子吸收分光光度法、铅离子电极法等。本实验采用原子吸收分光光度法，即将样品处理后，导入原子吸收分光光度计中，原子化以后，吸收 283.3nm 共振线，其吸收量与铅含量成正比，与标准系列比较定量。

（2）实验原理　原子吸收分光光度计，分析天平，称量瓶，加热板，高温炉，瓷坩埚，100mL 烧杯，100mL 容量瓶；5mL 量筒，5mL 吸量管，洗瓶。

(3) 实验试剂　硝酸(GR)，6mol·L^{-1}硝酸，0.5%硝酸，10%硝酸，过硫酸铵，0.5%硫酸钠溶液，石油醚。铅标准储备液(10mg·mL^{-1})：精密称取1.0000g金属铅(99.99%)，分次加入6mol·L^{-1}硝酸溶解，总量不过37mL，移入100mL容量瓶中，加水稀释至刻度。

铅标准使用液(1μg·mL^{-1})：吸取10.0mL铅标准溶液于100mL容量瓶中，加0.5%硝酸溶液稀释至刻度。多次稀释至每毫升相当于1μg铅。

(4) 实验步骤

① 样品处理：称取2g均匀样品置于瓷坩埚中，加热炭化后，置高温炉420℃灰化3h，放冷后加水少许，稍加热，然后加1mL 1∶1硝酸，加热溶解后，移入100mL容量瓶中，加水稀释至刻度，备用。

② 测定：吸取0、0.5mL、1.0mL、2.0mL、3.0mL、4.0mL铅标准使用液分别置于100mL容量瓶中，加0.5%硝酸稀释至刻度，混合均匀(容量瓶中每毫升分别相当于0、5μg、10μg、20μg、30μg、40μg铅)。

将处理后的样液、试剂空白液和各容量瓶中铅标准稀释液分别导入空气-乙炔火焰进行测定。测定条件是：灯电流7.5mA，波长283.3nm，狭缝0.2nm，空气流量7.5L·min^{-1}，乙炔流量1L·min^{-1}，灯头高度3mm，氘灯背景校正(也可根据仪器型号，调至最佳条件)。以铅含量对应的浓度吸光度，绘制标准曲线比较。

(5) 实验数据记录与处理

$$样品中铅含量(mg\cdot kg^{-1})=(A_1-A_2)V_1\times1000/W\times1000\times1000 \tag{8.2}$$

式中，A_1为测定样品中铅的含量，μg·mL^{-1}；A_2为试剂空白溶液中铅的含量，μg·mL^{-1}；V_1为样品处理后的总体积，mL；W为样品质量(体积)，g或mL。

(6) 实验注意事项　在检测铅的过程中，要求使用去离子水，所用的玻璃仪器均以10%～20%硝酸浸泡24h以上，然后用去离子水冲净。如急用，可以用10%～20%硝酸煮沸1h，然后用去离子水冲净。浸泡玻璃仪器的硝酸溶液不能长期反复使用。

实验五　红外光谱法检测食品包装袋、膜的材质和苯及其同系物

一、实验目的

1. 学习和掌握用仪器分析对有机物的定性分析方法。
2. 学习红外光谱定性分析方法的制样技术及对塑料包装材料中苯及同系物的检测。
3. 学习红外光谱仪的使用方法，学会红外谱图解析的基本方法。

二、实验原理

日常生活中，可以说人人、时时、处处都离不开塑料，通常将具有可塑性的、用高分子化合物做的材料，称为塑料。塑料食品包装袋(膜)如果所用原料不合格，生产工艺不合理或彩印应用了有毒溶剂，生产的塑料食品包装就会因为有机物残留过高而达不到国家卫生标准要求，从而造成食品的化学性污染。其中含有苯系物等有毒物质，如甲苯($C_6H_5CH_3$)和异丙苯[$(CH_3)_2CHC_6H_5$]就是常见的苯的同系物。因此，建立一种测定塑料食品包装

材质与彩印的检测分析方法是十分必要的。

用于包装材料的塑料按材质分为聚乙烯（PE）、聚丙烯（PP）、聚苯乙烯（PS）、聚氯乙烯（PVC）等种类。

1. 聚乙烯塑料

聚乙烯塑料是目前世界上产量最大的塑料，因为具有质量轻、无毒、化学稳定性好、电绝缘性能好和具有一定的坚韧度、拉伸强度、不透水性等优点而广泛地应用于食品包装上，是目前世界上最好的塑料包装材料。聚乙烯（PE）是由乙烯聚合所得到的高分子化合物，其反应式如下：

$$nCH_2{=}CH_2 \longrightarrow \left[CH_2-CH_2\right]_n$$

2. 聚丙烯塑料

聚丙烯塑料是 20 世纪 60 年代才开始发展起来的一种新型塑料，它是目前最轻的塑料，无臭、无味、无毒、耐有机溶剂、电绝缘性能优异、具有良好的机械性能和拉伸强度。聚丙烯是以丙烯为单体通过聚合反应合成的具有线型结构的高分子化合物，其反应式如下：

$$nCH_2{=}\underset{\displaystyle CH_3}{\underset{|}{CH}} \longrightarrow \left[CH_2-\underset{\displaystyle CH_3}{\underset{|}{CH}}\right]_n$$

3. 聚苯乙烯塑料

聚苯乙烯塑料的分子量为 10 万～25 万。透光性很好，透光率达 90%，仅次于普通玻璃和有机玻璃，容易被着色，外观漂亮、无毒。聚苯乙烯是以苯乙烯为单体通过聚合反应而合成的具有线型结构的高分子化合物，其反应式如下：

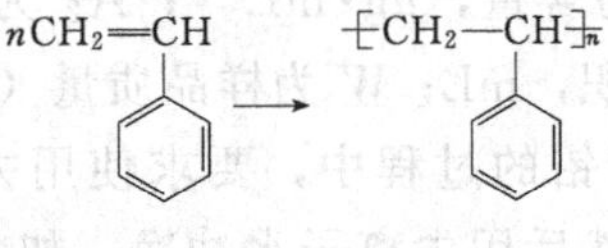

4. 聚氯乙烯塑料

聚氯乙烯单体可以由乙炔和电解法制烧碱的副产物氯化氢为原料制得。由于原料来源广泛、价格低廉，加之合成工艺比较简单，生产成本低，性能优异，用途广泛，因而其产量在塑料中属于较多的一种。但是由于软化点低，加热后释放出氯乙烯单体，氯乙烯对人体的危害很大，容易引起中毒，诱发癌症。又因聚氯乙烯塑料中常常加入稳定剂硬脂酸铅，由于铅盐有毒，且使塑料变得不透明，因此聚氯乙烯塑料制品不能用于存放、包装食品。聚氯乙烯塑料是由氯乙烯单体聚合而得到的具有线型结构的合成高分子化合物，其反应式如下：

$$nCH_2{=}\underset{\displaystyle Cl}{\underset{|}{CH}} \longrightarrow \left[CH_2-\underset{\displaystyle Cl}{\underset{|}{CH}}\right]_n$$

三、实验仪器与试剂

1. 仪器

红外光谱仪，50mL 比色管，50mL 烧杯，恒温磁力搅拌器，量筒。

2. 试剂

(1) 铅标准使用液体 10μg·mL⁻¹。

(2) 硫化钠显色液：称取 5g 硫化钠，溶于 10mL 水和 30mL 甘油的混合液中。

(3) 65%乙醇、冷餐油、棉签、食品塑料包装膜（袋）。

(4) 4%乙酸。

四、实验步骤

1. 外观检测试验

取样品包装膜，观察颜色，回收塑料制成的食品包装膜，因添加稳定剂、着色剂等而呈现红、黄、黑、绿等颜色进而污染食品。分别用棉签蘸65%乙醇、冷餐油等擦拭塑料包装袋等样品，观察棉签是否掉色。

2. 材质检测试验

根据提示（采集背景后）将食品塑料包装膜（膜试样卡片）置于试样窗口前，测定膜的红外吸收光谱。

3. 彩印污染物检测试验

红外光谱定性检测溶剂的选择，既要将苯及苯系物浸提出来，又要将溶剂和苯及苯系物分离开，使其不造成干扰。试验选择二硫化碳为溶剂。称取0.5g塑料包装袋样品剪成碎片放入10mL离心管中，再加入5mL二硫化碳，浸泡2h后离心，分离出有机层样液，用红外光谱法将试液在氯化钠窗片上进行测定。（注意：二硫化碳有水封，不能将水取出！）

4. 彩印或包装原料中重金属的检测试验

彩印或包装原料中的重金属用硫化钠比浊法测定，重金属含量越高，比浊后的颜色越深。反应方程式如下：

$$Pb^{2+} + S^{2-} \longrightarrow PbS\downarrow（红棕色）$$

（1）样品前处理：试样用自来水冲洗后，用餐具洗涤剂清洗，再用自来水反复冲洗后，用去离子水冲洗2～3次，晾干。必要时，可用洁净的滤纸将表面的水分吸净，但纸纤维不得残留在样品表面。清洗过的试样应防止灰尘污染，并且清洁的表面也不应该再直接用手接触。

（2）浸提：用4%乙酸60℃下浸泡塑料包装袋试样2h。将样品按每平方厘米2mL的量加入样品浸泡液。可采用全部浸泡的方法，其面积应以两倍计算，但浸泡液加入量不应超过容器容积的2/3～4/5为宜。用4%乙酸浸泡时，应先将所需要量的水加热至60℃，再加入计量的乙酸，使其浓度达到4%。

（3）分析步骤：吸取乙酸浸泡液20mL于50mL比色管中，加水至刻度。另取2mL铅标准使用液于50mL比色管中，加4%乙酸溶液20mL，加水至刻度混匀。两比色管中各加入硫化钠溶液2滴，混匀后，放置5min，以白色为背景，从上方或侧面观察，比较乙酸浸泡液与标准溶液颜色的深浅。

五、实验数据记录与处理

1. 记录实验条件。

2. 在红外吸收光谱图上，从高波数到低波数，标出各特征吸收峰的频率，并指出各特征吸收峰属于何种基团的什么形式的振动。

六、思考题

1. 化合物的红外吸收光谱是怎样产生的？

2. 化合物的红外吸收光谱能提供哪些信息？

3. 如何进行红外吸收光谱图的图谱解释？

4. 单靠红外吸收光谱，能否判断未知物是何种物质，为什么?

七、实验注意事项

1. 在解释红外吸收光谱时，一般从高波数到低波数，但不必对光谱图的每一个吸收峰都进行解释，只需指出各基团的特征吸收峰即可。

2. 参考实验条件：测定波长范围 2.5～15μm（波数 650～4000cm^{-1}）；参比物为空气；扫描次数 5 或 10；分辨率 8cm^{-1}或 4cm^{-1}；室内温度 18～20℃；室内相对湿度≤65%。

实验六　苯甲酸和水杨酸的红外光谱测定

一、实验目的

1. 掌握红外光谱分析时固体样品的压片法样品制备技术。

2. 了解如何根据红外光谱图识别官能团，了解苯甲酸和水杨酸的红外光谱图。

二、实验原理

由于氢键的作用，苯甲酸通常以二分子缔合体的形式存在。只有在测定气态样品或非极性溶剂的稀溶液时，才能看到游离态苯甲酸的特征吸收。用固体压片法得到的红外光谱中显示的是苯甲酸二分子缔合体的特征，在 3000～2400cm^{-1}处是 O—H 伸展振动峰，峰宽且散；由于受氢键和芳环共轭两方面的影响，苯甲酸缔合体的 C═O 伸缩振动吸收位移到 1800～1700cm^{-1}区（而游离的 C═O 伸展振动吸收是在 1730～1710cm^{-1}区，苯环上的 C═O伸展振动吸收出现在 1500～1480cm^{-1}和 1610～1590cm^{-1}区)，这两个峰是鉴别有无芳核存在的标志之一，一般后者峰较弱，前者峰较强。

三、实验仪器与试剂

1. 仪器

红外光谱仪及附件，KBr 压片器及附件，玛瑙研钵、烘箱。

2. 试剂

苯甲酸，水杨酸（A. R.），KBr（光谱纯)。

四、实验步骤

1. 在玛瑙研钵中分别研磨 KBr 和苯甲酸、水杨酸至 2μm 细粉，然后置于烘箱中烘 4～5h，烘干后的样品置于干燥器中待用。

2. 分别取 1～2mg 的干燥苯甲酸或水杨酸和 100～200mg 干燥 KBr，一并倒入玛瑙研钵中进行混合直至均匀。

3. 取少许上述混合物粉末倒入压片器中压制成透明薄片。然后放到红外光谱仪上测试，仪器使用流程略。

4. 测定未知样的红外光谱图。

五、实验数据记录与处理

1. 指出苯甲酸或水杨酸红外谱图中的各官能团的特征吸收峰，并作出标记。

2. 将未知化合物官能团区的峰位列表，并根据其他数据指出可能结构。

六、思考题

1. 测定苯甲酸的红外光谱还可以用哪些制样方法？
2. 影响样品红外光谱图质量的因素是什么？

实验七　荧光分光光度法测定富里酸

一、实验目的

1. 了解荧光分光光度计的基本组成结构，并学会操作使用。
2. 掌握荧光分光光度法定量分析的基本原理。

二、实验原理

富里酸（FA）在水中是一种荧光物质，并且在低浓度时，荧光强度与 FA 浓度成正比：$F=kc$。基于此，测定一系列已知浓度的富里酸的荧光强度，然后以荧光强度对富里酸浓度作标准曲线，再测定未知浓度富里酸的荧光强度，把它代入标准曲线方程求出其浓度。

三、实验仪器与试剂

1. 仪器

F-7000 型分子荧光分光光度计，吸收池，容量瓶，移液枪。

2. 试剂

富里酸，去离子水。

四、实验步骤

1. 系列标准溶液的配制

准确称取 0.2500g 富里酸，加入少量水溶解，移至 250mL 容量瓶中，用蒸馏水稀释至刻度，摇匀。此富里酸溶液浓度为 $1.000\text{g}\cdot\text{L}^{-1}$。取 6 支 100mL 的容量瓶分别加入 $1.000\text{g}\cdot\text{L}^{-1}$ 的富里酸标准液 0、0.20mL、0.40mL、0.60mL、0.80mL、1.00mL，用蒸馏水稀释至刻度，摇匀。

2. 绘制激发光谱和发射光谱

在 200～500nm 范围内扫描荧光激发光谱。在 300～600nm 范围内扫描荧光发射光谱。

3. 绘制标准曲线

荧光激发波长固定在 340nm 处，荧光发射波长固定在 420nm 处，从发射光谱上测定系列标准溶液的荧光发射强度。

4. 未知试样的测定

在标准系列溶液同样条件下，测定未知样品的荧光发射强度。

5. 绘制荧光强度 F 对富里酸溶液浓度 c 的标准曲线，并由标准曲线求算未知试样的浓度。

五、实验数据记录与处理

1. 原始数据记录

项目	标准溶液						样品
样品编号	1	2	3	4	5	6	x
浓度/$mg \cdot L^{-1}$							
荧光强度							

2. 标准曲线绘制和未知样品含量计算

富里酸荧光强度与浓度的关系曲线为：________________；

测得未知液荧光强度：________；所以未知样品浓度为：________________。

六、思考题

1. 在荧光测量时，为什么激发光的入射与荧光的接收不在一直线上，而是成一定的角度？

2. 哪些因素可能会对富里酸荧光产生影响？

3. 为什么要先测激发光谱？

七、实验注意事项

1. 试液的浓度不要太高。

2. 仪器的操作要规范，实验结束后，检查仪器是否正常、关闭是否正常。

实验八　氟离子选择性电极测定自来水中微量氟离子

一、实验目的

1. 了解酸度计或离子计的主要结构及其主要部件的特性，掌握其应用范围和主要分析对象。

2. 掌握离子选择性电极、离子计的使用原理和基本操作方法。

3. 掌握用离子选择性电极测定离子含量实验数据的处理和正确表达实验结果的方法。

4. 学习氟离子选择性电极测定微量 F^- 的原理和测定方法。

二、实验原理

1. 电极工作原理

本实验以氟电极为指示电极，饱和甘汞电极为参比电极，当两电极浸入试液时，组成工作电池如下：

$Hg\text{-}Hg_2Cl_2|KCl$(饱和)$||F^-$ 试液$|LaF_3|NaF,NaCl$(均为 $0.1mol \cdot L^{-1}$)$|AgCl\text{-}Ag$

其工作电池电动势

$$E = K' - 0.059\lg\alpha_{F^-} \quad (25℃时)$$

其中，K'为内外参比电极电位及不对称电位常数，$K' = \varphi_{SCE} - \varphi_{Ag/AgCl} - K$；0.059 为

25℃时电极的理论响应斜率；α_{F^-}为待测试液中F^-活度。

测量中，在试液中加入大量的总离子强度调节缓冲液 TISAB，测定氟离子时，TISAB 的组成有 $1mol \cdot L^{-1}$的 NaCl 溶液，其作用是使溶液保持较大稳定的离子强度，使标准溶液和待测溶液中的总离子强度相等，从而使它的活度系数相等。其次是 HAc-NaAc 缓冲溶液，保持溶液 pH 值在 5～6；还有 $0.001mol \cdot L^{-1}$的柠檬酸钠，掩蔽 Fe^{3+}、Al^{3+}等干扰离子。所以加入 TISAB 后工作电池电动势与F^-浓度的对数成线形关系：

$$E=K'-0.059\lg\alpha_{F^-}(25℃\text{时})\text{，其中 } pF=-\lg C_F\text{，}E=K+0.059pF(25℃\text{时})$$

2. 定量分析方法

采用标准曲线法对F^-浓度进行定量分析，即配制F^-系列标准溶液，测定其对应工作电池的电动势，作出 E-$\lg C_{F^-}$曲线，然后在相同条件下测得试液的E_X，再由 E-$\lg C_{F^-}$曲线查得未知试液的F^-浓度。

3. 最小二乘法

在绘制标准曲线过程中，各实验点与回归直线间都存在正或负的偏差，但偏差的平方和均为正值，所以如果各点对某一直线的偏差平方和最小，则这条直线就是最佳的回归直线。根据这一原理可推导出方程：$y=ax+b$。常数 a、b 分别为：

$$a=\frac{\sum xy-\frac{1}{n}\sum x\sum y}{\sum x^2-\frac{1}{n}(\sum x)^2}$$

$$b=\overline{y}-a\overline{x} \tag{8.3}$$

将 a、b 带入式(8.3)，即可得到一元线性回归方程。

相关系数 r 用来衡量线性关系的好坏。

$$r=\pm b\sqrt{\frac{\sum_{i=1}^{n}(x_i-\overline{x})^2}{\sum_{i=1}^{n}(y_i-\overline{y})^2}}=\pm\frac{\sum_{i=1}^{n}(x_i-\overline{x})(y_i-\overline{y})}{\sqrt{\sum_{i=1}^{n}(x_i-\overline{x})^2\sum_{i=1}^{n}(y_i-\overline{y})^2}} \tag{8.4}$$

r 值在-1.0000～$+1.0000$之间。相关系数的物理意义如下。

(1) $|r|=1$ 时，y 与 x 之间存在严格的线性关系，所有的 y_i 值都在回归线上。

(2) $|r|=0$ 时，y 与 x 之间完全不存在线性关系。

(3) $0<|r|<1$ 时，y 与 x 之间存在一定的线性关系。$|r|$值愈接近 1，线性关系就愈好。

三、实验仪器与试剂

1. 仪器

离子计，10mL 吸量管 3 支，磁力搅拌器，氟离子选择性电极，饱和甘汞电极，100mL 容量瓶 6 支。

2. 实验试剂

(1) $0.1mol \cdot L^{-1}$氟标准溶液：准确称取于 120℃烘干 2h 并冷却的氟化钠 4.199g，用去离子水溶解，转入 1000mL 容量瓶中，稀释至刻度，储于聚乙烯瓶中。

(2) 总离子强度调节剂（TISAB）：称取58g氯化钠、10g柠檬酸钠，溶于800mL蒸馏水中，再加57mL冰醋酸，然后用6mol·L^{-1}氢氧化钠溶液调节pH值到5.0～5.5之间，放至室温后，转入1000mL容量瓶中，用去离子水稀释至刻度。

(3) 含F^-未知水样。

四、实验步骤

1. 观察离子计指针是否为零，若未指零用螺丝刀调节表盘下方旋钮，使指针指零。

2. 打开离子计电源，按下“mV”按钮，摘去甘汞电极橡皮帽并检查内电极是否浸在饱和KCl溶液中，若未浸入，应补充饱和KCl溶液，安装电极，调节温度。

3. 配制F^-系列标准溶液

用10mL的吸量管准确吸取0.1000mol·L^{-1}的F^-标准溶液10.00mL于100mL容量瓶中，加入10.00mL TISAB，用水稀释至刻度，摇匀，即配成pF＝2.00溶液。用吸量管吸取pF＝2.00的溶液10.00mL于100mL容量瓶中，加入9.0mL TISAB，用水稀释至刻度，摇匀，即配得pF＝3.00的溶液。然后用逐级稀释法配制成浓度为pF＝4、pF＝5、pF＝6的氟化钠系列标准溶液。逐级稀释时，只需加入TISAB溶液9mL。

4. 配制水样溶液

用10mL吸量管准确吸取水样（含F^-）10.00mL于100mL容量瓶中，加入TISAB 10.00mL，定容，摇匀，待测。

5. 开启电源20min后，仪器达稳态，将转换开关置于调零位置，调节面板上调零旋钮至指针为零为止。再将转换开关拨至校准，观察表针是否处于满度位置，否则用螺丝刀调节仪器面板后面的满度调节至满度。

6. 测量

将电极用pF＝6.00的溶液润洗好后，将电极插入pF＝6.00的溶液，打开磁力搅拌器对其进行搅拌，将转换开关调至粗测，按下测量按钮，读取E的百位数值。然后，选择合适的量程挡，将转换开关调至细测，关闭磁力搅拌器，待溶液稳定后（约1min），读取读数。

7. 按步骤6依次测量pF＝5.00、pF＝4.00、pF＝3.00、pF＝2.00和水样溶液的电位值。

8. 测量完毕，关闭仪器，拆下电极，整理实验台，将数据输入电脑中已经用最小二乘法设计好的程序，处理好实验结果并打印。

五、实验数据记录与处理

1. 氟标准溶液电位值

浓度/mol·L^{-1}	1×10^{-2}	1×10^{-3}	1×10^{-4}	1×10^{-5}	1×10^{-6}
电位值					

2. 样品溶液电位值

水样	第一次测定	第二次测定	平均值
电动势			

3. 标准曲线及样品作图。

4. 由标准曲线作图得：$\lg C_{F^-}$ = ________；则水样中氟的含量为：________。

六、思考题

1. 氟离子选择性电极使用时应注意哪些问题？

2. TISAB 的组成是什么？它在测量中起的作用是什么？

3. 溶液的酸度对测定的影响如何？

七、实验注意事项

1. 测量时浓度应由稀至浓，每次测定前要用被测试液清洗电极、烧杯及搅拌子。

2. 绘制标准曲线时，测定一系列标准溶液后，应将电极清洗至原空白电位值，然后再测定未知液的电位值。

3. 测定过程中，更换溶液时“测量”键必须处于断开位置，以免损坏离子计。

4. 测定过程中搅拌溶液的速度应恒定。

实验九　重铬酸钾电位滴定硫酸亚铁铵溶液

一、实验目的

1. 学习氧化还原滴定法的原理与实验方法。

2. 掌握滴定终点的确定方法。

二、实验原理

用 $K_2Cr_2O_7$ 滴定 Fe^{2+}，其反应式如下：

$$K_2Cr_2O_7 + 6Fe^{2+} + 14H^+ = 2Cr^{3+} + 6Fe^{3+} + 2K^+ + 7H_2O$$

利用铂电极作指示电极，饱和甘汞电极作参比电极，与被测溶液组成工作电池。在滴定过程中，随着滴定剂的加入，铂电极的电极电位发生变化。在化学计量点附近铂电极的电极电位产生突跃，从而可用作图法或二阶微商法确定滴定终点。

三、实验仪器与试剂

1. 仪器

饱和甘汞电极，铂电极，精密酸度计，酸式滴定管，电磁搅拌器。

2. 试剂

$K_2Cr_2O_7$ 溶液（0.01mol·L^{-1}），硫酸亚铁铵溶液，二苯胺磺酸钠指示剂（2g·L^{-1}），1∶1 H_2SO_4-H_3PO_4 混合酸，10％硝酸溶液。

四、实验步骤

1. 实验准备

(1) 铂电极预处理：将铂电极置于10％硝酸溶液中数分钟，取出用水冲洗干净，再用蒸馏水冲洗，置于电极夹上。

（2）饱和甘汞电极准备：检查饱和甘汞电极内液位、晶体、气泡及微孔砂芯渗漏情况并作适当处理后，用蒸馏水清洗外壁，并吸干外壁上水珠，套上充满饱和氯化钾溶液的盐桥套管，用橡皮圈扣紧，置于电极夹上。

（3）滴定管准备：在洗净的滴定管中加入 0.01mol·L^{-1} 重铬酸钾标准溶液，并将液面调至 0.00 刻度，置于铁架台上。

（4）仪器准备：开启仪器电源开关，预热 20min。

2. 试液中 Fe^{2+} 含量的测定

（1）移取 25.00mL 试液于 250mL 的高型烧杯中，加入 1：1 H_2SO_4-H_3PO_4 混合酸 10mL，稀释至约 50mL，加一滴二苯胺磺酸钠指示剂，放入洗净的搅拌子，将烧杯放在搅拌器盘上，插入两电极，电极对正确连接于测量仪器上。

（2）开启搅拌器，将选择开关置于“mV”位置上，记录溶液的起始电位，然后滴加 $K_2Cr_2O_7$ 溶液，待电位稳定后读数。在滴定开始时，每加 5mL 标准滴定溶液，记一次数，然后依次减少体积加入量为 1.0mL、0.5mL 后记录。在化学计量点附近（电位突跃前后 1mL 左右）每加 0.1mL 记一次，过化学计量点后再每加 0.5mL 或 1mL 记录一次，直至电位变化不再大为止。例如记录滴定剂为 1mL、2mL、3mL、4mL、4.4mL、4.5mL、4.6mL、4.7mL、4.8mL、4.9mL、5.0mL、5.1mL、5.2mL、6.0mL、7.0mL、8.0mL、9.0mL 处的电动势值。观察并记录溶液颜色变化和对应的电位值及滴定体积。平行测定三次。

3. 结束工作

关闭仪器和搅拌电源开关。清洗滴定管、电极、烧杯并放回原处。清理工作台，罩上仪器防尘罩，填写仪器使用记录。

五、实验数据记录与处理

1. 原始数据记录

$V_{K_2Cr_2O_7}$/mL	0	1.0	2.0	3.0	4.0	4.5	…	9.0
电位/V								

2. E-V 曲线法

曲线上拐点对应的体积即为滴定终点时所耗标准滴定溶液的体积。根据此曲线，当体积为______mL 时，发生突跃。此时电动势数值为__________V。根据体积可计算出 Fe^{2+} 的含量为________mol·L^{-1}。

3. 二阶微商法（$\Delta E/\Delta V$-V 曲线）

E-V 曲线		$\Delta E/\Delta V$-V 曲线				$\Delta^2E/\Delta V^2$-V 曲线	
$V_{K_2Cr_2O_7}$/mL	E/mV	ΔE/mV	ΔV/mL	$\Delta E/\Delta V$	$V_{K_2Cr_2O_7}$/mL	$\Delta^2E/\Delta V^2$	$V_{K_2Cr_2O_7}$/mL

4. $\Delta^2E/\Delta V^2$-V 曲线

此曲线最高点与最低点连线与横坐标的交点即为滴定终点体积。

六、思考题

1. 为什么氧化还原滴定可以用铂电极作指示电极？滴定前为什么也能测得一定的电位？
2. 本实验采用的两种滴定终点指示方法，哪一种指示灵敏准确且不受试液底色的影响？
3. 在本实验中为何要加 H_2SO_4 及 H_3PO_4？
4. 从 E-V 曲线上确定的计量点位置，是否位于突跃的中点？为什么？
5. 为什么氧化还原滴定可以用铂电极作为指示电极？

七、实验注意事项

1. 滴定速度不宜过快，尤其是接近化学计量点处，否则体积不准。

2. 滴入滴定剂后，继续搅拌至仪器显示的电位值基本稳定，然后停止搅拌，放置至电位值稳定后，再读数。

3. 溶液因加入了指示剂，随着 $K_2Cr_2O_7$ 溶液的加入，溶液由无色变成浅绿色最后变成紫色，可帮助指示滴定终点。当 $K_2Cr_2O_7$ 溶液加入的体积达到 4.8mL 时，电位发生突跃。

实验十 氯离子选择性电极测定水中氯含量

一、实验目的

1. 了解氯离子选择性电极的基本性能。
2. 掌握氯离子选择性电极的使用方法。
3. 掌握标准加入法测定水中含氯量的原理和操作方法。
4. 学会使用酸度计测量电动势。

二、实验原理

氯离子选择性电极是由 AgCl 和 Ag_2S 的粉末混合物压制成的敏感膜，当将氯离子选择性电极浸入含 Cl^- 的溶液中，可产生相应的膜电势（膜电势的大小与 Cl^- 活度的对数值成线形关系）。

以氯离子选择性电极为指示电极，双液接甘汞电极为参比电极，插入试液中组成工作电池，当氯离子浓度在 10^{-4}～$1mol \cdot L^{-1}$ 范围内，在一定的条件下，电池电动势与氯离子活度的对数成线性关系：

$$E = K - \frac{2.303RT}{nF} \lg \alpha_{Cl^-} \qquad (8.5)$$

标准加入法是先测量电极在未知试液中的电动势，然后加入小体积待测组分的标准溶液，混合均匀后再测混合液中的电动势，根据两次测量的差值，计算待测组分的浓度。

三、实验仪器与试剂

1. 仪器

离子计，电磁搅拌器，氯离子选择性电极，甘汞电极，50mL 容量瓶，25mL 移液管。

2. 试剂

自来水样，1mol·L^{-1} NH_4NO_3-0.06mol·L^{-1} HNO_3 混合溶液，0.0200mol·L^{-1} KCl 标准溶液。

四、实验步骤

1. 将氯离子选择性电极（图 8.1）和双盐桥甘汞参比电极与酸度计接好，通电预热 15min，仪器稳定。

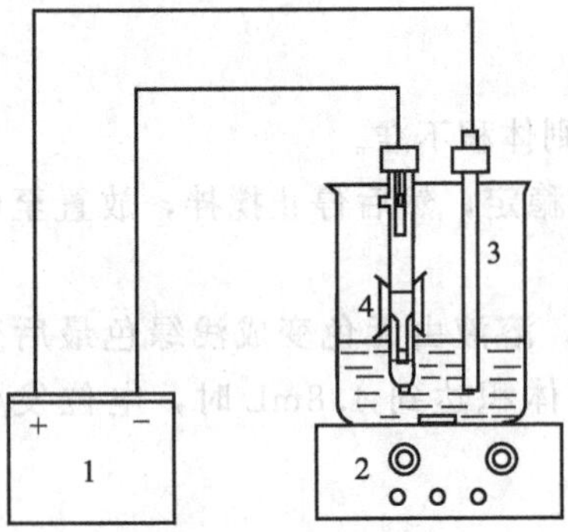

图 8.1　氯离子选择性电极工作装置
1—离子计；2—电磁搅拌器；3—氯离子选择性电极；4—甘汞电极

2. 把离子选择性电极和参比电极夹在电极架上；用蒸馏水清洗电极头部，再用被测溶液清洗一次；把离子选择性电极的插头接入测量电极插座处；把参比电极接入仪器后部的参比电极接口处；把两电极插在被测溶液中，将溶液搅拌均匀；按模式键至温度挡，再调节温度至室温（溶液温度），再按确定键将更改值输入；按模式键至显示“测试”读取数据。

3. 在 2 个 50mL 容量瓶中，分别加入自来水样 25.00mL 和 1mol·L^{-1} NH_4NO_3-0.06mol·L^{-1} HNO_3 混合溶液 10.00mL。

4. 用蒸馏水稀释至 50mL，定容，摇匀。

5. 将溶液全部转入到小烧杯中，分别测量其电动势。

6. 两烧杯中分别加入 0.0200mol·L^{-1} KCl 标准溶液 1.00mL，摇匀，分别测量其电动势。

五、思考题

1. 测量时为何要选择使用双盐桥的甘汞电极作参比电极？

2. 测量前为何要进行温度补偿？

3. 溶液中加入 NH_4NO_3-HNO_3 混合溶液的作用？

六、实验注意事项

1. 氯离子选择性电极在使用前应在 10^{-3}mol·L^{-1} NaCl 溶液中浸泡活化 1h，再用去离子水反复清洗至空白电势值达 −260mV 以上方可使用，这样可缩短电极响应时间并改善线性关系；电极响应膜切勿用手指或尖硬的东西碰划，以免沾上油污或损坏，影响测定；使用后立即用去离子水反复冲洗，以延长电极使用寿命。

2. 双液接甘汞电极在使用前应拔去加在 KCl 溶液小孔处的橡皮塞，以保持足够的液压差，并检查 KCl 溶液是否足够；由于测定的是 Cl^-，为防止电极中的 Cl^- 渗入被测液而影响测定，需要加 0.1mol·L^{-1} KNO_3 溶液作为外盐桥。由于 Cl^- 不断渗入外盐桥，所以外盐桥内的 KNO_3 溶液不能长期使用，应在每次实验后将其倒掉洗净，放干，在下次使用时重新加入 0.1mol·L^{-1} KNO_3 溶液。

3. 安装电极时，两支电极不要彼此接触，也不要碰到杯底或杯壁。

4. 每次测试前，需要少量被测液将电极与烧杯淋洗三次。

实验十一 白酒中甲醇、高级醇类和酯类的同时测定气相色谱法

一、实验目的

1. 了解气相色谱仪的基本结构、工作原理、应用范围和主要分析手段。
2. 掌握各种气路系统及气路控制系统，并会安装调试。
3. 掌握气相色谱仪的基本操作方法，并会处理常见故障。

二、实验原理

样品被气化后，随同载气进入色谱柱，利用被测定的各组分在气液两相中具有不同的分配系数，在柱内形成迁移速度的差异而得到分离。分离后的组分先后流出色谱柱，进入氢火焰离子化检测器，根据色谱图上各组分峰的保留值与标样相对照进行定性；利用峰面积（或峰高），以内标法定量。

毛细管柱各组分检出限为：甲醇 0.0050g·L^{-1}、正丙醇 0.0020g·L^{-1}、正丁醇 0.0030g·L^{-1}、异丁醇 0.0030g·L^{-1}、异戊醇 0.0030g·L^{-1}、乙酸乙酯 0.0040g·L^{-1}、丁酸乙酯 0.0050g·L^{-1}、乳酸乙酯 0.0040g·L^{-1}、己酸乙酯 0.0050g·L^{-1}。

填充柱各组分检出限为：甲醇 0.010g·L^{-1}、正丙醇 0.050g·L^{-1}、正丁醇 0.0060g·L^{-1}、异丁醇 0.0060g·L^{-1}、异戊醇 0.0060g·L^{-1}、乙酸乙酯 0.30g·L^{-1}、丁酸乙酯 0.010g·L^{-1}、乳酸乙酯 0.0080g·L^{-1}、己酸乙酯 0.010g·L^{-1}。

三、实验仪器与试剂

1. 仪器

(1) 气相色谱仪：应备有氢火焰离子化检测器（FID）。

(2) 色谱柱

① 毛细管柱：PEG 20M 毛细管色谱柱（柱长 35～50m，内径 0.25mm，涂层 0.2μm）或 LZP-930 白酒分析专用柱（柱长 18m，内径 0.53mm）或其他具有同等分离效果的毛细管色谱柱。

② 填充柱：DNP 填充柱（柱长 2m，内径 3mm）或其他具有同等分离效果的填充柱。

③ 载体：Chromosorb W（AW）或白色担体 102（酸洗，硅烷化）。80～100 目。

④ 固定液：20% DNP（邻苯二甲酸二壬酯）加 7%吐温 80，或 100% PEG（聚乙二醇）1500 或 PEG 20M。

(3) 微量注射器：微量注射器应为 10μL、1μL。

2. 试剂

(1) 乙醇（色谱纯）：含量不低于 99.0%。

(2) 乙酸正戊酯（色谱纯）：相对密度为 0.880，含量不低于 99.0%。

(3) 乙酸正丁酯（色谱纯）：相对密度为 0.883，含量不低于 99.0%。

(4) 甲醇（色谱纯）：相对密度为 0.792，含量不低于 99.0%。

(5) 正丙醇（色谱纯）：相对密度为 0.804，含量不低于 99.0%。

(6) 正丁醇（色谱纯）：相对密度为 0.810，含量不低于 99.0%。

(7) 异丁醇（色谱纯）：相对密度为 0.810，含量不低于 99.0%。

(8) 异戊醇（色谱纯）：相对密度为 0.810，含量不低于 99.0%。

(9) 乙酸乙酯（色谱纯）：相对密度为 0.897，含量不低于 99.0%。

(10) 丁酸乙酯（色谱纯）：相对密度为 0.879，含量不低于 99.0%。

(11) 己酸乙酯（色谱纯）：相对密度为 0.866～0.874，含量不低于 99.0%。

(12) 乳酸乙酯（色谱纯）：相对密度为 1.03，含量不低于 99.0%。

(13) 标准溶液

① 乙醇溶液［60%（体积分数）］：用乙醇加水配制，水符合 GB/T 6682 的规定。

② 乙酸正戊酯溶液（$17.6g \cdot L^{-1}$）：使用毛细管柱时作内标用。用上述乙醇溶液将乙酸正戊酯准确配制成体积比为 2% 的标样溶液。

③ 乙酸正丁酯溶液（$17.6g \cdot L^{-1}$）：使用填充柱时作内标用。用上述乙醇溶液将乙酸正丁酯准确配制成体积比为 2% 的标样溶液。

④ 甲醇溶液（$15.8g \cdot L^{-1}$）：作标样用。用上述乙醇溶液将甲醇准确配制成体积比为 2% 的标样溶液。

⑤ 正丙醇溶液（$16.1g \cdot L^{-1}$）：作标样用。用上述乙醇溶液将正丙醇准确配制成体积比为 2% 的标样溶液。

⑥ 正丁醇溶液（$16.2g \cdot L^{-1}$）：作标样用。用上述乙醇溶液将正丁醇准确配制成体积比为 2% 的标样溶液。

⑦ 异丁醇溶液（$16.2g \cdot L^{-1}$）：作标样用。用上述乙醇溶液将异丁醇准确配制成体积比为 2% 的标样溶液。

⑧ 异戊醇溶液（$16.2g \cdot L^{-1}$）：作标样用。用乙醇溶液将异戊醇准确配制成体积比为 2% 的标样溶液。

⑨ 乙酸乙酯溶液（$17.9g \cdot L^{-1}$）：作标样用。用乙醇溶液将乙酸乙酯准确配制成体积比为 2% 的标样溶液。

⑩ 丁酸乙酯溶液（$17.6g \cdot L^{-1}$）：作标样用。用乙醇溶液将丁酸乙酯准确配制成体积比为 2% 的标样溶液。

⑪ 己酸乙酯溶液（$17.4g \cdot L^{-1}$）：作标样用。用乙醇溶液将己酸乙酯准确配制成体积比为 2% 的标样溶液。

⑫ 乳酸乙酯溶液（$20.6g \cdot L^{-1}$）：作标样用。用乙醇溶液将乳酸乙酯准确配制成体积比为 2% 的标样溶液。

四、实验步骤

1. 样品制备

吸取样品于 10mL 容量瓶并定容至刻度，准确加入 0.20mL 内标溶液乙酸正戊酯或乙酸正丁酯，混匀后，用微量注射器进样 1μL，测定其含量。

2. 色谱参考条件

(1) 毛细管柱　毛细管柱参考条件：

载气（高纯氮）：流速为 $0.5 \sim 1.0mL \cdot min^{-1}$，分流比约 37：1，尾吹 $20 \sim 30mL \cdot min^{-1}$；

氢气：流速为 40mL·min^{-1}；

空气：流速为 400mL·min^{-1}；

检测器温度（T_D）：220℃；

进样口温度（T_J）：220℃；

柱温（T_C）：起始温度 60℃，恒温 3min，以 3.5℃·min^{-1}程序升温至 180℃，继续恒温 10mm。

（2）填充柱　填充柱参考条件：

载气（高纯氮）：流速为 30mL·min^{-1}；

氢气：流速为 30mL·min^{-1}；

空气：流速为 300mL·min^{-1}

检测器温度（T_D）：150℃；

进样口温度（T_J）：150℃；

柱温（T_C）：90℃，等温。

载气、氢气、空气的流速等色谱条件随仪器而异，应通过试验选择最佳操作条件，以内标峰与样品。

3. 校正因子（f 值）的测定

根据待测定样品组分含量情况，准确吸取 0.10mL 甲醇标准溶液、0.20mL 正丙醇标准溶液、0.1mL 正丁醇标准溶液、0.10mL 异丁醇标准溶液、0.20mL 异戊醇标准溶液、0.50mL 乙酸乙酯标准溶液、0.10mL 丁酸乙酯标准溶液、0.10mL 己酸乙酯标准溶液、0.60mL，乳酸乙酯标准溶液，移入 10mL 容量瓶中用 60% 乙醇溶液定容至刻度，加入 0.20mL，内标溶液乙酸正戊酯或乙酸正丁酯，混匀，待色谱仪基线稳定后，用微量注射器进样 1μL，进样量随仪器的灵敏度而定。记录甲醇、正丙醇、正丁醇、异丁醇、异戊醇、乙酸乙酯、丁酸乙酯、己酸乙酯、乳酸乙酯和内标峰的保留时间及其峰面积（或峰高），用其比值计算出甲醇、正丙醇、正丁醇、异丁醇、异戊醇、乙酸乙酯、丁酸乙酯、己酸乙酯、乳酸乙酯的相对校正因子 f。

校正因子按式(8.6) 计算，以其他组分峰获得完全分离为准。

$$f=\frac{A_1}{A_2}\times\frac{G_2}{G_1} \tag{8.6}$$

式中　f——各组分的相对校正因子；

A_1——标样 f 值测定时内标的峰面积（或峰高）；

A_2——标样 f 值测定时各组分的峰面积（或峰高）；

G_1——内标物的含量，g·L^{-1}；

G_2——标样中各组分的含量，g·L^{-1}。

4. 样品测定

测定方法：根据标准物质保留时间对甲醇、正丙醇、正丁醇、异丁醇、异戊醇、乙酸乙酯、丁酸乙酯、己酸乙酯、乳酸乙酯进行定性，并测定甲醇、正丙醇、正丁醇、异丁醇、异戊醇、乙酸乙酯、丁酸乙酯、己酸乙酯、乳酸乙酯与内标峰面积（或峰高），求出峰面积（或峰高）之比，计算出样品中甲醇、正丙醇、正丁醇、异丁醇、异戊醇、乙酸乙酯、丁酸乙酯、己酸乙酯、乳酸乙酯的含量。

五、实验数据记录与处理

测定结果按式(8.7)计算：

$$X=\frac{A_3}{A_{内}}\times fG_{内} \tag{8.7}$$

式中 X——样品中各组分的含量，$g \cdot L^{-1}$；

f——各组分的相对校正因子；

A_3——样品中各组分的峰面积（或峰高）；

$A_{内}$——添加于酒样中内标的峰面积（或峰高）；

$G_{内}$——内标物的质量浓度（添加在酒样中），$g \cdot L^{-1}$。

注：所得结果应表示至两位有效数字。

六、参考文献

DBS 52/021—2016《食品安全地方标准 白酒中甲醇、高级醇类和酯类的同时测定 气相色谱法》。

实验十二 煤气中粗苯含量的 GC 方法分析

一、实验目的

1. 了解双柱法定性和外标法定量的原理和应用，进一步掌握气相色谱法中利用保留值定性的实验技术。

2. 进一步理解分离度的概念及其影响因素，掌握分离度的计算方法，了解实验条件的选择对色谱分析的重要性。

3. 了解程序升温在气相色谱分析中的重要作用，并学会程序升温的操作方法。

4. 了解毛细管柱的功能、操作方法与应用。

二、实验原理

煤气中粗苯的主要组分是苯、甲苯、二甲苯、三甲苯等，其中含量最高的是苯和甲苯，约占80%～90%。煤气中粗苯含量的测定多采用活性炭吸附水蒸气蒸出法，该法操作烦琐费时、毒性大。本文选用无水乙醇作吸收液，通过实验选择一定的分析条件，使煤气中苯、甲苯能与其他组分良好分离，用保留时间定性，用外标法乘以一校正系数 K 定量（K 由苯和甲苯含量之和在粗苯中所占比例得到）。实验表明，本方法操作简便、结果准确，整个分析时间缩短到20min，对于快速分析煤气中粗苯有良好的效果。

三、实验仪器与试剂

1. 仪器

色谱仪：GC122；检测器：FID；毛细柱：30m×0.25mm×0.5μm，SE-54；数据处理：浙江大学 N2000 色谱数据工作站；进样器：10μL 注射器；取样器：100mL 玻璃注射器。

2. 试剂

(1) 色谱纯：苯、甲苯。

(2) 分析纯：苯、甲苯、无水乙醇、丙酮。

四、实验步骤

1. 色谱分析条件

柱温：60℃（保持2min），以35℃·min^{-1}速度升温至180℃（保持3min）；汽化温度：230℃；检测器：230℃；载气压力：60kPa；空气压力：50kPa；氢气压力：60kPa；分流比：1∶16.5；进样量：1μL；尾吹：40mL·min^{-1}；隔垫吹扫：5.4mL·min^{-1}。

2. 样品分析

在煤气取样口用100mL玻璃注射器抽取煤气约120mL，封塞数分钟，待煤气温度与室温相同后，将注射器活塞推至100mL，然后将针尖浸入预先装有2mL吸收液的瓶底，将煤气以20mL·min^{-1}的速度均匀地通过吸收液，然后再以该注射器取100mL无苯空气快速地通过吸收液，将吸收液混匀，密封吸收瓶。用10μL注射器取1μL吸收液注入色谱进行分析。

3. 取样条件选择

(1) 吸收剂的选择　本文选择了包括无水乙醇、乙醚、丙酮、四氯化碳在内的若干种溶剂进行比较试验。用取样袋从煤气取样口取回煤气，分别用上述溶剂2mL吸收100mL取样袋里的煤气，在相同的色谱条件下进行测定。

(2) 吸收剂量的选择　在同一条件下分别取4份（100mL·$份^{-1}$）煤气试样，用不同体积的吸收液吸收，比较其中粗苯含量，一般吸收液体积过小，则煤气中的粗苯不易完全被吸收，吸收液体积过大，则吸收液中粗苯含量偏低，不易准确测定。

(3) 吸收速度的影响　在同一条件下取6份试样以不同的速度鼓泡发散，分别测定吸收液中苯和甲苯的含量，并同时取样用活性炭吸附法测定。一般结果表明，吸收速度越快吸收越不完全，当鼓泡速度在15～20mL·min^{-1}时，苯和甲苯基本上完全吸收。

(4) 吸收次数比较　为考虑无水乙醇对煤气中粗苯的吸收程度，进行了吸收次数比较试验。在同一时间内分别用100mL注射器取6份煤气试样，分为A、B两组。

A组：直接将针尖浸入吸收液，以20mL·min^{-1}的鼓泡速度将气体通过吸收液，测定粗苯含量。

B组：先用盛有100mL气体的注射器从吸收瓶内吸收2mL吸收液，振荡4～5min后将吸收液推入吸收瓶内，再将针尖浸入吸收液，以20mL·min^{-1}的鼓泡速度将气体通过吸收液，测定粗苯含量。

五、实验数据记录与处理

因煤气中粗苯的主要组分是苯和甲苯，其他组分含量较低，用色谱法难以准确测定，因此可以先用色谱法测定煤气中苯和甲苯的含量之和，再乘以一校正系数K，换算成煤气中粗苯的含量，即

$$煤气中粗苯含量(\%)=(煤气中苯含量+甲苯含量)(\%)\times K \quad (8.8)$$

式中，K是一经验系数，故应根据焦化工艺的调整及气温变化而进行调整。

实验十三　可乐、咖啡、茶叶中咖啡因的高效液相色谱分析

一、实验目的

1. 了解高效液相色谱仪的基本结构。
2. 了解反相液相色谱的优点及应用。
3. 掌握液相色谱的定量分析方法。

二、实验原理

咖啡因又叫咖啡碱，属黄嘌呤衍生物，化学名称为1,3,7-三甲基黄嘌呤，是由茶叶或咖啡中提取而得的一种生物碱，它能兴奋大脑皮层，使人精神兴奋。咖啡中含咖啡因的质量分数为0.012～0.047，可乐饮料、APC药品等中均含咖啡因。它的分子式为$C_8H_{10}N_4O_2$，结构式如图8.2所示。

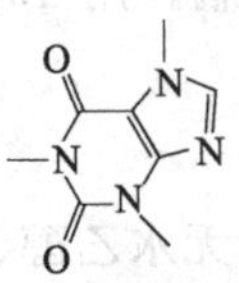

图8.2　1,3,7-三甲基黄嘌呤结构式

样品在碱性条件下，用氯仿定量提取，采用Spherisor C_{18}反相液相色谱柱进行分离，以紫外检测器进行检测，以咖啡因标准系列溶液色谱峰面积对其浓度作工作曲线，再根据样品中咖啡因的峰面积由工作曲线算出其浓度。

三、实验仪器与试剂

1. 仪器

高效液相色谱仪，HP3390积分仪，UV-100型检测器，色谱柱：Spherisor C_{18} (10μm)，15cm×4.6mm，平头微量注射器。

2. 试剂

甲醇（色谱纯），二次蒸馏水，氯仿（A.R.）；NaCl（A.R.），Na_2SO_4（A.R.），咖啡因（A.R.），NaOH（$1mol\cdot L^{-1}$），样品（可口可乐、雀巢咖啡、茶叶）。

咖啡因标准储备溶液（$1000mg\cdot L^{-1}$）：将咖啡因110℃下烘干1h。准确称取0.1000g咖啡因，用氯仿溶解，定量转移至100mL容量瓶中，用氯仿稀释至刻度。

四、实验步骤

1. 色谱条件

柱温：室温；流动相：甲醇/水（体积比）=50/50；流动相流量：$1.0mL\cdot min^{-1}$；检测波长：275nm。

2. 咖啡因标准系列溶液的配置

分别用移液管吸取0.40mL、0.60mL、0.80mL、1.00mL、1.20mL、1.40mL咖啡因标准储备液于六支10mL容量瓶中，用氯仿定容至刻度，浓度分别为$40mg\cdot L^{-1}$、$60mg\cdot$

L^{-1}、$80mg \cdot L^{-1}$、$100mg \cdot L^{-1}$、$120mg \cdot L^{-1}$、$140mg \cdot L^{-1}$。

3. 样品处理

(1) 将约 100mL 可口可乐置于一 250mL 洁净、干燥的烧杯中，剧烈搅拌 30min 或超声波脱气 15min，以赶尽可乐中的二氧化碳气体。

(2) 准确称取 0.25g 咖啡，用蒸馏水溶解，定量转移至 100mL 容量瓶中，定容至刻度，摇匀。

(3) 准确称取 0.30g 茶叶，用 30mL 蒸馏水煮沸 10min，冷却后将上层清液转移至 100mL 容量瓶中，并按此步骤再重复两次，最后用水定容至刻度。

(4) 将上述三份样品溶液分别进行干过滤（即用干漏斗、干滤纸过滤），弃去前过滤液，取后面的过滤液。

(5) 分别吸取上述三份样品滤液 50.00mL 于 125mL 分液漏斗中，加入 1.0mL 饱和氯化钠溶液，$1mol \cdot L^{-1}$ NaOH 溶液 2.0mL，然后用 45mL 氯仿 4 次萃取（15mL、10mL、10mL、10mL），将氯仿提取液分离后经过装有无水硫酸钠小漏斗（在小漏斗的颈部放一团脱脂棉，上面铺一层无水硫酸钠）脱水过滤于 50mL 容量瓶中，最后用少量氯仿多次洗涤无水硫酸钠小漏斗，将洗涤液合并至容量瓶中，定容至刻度。

4. 绘制工作曲线

待液相色谱仪基线平直后，分别注入咖啡因标准系列溶液 10μL，重复两次，要求两次所得的咖啡因色谱峰面积基本一致，否则继续进样，直至每次进样色谱峰面积重复，记下峰面积和保留时间。

5. 样品测定

分别注入样品溶液 10μL，根据保留时间确定样品中咖啡因色谱峰的位置，重复进样两次，记下咖啡因色谱峰面积。

五、实验数据记录与处理

1. 根据咖啡因标准系列溶液的色谱图，绘制咖啡因色谱峰面积与其浓度的关系曲线。
2. 根据样品中咖啡因色谱峰面积，由工作曲线计算可口可乐、咖啡、茶叶中咖啡因含量（单位为 $mg \cdot mL^{-1}$）。

六、思考题

1. 反相高效液相色谱法的特点有哪些？用工作曲线法定量的优缺点是什么？
2. 在样品刚过滤时，为什么要弃去前过滤液？这样做会不会影响实验结果，为什么？

第二节 仪器分析设计实验

教师布置题目后，学生自行选择测试对象，查阅资料，拟定实验方案，经与教师探讨后修订方案。根据修订后方案，学生自己完成从样品预处理、调试仪器进行实验（条件实验），整理实验数据，得出实验结论，撰写科研论文。

通过设计实验主要培养学生严谨的科学态度，细致的工作作风，良好的实验习惯（准备充分、操作规范、记录简明、台面整洁、实验有序、良好的环保和公德意识），团结协作精神，以及查阅资料能力，科研论文撰写能力，动手能力，理论联系实际能力，统筹思维能力，创新能力，独立分析解决实际问题的能力，归纳总结能力等。

一、设计实验要求

（1）学生独立查阅文献，在专用实验记录本上记录。

（2）自己设计实验方案，经教师指导修正后完成实验。

（3）认真观察实验现象，科学分析实验数据，如实记录实验数据。

（4）每个学生需完成至少一篇完整的科研小论文，论文中包括文献部分（至少10篇文献）、实验部分、实验结果与讨论、实验后感想或建议等。

二、设计实验题目

1. 紫外分光光度法对某一药品的定性鉴别与含量测定

提示：任选一种药品设计实验方案。己烯雌酚片、甲硝唑片、扑热息痛片、扑尔敏片、别嘌醇片、醋酸地塞米松片、醋酸泼尼松片、维生素 B_6 片、细胞色素C注射液、秋水仙碱片。样品溶液的吸光度要在 $A=0.2\sim0.8$ 范围内；波长扫描范围要在紫外光谱范围内；列出所需实验仪器与试剂的规格和数量、自拟实验步骤、独立完成仪器操作及结果处理。

（1）己烯雌酚片（2mg•片$^{-1}$）：本品为（E）-4,4′-(1,2-二乙基-1,2-亚乙烯基）双苯酚。

含量测定：取本品10片（2mg•片$^{-1}$），精密称定，研细，精密称出适量（约相当于己烯雌酚5mg），置于50mL容量瓶中，加无水乙醇约30mL，置热水浴中加热30min，并不时振摇，放冷，加无水乙醇稀释至刻度，摇匀，过滤。弃去初滤液；精密量取续滤液5mL，置于50mL容量瓶中，加无水乙醇稀释至刻度，摇匀。按照分光光度法，在（241±1）nm的波长处测定吸光度，按 $C_{18}H_{20}O_2$ 的吸收系数（$E_{1cm}^{1\%}$）为600计算，90.0%～110.0%合格。

（2）扑尔敏片（马来酸氯苯那敏片）（4mg•片$^{-1}$）：本品为 N,N-二甲基-γ-(4-氯苯基)-2-吡啶丙胺顺丁烯二酸盐。

含量测定：取本品10片，精密称定，研细，精密称取适量（约相当于马来酸氯苯那敏4mg），置于200mL容量瓶中，加稀盐酸2mL与水适量，振摇，使马来酸氯苯那敏溶解，并用水稀释至刻度，摇匀，静置，过滤，取续滤液，按照分光光度法，在（265±1）nm的波长处测定吸收度，按 $C_{16}H_{19}ClN_2\cdot C_4H_4O_4$ 的吸收系数（$E_{1cm}^{1\%}$）为217计算，93.0%～107.0%合格。

（3）甲硝唑片（0.2g•片$^{-1}$）：本品为2-甲基-5-硝基咪唑-1-乙醇。

含量测定：取本品10片，精密称定，研细，精密称取适量（约相当于甲硝唑50mg），置于100mL容量瓶中，加盐酸溶液（0.1mol•L^{-1}）约80mL，微温使甲硝唑溶解，加盐酸溶液（0.1mol•L^{-1}）稀释至刻度，摇匀，用干燥滤纸过滤，精密量取续滤液5mL，置于200mL容量瓶中，加盐酸溶液（0.1mol•L^{-1}）稀释至刻度，摇匀，按照分光光度法，在（277±1）nm的波长处测定吸收度，按 $C_6H_9N_3O_3$ 的吸收系数（$E_{1cm}^{1\%}$）为377计算，93.0%～107.0%合格。

（4）对乙酰氨基酚片（扑热息痛片）（0.1g•片$^{-1}$）：本品为 N-(4-羟基苯基）乙酰胺。

含量测定：取本品10片，精密称定，研细，精密称取适量（约相当于对乙酰氨基酚40mg），置于250mL容量瓶中，加0.4%氢氧化钠溶液50mL及水50mL，振摇15min，加水至刻度，摇匀，用干燥滤纸过滤，精密量取续滤液5mL，置于100mL容量瓶中，加

0.4%氢氧化钠溶液10mL，加水至刻度，摇匀，按照分光光度法，在257nm的波长处测定吸收度，按 $C_8H_9NO_2$ 的吸收系数（$E_{1cm}^{1\%}$）为715计算，95.0%～105.0%合格。

（5）别嘌醇片（0.1g•片$^{-1}$）：本品为1*H*-吡唑并［3,4-*d*］嘧啶-4-醇。

含量测定：取本品20片，精密称定，研细，精密称取适量（约相当于别嘌醇0.1g），置于100mL容量瓶中，加0.2%氢氧化钠20mL，振摇15min使别嘌醇溶解，加水稀释至刻度，摇匀，过滤，精密量取续滤液5mL，置于500mL容量瓶中，加盐酸溶液（0.1mol•L^{-1}）稀释至刻度，摇匀。按照分光光度法，在（250±1）nm的波长处测定吸收度，按 $C_5H_4N_4O$ 的吸收系数（$E_{1cm}^{1\%}$）为571计算，93.0%～107.0%合格。

（6）细胞色素C注射液（2mL：15mg）：本品系自猪心或牛心中提取的细胞色素C的水溶液。每毫升中含细胞色素C不得少于15mg，为细胞色素C的灭菌水溶液。

含量测定：精密量取本品1mL，置于50mL容量瓶中，用磷酸盐缓冲液稀释（取磷酸二氢钠1.38g与磷酸氢二钠31.2g，加水适量使之溶解成1000mL，调节pH值至7.3）至刻度，加连二亚硫酸钠约15mg，摇匀，按照分光光度法，在550nm的波长处，以间隔0.5nm找出最大吸收波长，测定吸收度，按细胞色素C的吸收系数（$E_{1cm}^{1\%}$）为23.0计算，90.0%～110.0%合格。

（7）秋水仙碱片（0.5mg•片$^{-1}$）：本品为百合科植物丽江山慈菇的球茎中提取得到的一种生物碱。

含量测定：取本品20片，精密称定，研细，精密称取适量（约相当于秋水仙碱1.0mg），置于100mL容量瓶中，加水约50mL，振摇1h使秋水仙碱溶解，加水至刻度，摇匀，用干燥滤纸过滤，取续滤液，按照分光光度法，在350nm的波长处测定吸收度，按 $C_{22}H_{25}NO_6$ 的吸收系数（$E_{1cm}^{1\%}$）为425计算，90.0%～110.0%合格。

（8）醋酸地塞米松片（0.75mg•片$^{-1}$）：本品为16*α*-甲基-11*β*,17*α*,21-三羟基-9*α*-氟孕甾-1,4-二烯-3,20-二酮21-乙酸酯。

含量测定：取本品20片，精密称定，研细，精密称取适量（约相当于醋酸地塞米松7.5mg），置于100mL容量瓶中，加乙醇75mL，置于50～60℃的水浴中保温10min，并时时振摇使醋酸地塞米松溶解，放冷至室温，加乙醇稀释至刻度，摇匀，过滤，精密量取续滤液20mL，置于另一100mL容量瓶中，加乙醇至刻度，摇匀，按照分光光度法，在240nm的波长处测定吸收度，按 $C_{24}H_{31}FO_6$ 的吸收系数（$E_{1cm}^{1\%}$）为357计算，90.0%～110.0%合格。

（9）醋酸泼尼松片（5mg•片$^{-1}$）：本品为17*α*,21-二羟基孕甾-1,4-二烯-3,11,20-三酮21-乙酸酯。

含量测定：取本品20片，精密称定，研细，精密称取适量（约相当于醋酸泼尼松20mg），置于100mL容量瓶中，加无水乙醇约60mL，振摇15min使醋酸泼尼松溶解，加无水乙醇稀释至刻度，摇匀，过滤，精密量取续滤液5mL，置于另一100mL容量瓶中，再加无水乙醇稀释至刻度，摇匀，按照分光光度法，在238nm的波长处测定吸收度，按 $C_{23}H_{28}O_6$ 的吸收系数（$E_{1cm}^{1\%}$）为385计算，90.0%～110.0%合格。

（10）维生素 B_6 片（10mg•片$^{-1}$）：本品为6-甲基-5-羟基-3,4-吡啶二甲醇盐酸盐。

含量测定：取本品20片，精密称定，研细，精密称取适量（约相当于维生素 B_6 25mg），置于研钵中，加盐酸溶液（0.1mol•L^{-1}）数滴，研磨成糊状后，用盐酸溶液（0.1mol•L^{-1}）50mL移至100mL容量瓶中，时时振摇30min使维生素 B_6 溶解，加盐酸溶液（0.1mol·L^{-1}）稀释至刻度，摇匀，过滤，精密量取续滤液 5mL，置于另一 100mL 容量瓶中，加盐酸溶液（0.1mol·L^{-1}）稀释至刻度，摇匀，按照分光光度法，在 291nm 的波长处测定吸收度，按 $C_8H_{11}NO_3 \cdot HCl$ 的吸收系数为427 计算，93.0%～107.0%合格。

2. 紫外分光光度法测定果蔬中铜的含量

提示：样品中有机物被分解后，用碱溶液中和分解时的酸溶液，试样中的铜离子与二乙基二硫代氨基甲酸钠作用，生成棕黄色络合物，用三氯甲烷或四氯化碳提取铜络合物，测定该络合物的呈色强度。

3. 分光光度法测定食品中蛋白质的含量

食品中的蛋白质在催化加热条件下被分解，分解产生的氨与硫酸结合生成硫酸铵，在 pH 值为 4.8 的乙酸钠-乙酸缓冲溶液中与乙酰丙酮和甲醛反应生成黄色的 3,5-二乙酰基-2,6-二甲基-1,4-二氢化吡啶化合物。在波长 400nm 下测定吸光度值，与标准系列比较定量，结果乘以换算系数，即为蛋白质含量。

4. 结晶紫萃取光度法测定粮食作物中镉的含量

提示：用萃取光度法测定粮食作物样品中的微量镉。测定时，将粮食样品经干法灰化与少量硝酸湿消解相结合进行前处理，于 0.2mol·L^{-1}硫酸介质中，镉与 I^- 生成碘化镉络阴离子，再与结晶紫形成蓝紫色三元络合物，然后用苯萃取在苯-乙醇介质中，于 590nm 波长下比色定量。

5. 石墨炉原子吸收法测定食品中铝的含量

提示：试样经消化后，注入原子吸收分光光度计石墨炉中。电热原子化后吸收 309.3nm 共振线，在一定浓度范围，其吸收值与铝含量成正比，与标准系列比较定量。

6. 乙烯-乙酸乙烯酯共聚物中乙酸乙烯酯含量的测定（傅里叶变换红外光谱法）

提示：将试样压制成薄膜，采集薄膜的红外光谱图。通过内标峰校正试样薄膜厚度，再根据已知乙酸乙烯酯含量的标准样品所作的校正曲线测定样品中乙酸乙烯酯含量。

7. 间、对二甲苯的红外吸收光谱定量分析——液膜法制样

提示：基线法测量时，在所选择的被测物质的吸收带上，以该谱带两肩的公切线 AB 作为基线，在通过峰值波长处 t 的垂直线和基线相交于 r 点，分别测量入射光和透射光的强度 I_0 和 I，依照 $A=\lg(I_0/I)$ 求得该波长处的吸光度。

8. 自动电位滴定法测定混合碱中 Na_2CO_3 和 $NaHCO_3$ 的含量

提示：以 HCl 标准溶液滴定混合碱的 Na_2CO_3 和 $NaHCO_3$，从理论上的计算得到，第一化学计量点的 pH 值为 8.31，第二化学计量点的 pH 值为 3.89。

9. 气相色谱法测定白酒中的杂醇

提示：国家标准规定对以谷类为原料的酒，甲醇含量不得大于 0.04g/100mL。本实验采用比较保留值定性，归一化法定量。

10. 内墙涂料中总挥发性有机化合物含量的测定

提示：传统的方法为 Karl Fischer 法，但此法从配制 Karl Fischer 试剂到试样分析均存在不足，试用气相色谱法测定内墙涂料中总挥发性有机化合物含量。

11. 食品中甜蜜素含量的测定

提示：在酸性介质中环已基氨基磺酸钠与亚硝酸反应，生成环已醇亚硝酸酯，利用气相色谱法进行定量。

12. 高效液相色谱法测定乳制品中的三聚氰胺

提示：用三氯乙酸溶液-乙腈提取样品，再经阳离子交换固相萃取柱净化后，用高效液相色谱仪进行测定。

13. 高效液相色谱法测定土壤中多环芳烃

提示：本实验采用微波萃取技术，使用二氯甲烷-丙酮（1：1）萃取溶剂对样品进行预处理，氮气吹干后，用高效液相色谱仪进行测定。

14. 高效液相色谱法测定蔬菜中喹诺酮类抗生素

提示：本实验是利用酸化乙腈进行微波萃取，再用正己烷进行液-液萃取，用高效液相色谱-荧光法测定蔬菜中喹诺酮类抗生素。

15. 化妆品中甲醇含量的测定

提示：甲醇是无色透明的可燃性液体，易挥发，有特异的香味，可以与水、乙醇、醚等任意混合。化妆品中的甲醇是其重要的卫生指标之一，直接关系到人体的健康和安全。因此，通过测定化妆品中甲醇的含量，可以检查其卫生质量。化妆品的国家卫生标准规定最大允许浓度不得超过0.2%。

16. 白酒/葡萄酒中甲醇的测定

提示：在酿造白酒的过程中，不可避免地有甲醇产生。利用气相色谱可分离、检测白酒中的甲醇含量。

17. 茶叶中微量元素含量的测定

提示：茶叶属植物类，主要成分有C、N、H和O等元素，另外还含有Fe、Al、Ca及Mg等微量金属元素。首先将茶叶等样品消解，再对试液中微量元素进行定量分析。例如Ca和Mg可选用EDTA容量法，Fe可采用分光光度法等。

三、设计实验案例分析

实验一　紫外分光光度法对某一药品的定性鉴别与含量测定

一、实验原理

紫外光谱是物质分子中生色团和助色团的特征表现，例如具有共轭双键化合物、芳香烃化合物在紫外区都有强烈吸收，在一定浓度范围内服从朗伯-比尔定律：$A=Kbc$。

二、实验仪器与试剂

1. 仪器

紫外/可见分光光度计，电子天平，磁力搅拌器，500mL、50mL、25mL烧杯各1个，50mL、10mL量筒各1支，50mL容量瓶2支，5mL吸量管1支，玻璃棒，滴管，漏斗，铁架台，滤纸。

2. 试剂

（1）药品任选其一：己烯雌酚片、甲硝唑片、扑热息痛片、扑尔敏片、别嘌醇片、醋酸地塞米松片、醋酸泼尼松片、维生素B_6片、细胞色素C注射液、秋水仙碱片。

(2) 根据药品性质的不同，溶剂可选择无水乙醇、盐酸、氢氧化钠等。

三、实验步骤（以己烯雌酚片为例）

1. 取本品 10 片（$2mg \cdot 片^{-1}$），精密称定，研细，精密称出适量（约相当于己烯雌酚 5mg）于 50mL 小烧杯中，加入约 30mL 无水乙醇，置于热水浴中加热 30min，并不时振摇，使其尽量溶解。

2. 使上述溶液全部转移至 50mL 容量瓶中，无水乙醇定容，摇匀，静置。

3. 冷却、过滤，弃初滤液，取续滤液 5mL 于 50mL 容量瓶中，无水乙醇定容。

4. 仪器测量

(1) 波长扫描：扫描己烯雌酚片试样溶液在 200～500nm 范围内的吸收光谱曲线。

(2) 光度测量：测量试样溶液在（241±1）nm 处的吸光度 A。

5. 计算样品标示量和对照样品标示量在 90%～110.0%合格。

四、实验数据记录与处理

1. 己烯雌酚片的定性分析。

2. 己烯雌酚片的定量分析。

五、参考文献

ZBBZH/ZY/1《中华人民共和国药典 一部（2005 年版）(附 2005 年版勘误表)》。

实验二 紫外分光光度法测定果蔬中铜的含量

一、实验原理

样品中有机物被分解后，用碱溶液中和分解时的酸溶液，试样中的铜离子与二乙基二硫代氨基甲酸钠作用，生成棕黄色络合物，用三氯甲烷或四氯化碳提取铜络合物，测定该络合物的呈色强度。

二乙基二硫代氨基甲酸铜易溶于水（35g/100mL），在有机溶剂中的溶解度却相当低，当用三氯甲烷或四氯化碳作溶剂时，它在有机相的 pH=8 时，全部进入水相中，此试剂在酸性溶液中分解较快。

二、实验仪器与试剂

1. 仪器

所用玻璃器皿和蒸发皿使用前，用 1∶3 热硝酸浸泡 2～4h，洗净晾干。

紫外-可见分光光度计，马弗炉，电热恒温水浴锅，电热恒温干燥箱，开电热板，分析天平，组织捣碎机，调温电炉 1000W，石英或瓷蒸发皿（直径为 90mm），圆形无灰滤纸，短颈分液漏斗 500mL，凯氏瓶 250mL，容量瓶 50mL、100mL，移液管 1mL、2mL、5mL、10mL。

2. 试剂

所有的试剂均为分析纯，实验用水为去离子水。

（1）酸：浓盐酸，浓硫酸，浓硝酸，高氯酸，过氧化氢。

（2）8%氯化铝溶液：称取氯化铝（$AlCl_3 \cdot 6H_2O$）7.9g，加水溶解后，定容至100mL。

（3）15%乙酸镁溶液：称取乙酸镁［$Mg(CH_3COO)_2$］15g，加水溶解后，定容至100mL。

（4）三氯甲烷或四氯化碳，无碳酸。

（5）无水甲醇。

（6）氨水：浓度为0.88g·mL^{-1}。

（7）柠檬酸钠-乙二胺四乙酸钠盐溶液：溶解20g柠檬酸钠和5g乙二胺四乙酸钠盐于水中并稀释至100mL。

（8）二乙基二硫代氨基甲酸钠溶液5g·L^{-1}：在0～25℃水浴中加热可加快试剂溶解。本溶液应在一周内使用，在冰箱中保存。

（9）铜标准溶液相当于0.01g·L^{-1}：溶解0.196g硫酸铜（$CuSO_4 \cdot 5H_2O$）于水中，加几滴浓度为1.84g·mL^{-1}的硫酸，用水稀释至500mL，混匀。再分取10mL，用水稀释至100mL，本溶液含铜10μg·mL^{-1}。

（10）百里酚蓝指示剂（$C_{27}H_{29}O_5SNa$）：加温溶解0.1g百里酚蓝于8.6mL的0.1mol·L^{-1}氢氧化钠溶液和10mL的96%（体积分数）乙醇中，用20%（体积分数）乙醇稀释至250mL。

三、实验步骤

1. 试样处理

（1）灰化法

① 取样

液体样品：将试样充分摇匀，准确吸取5～20mL。黏稠或悬浊液体，用天平称取5～20g，准确至0.001g。

果蔬酱制品：将试样搅拌均匀，称取5～20g，准确至0.001g。

新鲜果蔬：先把新鲜水果、蔬菜洗净，晾干水分（表面的），用四分法取可食部分，切碎，按比例加入一定量的水，捣成匀浆。扣除加水量，称取约10～30g。

冷冻、罐头制品：罐藏品应该全部倒出，制成匀浆，称取5～20g；冷冻制品应先在密封容器中解冻，混匀，分取一部分，称取5～20g。

干产品：样品经过70～80℃烘烤至干，分取可食部分，粉碎过40目筛，称取1～2g，准确至0.0001g。

② 试样前处理：将试样放进蒸发皿中，对于含糖量高难灰化的样品，加入1.5mL氯化铝溶液或乙酸镁溶液，用玻璃棒搅匀，取小块滤纸将玻璃棒擦净，放进蒸发皿中，然后用带孔滤纸将试样完全盖好。

③ 试样干燥：将蒸发皿置于沸水浴上，或105～120℃电热干燥箱内，蒸发干燥，注意调节温度，防止飞溅。蒸干后的试样皿转移到电炉或电热板上，低温炭化（温度控制在200℃以下），视试样停止冒烟，全部变黑即可。

④ 试样灰化：将炭化后的蒸发皿转入马弗炉中，逐渐升温于（525±5）℃灼烧3h，取

出残渣呈白色或灰白色即灰化完全。如仍有碳粒，加水少许湿润残渣，加硝酸数滴，放电炉上蒸发至干，重新放入马弗炉中，直至灰化完全。

⑤ 待测液制备：冷却后，往样品中加水稍许湿润残渣，沿皿壁加入1.0mL盐酸或硫酸，再加水10mL，放进烘箱内加热10min，使灰分溶解。然后转移到50mL或100mL容量瓶中，用水定容，待测。

同一个试样同时做两个平行试样。空白实验：用水代替试样，步骤与试样分解完全相同。

(2) 湿消解法（硫酸-硝酸-高氯酸法）

① 可溶性固体含量低于15%（质量分数），淀粉含量较低的产品　把试样转入到凯氏瓶中，加8mL硝酸煮沸，冷却后再加入8mL硝酸、3.0mL硫酸和3.0mL高氯酸，放置在电炉上低温煮沸，然后提高电炉温度，直到溶液变成无色或者淡黄色，继续煮沸至冒白烟。为了赶尽残酸，加10mL水煮沸至白烟，冷却，加入15mL盐酸溶液，再煮沸至冒白烟。转移定容到50mL或100mL容量瓶中。

② 可溶性固体含量为15%～25%（质量分数）或淀粉含量较高的产品

往试样中加8mL硝酸煮沸，分解有机物。照此，重复处理2次，然后再加8mL硝酸、3.0mL硫酸和5mL高氯酸，煮沸。待溶液变成无色或淡黄色，继续煮沸至冒白烟。为了赶尽残酸，加10mL水煮沸至白烟，冷却，加入15mL盐酸溶液，再煮沸至冒白烟。转移定容到50mL或100mL容量瓶中。

同一个试样同时做两个平行试样。空白实验：用水代替试样，步骤与试样分解完全相同。

2. 铜络合物的形成与提取

分解液冷却后，用30～40mL水稀释溶液，把溶液转入分液漏斗，依次加入20mL柠檬酸钠-乙二胺四乙酸钠盐（EDTA）溶液、5mL氨水溶液、2滴百里酚蓝指示剂和足量的氨水溶液使溶液的颜色由黄变蓝（此时pH值为8～9.6）。在流水中冷却，不时地松动分液漏斗瓶塞。加入2mL二乙基二硫代氨基甲酸钠，准确加入10mL三氯甲烷或四氯化碳振摇5min，静置分层。

用滤纸或脱脂棉擦干分液漏斗。把含铜络合物的三氯甲烷或四氯化碳提取液放在试管中，避光保存。放置片刻使痕量水分出来，经滤纸过滤到另一试管中以除去痕量水。加入0.5mL无水甲醇，测定前在暗处放置2h，在亮处放置1h（避免直射光）。同时做空白试验。

3. 标准溶液的配制

准确移取1mL、2mL、3mL、4mL、5mL铜标准溶液，分别含10μg、20μg、30μg、40μg、50μg铜，按照试样的方法处理，分别进行测定。

4. 测定

以空白试验为参比，在435nm处用分光光度计测定标准溶液和试样溶液中三氯甲烷或四氯化碳提取液中铜络合物的吸光度。

四、实验数据记录与处理

由标准曲线将测量值换算成铜的质量（μg）。样品中铜含量（$mg \cdot kg^{-1}$）。按式(8.9)计算：

$$铜(mg\cdot kg^{-1})=100C/vm \qquad (8.9)$$

式中，v 为溶液中用于测定的体积，mL；C 为标准曲线上查得的铜含量，μg；m 为样品的质量，g。

同一分析者同时或快速连续进行两次测定其结果的差异，铜含量≤5mg·kg^{-1}时，不得超过0.2mg·kg^{-1}，铜含量更高时，平均值不超过5%。

五、思考题

1. 湿法消解和干法灰化分别适用于哪些样品的处理？
2. 含铜试液不发生显色反应，能否用分光光度法测样？

六、实验注意事项

1. 高氯酸与氧化物、易燃物、脱水剂和还原剂接触容易引起着火爆炸，切勿蒸干。
2. 湿法消解中，对于干产品，加水适量湿润样品，然后加酸消煮。含乙醇产品，称样后加水适量，煮沸到大部分水蒸发掉为止，再加酸消煮。
3. 测砷时，用水代替盐酸溶液煮沸；测锡时，加5%草酸铵代替盐酸溶液煮沸。
4. 原子吸收分光光度法测定矿物质元素时，可参照湿法消煮样品，但不加硫酸。

七、参考文献

GB/T 12284—1990《水果、蔬菜制品铜含量的测定》。

实验三 分光光度法测定食品中蛋白质的含量

一、实验原理

食品中的蛋白质在催化加热条件下被分解，分解产生的氨与硫酸结合生成硫酸铵，在pH值为4.8的乙酸钠-乙酸缓冲溶液中与乙酰丙酮和甲醛反应生成黄色的3,5-二乙酰基-2,6-二甲基-1,4-二氢化吡啶化合物。在波长400nm下测定吸光度值，与标准系列比较定量，结果乘以换算系数，即为蛋白质含量。

二、实验仪器与试剂

1. 仪器

分光光度计，天平（感量为1mg)，电热恒温水浴锅［(100±0.5)℃］，10mL具塞玻璃比色管。

2. 试剂

除非另有规定，本方法中所用试剂均为分析纯，水为GB/T6682规定的三级水。

(1) 分析纯：硫酸铜（$CuSO_4\cdot 5H_2O$)、硫酸钾（K_2SO_4)、氢氧化钠（NaOH)、对硝基苯酚（$C_6H_5NO_3$)、乙酸钠（$CH_3COONa\cdot 3H_2O$)、无水乙酸钠（CH_3COONa)、37%甲醛（HCHO)、乙酰丙酮（$C_5H_8O_2$)。

(2) 优级纯：硫酸（H_2SO_4，密度为1.84g·L^{-1})、乙酸（CH_3COOH)。

(3) 氢氧化钠溶液（300g·L^{-1}）：称取30g氢氧化钠加水溶解后，放冷，并稀释至100mL。

(4) 对硝基苯酚指示剂溶液（1g·L^{-1}）：称取0.1g对硝基苯酚指示剂溶于20mL95%乙醇中，加水稀释至100mL。

(5) 乙酸溶液（1mol·L^{-1}）：量取5.8mL乙酸，加水稀释至100mL。

(6) 乙酸钠溶液（1mol·L^{-1}）：称取41g无水乙酸钠，加水溶解后并稀释至500mL。

(7) 乙酸钠-乙酸缓冲溶液：量取60mL乙酸钠溶液与40mL乙酸溶液混合，该溶液pH值为4.8。

(8) 显色剂：15mL甲醛与7.8mL乙酰丙酮混合，加水稀释至100mL，剧烈振摇混匀（室温下放置稳定3d）。

(9) 氨氮标准储备溶液（以氮计）（1.0g·L^{-1}）：称取105℃干燥2h的硫酸铵0.4720g加水溶解后移于100mL容量瓶中，并稀释至刻度，混匀，此溶液每毫升相当于1.0mg氮。

(10) 氨氮标准使用溶液（0.1g·L^{-1}）：用移液管吸取10mL氨氮标准储备液于100mL容量瓶中。

三、实验步骤

1. 试样消解

称取经粉碎混匀过40目筛的固体试样0.1～0.5g（精确至0.001g）、半固体试样0.2～1g（精确至0.001g）或液体试样1～5g（精确至0.001g），移入干燥的100mL或250mL定氮瓶中，加入0.1g硫酸铜、1g硫酸钾及5mL硫酸，摇匀后于瓶口放一小漏斗，将定氮瓶以45°角斜支于有小孔的石棉网上。缓慢加热，待内容物全部炭化，泡沫完全停止后，加强火力，并保持瓶内液体微沸，至液体呈蓝绿色澄清透明后，再继续加热半小时。取下放冷，慢慢加入20mL水，放冷后移入50mL或100mL容量瓶中，并用少量水洗定氮瓶，洗液并入容量瓶中，再加水至刻度，混匀备用。按同一方法做试剂空白试验。

2. 试样溶液的制备

吸取2.00～5.00mL试样或试剂空白消化液于50mL或100mL容量瓶内，加1～2滴对硝基苯酚指示剂溶液，摇匀后滴加氢氧化钠溶液中和至黄色，再滴加乙酸溶液至溶液无色，用水稀释至刻度，混匀。

3. 标准曲线的绘制

吸取0.00、0.05mL、0.10mL、0.20mL、0.40mL、0.60mL、0.80mL和1.00mL氨氮标准使用溶液（相当于0.00、5.00μg、10.0μg、20.0μg、40.0μg、60.0μg、80.0μg和100.0μg氮），分别置于10mL比色管中。加4.0mL乙酸钠-乙酸缓冲溶液及4.0mL显色剂，加水稀释至刻度，混匀。置于100℃水浴中加热15min。取出用水冷却至室温后，移入1cm比色杯内，以零管为参比，于波长400nm处测量吸光度值，根据标准各点吸光度值绘制标准曲线或计算线性回归方程。

4. 试样测定

吸取0.50～2.00mL（约相当于氮<100μg）试样溶液和同量的试剂空白溶液，分别于10mL比色管中。加4.0mL乙酸钠-乙酸缓冲溶液及4.0mL显色剂，加水稀释至刻度，混匀。置于100℃水浴中加热15min。取出用水冷却至室温后，移入1cm比色杯内，以零管为参比，于波长400nm处测量吸光度值，根据标准各点吸光度值绘制标准曲线或计算线性回

归方程。试样吸光度值与标准曲线比较定量或代入线性回归方程求出含量。

四、实验数据记录与处理

$$X=\frac{c-c_0}{m\times\dfrac{V_2}{V_1}\times\dfrac{V_4}{V_3}\times1000\times10000}\times100F \tag{8.10}$$

式中，X 为试样中蛋白质的含量，g/100g；c 为试样测定液中氮的含量，μg；c_0 为试剂空白测定液中氮的含量，μg；V_1 为试样消化液定容体积，mL；V_2 为制备试样溶液的消化液体积，mL；V_3 为试样溶液总体积，mL；V_4 为测定用试样溶液体积，mL；m 为试样质量，g；F 为氮换算为蛋白质的系数，一般食物为6.25，纯乳与纯乳制品为6.38，面粉为5.70，玉米、高粱为6.24，花生为5.46，大米为5.95，大豆及其粗加工制品为5.71，大豆蛋白制品为6.25，肉与肉制品为6.25，大麦、小米、燕麦、裸麦为5.83，芝麻、向日葵为5.30，复合配方食品为6.25。

实验四　结晶紫萃取光度法测定粮食作物中镉的含量

一、实验原理

用萃取光度法测定粮食作物样品中的微量镉。测定时，将粮食样品经干法灰化与少量硝酸湿消解相结合进行前处理，于0.2mol·L^{-1}硫酸介质中，镉与I^-生成碘化镉络阴离子，再与结晶紫形成蓝紫色三元络合物，然后用苯萃取在苯-乙醇介质中，于590nm波长下定量。

二、实验仪器与试剂

1. 仪器

分光光度计，马弗炉，瓷坩埚，电炉，定量滤纸，125mL分液漏斗，容量瓶50mL、100mL，移液管1mL、2mL、5mL、10mL。

2. 试剂

浓硝酸，20%盐酸羟胺，1∶5硫酸，6mol·L^{-1}盐酸，5%六偏磷酸钠，10%硫脲，20%碘化钾，乙醇，0.04%结晶紫，镉标准储备液（1.0g·L^{-1}）。

20%抗坏血酸称取20g抗坏血酸溶于100mL 10%硫脲中，2mol·L^{-1}氢氧化钠中和至pH=5～6。10%硫脲-20%抗坏血酸溶液：称取20g抗坏血酸溶液于100mL10%硫脲中，用2mol·L^{-1}氢氧化钠中和至pH=5～6。

三、实验步骤

称取5.0～20.0g小麦或大米、玉米等样品于50～100mm瓷坩埚中，在200℃低温电炉上炭化后移入500℃马弗炉内灰化7h以上，取出，冷却，加少许水湿润灰分，滴加5滴浓硝酸，在低温电炉上蒸干，送回马弗炉保温2h，取出冷却，再重复用浓硝酸处理两次，最后一次加三滴20%盐酸羟胺，同时做空白试验。

向已灼烧好的样品坩埚中准确加入2mL 1∶5硫酸，2～3滴6mol·L^{-1}盐酸，使残渣溶解。将溶液用中速定量滤纸过滤于125mL刻度分液漏斗内，用水洗净坩埚及滤纸（总体积约 20mL)，加入 1mL5%六偏磷酸钠，0.5mL10%硫脲-20%抗坏血酸溶液，加 3mL20%碘化钾溶液，2mL0.04%结晶紫溶液（称取 0.4g 结晶紫用无离子水溶解并稀释至 1L)，用水稀释至 30mL，摇匀，立即用 5mL 苯萃取 1.5min，放置分层后弃去水相，用 5mL 乙醇沿漏斗壁溶解萃取物，用脱脂棉塞入漏斗颈将有机相滤入 1cm 比色皿中，在 590nm 波长下，以试剂作空白，测量有机相的吸光度，从标准曲线中求出镉的含量。

标准曲线的绘制，准确称取镉标准使用液 0、0.50mL、1.00mL、2.00mL、3.00mL、4.00mL、8.00mL 于 50mL 容量瓶中，用 $1mol \cdot L^{-1}$ 的 HCl 稀释至刻度。在上述相同的条件下，测定吸光度，绘制标准曲线。

实验五 石墨炉原子吸收法测定食品中铝的含量

一、实验原理

试样经消化后，注入原子吸收分光光度计石墨炉中。电热原子化后吸收 309.3nm 共振线，在一定浓度范围，其吸收值与铝含量成正比，与标准系列比较定量。

二、实验仪器与试剂

1. 仪器

(1) 原子吸收分光光度计（带石墨炉)。

(2) 涂钽石墨管：将普通石墨管先用无水乙醇漂洗管的内、外面，取出，在室温干燥后，把石墨管垂直浸入装有钽溶液（$60g \cdot L^{-1}$）的聚四氟乙烯杯中，然后将杯移入电热真空减压干燥箱中，50～60℃，减压至 53328.3～79993.2Pa 约 90min，取出石墨管常温风干，放入 105℃烘箱中干燥 1h。在通氩气 $300mL \cdot min^{-1}$ 保护下按下述温度程序处理。干燥 80～100℃约 30s，100～110℃约 30s，灰化 900℃约 60s，原子化 2700℃约 10s。重复上述温度程序两次，即可得涂钽石墨管，将涂制好的石墨管放入干燥器内保存备用。

(3) 铝空心阴极灯。

(4) 食品粉碎机，电子天平，电热板，干燥恒温箱，微波消解仪。

2. 试剂

5：1 硝酸-高氯酸混合液，硝酸镁溶液（$50g \cdot L^{-1}$），过氧化氢（30%)，氢氟酸(40%)，铝标准储备液（$100\mu g \cdot mL^{-1}$）。

钽溶液（$60g \cdot L^{-1}$）：将 6g 金属钽置于 100mL 的聚四氟乙烯杯中，溶于 25mL 40%氢氟酸，缓慢滴加 25 滴 HNO_3，用水定容至 100mL。

除非另有说明，在分析中均为分析纯试剂和一级水。

三、实验步骤

1. 试样消解

(1) 微波消解：精确称取经 85℃干燥 4h 后的样品 0.5g（精确至小数点后第二位)，于聚四氟乙烯溶样杯中，加去离子水 3mL，浓 HNO_3 3mL，在电子控温板上 120℃预处理 5～10min，加过氧化氢 2mL，然后置于微波消解仪中消解，按照微波消解说明书操作，选择溶样压力 2.0～2.5MPa，时间 5～8min 内，消解完全。冷却后用水定容至 50mL 备用，同时做消化空白。

（2）湿法消解：精确称取经 85℃干燥 4h 后的样品 0.5g（精确至小数点后第二位），置于 250mL 锥形瓶中，加数粒玻璃珠，加 5～10mL 5∶1 硝酸-高氯酸混合液，置于电热板上缓缓加热至无色透明，并出现大量烟雾，再加 0.5mL 浓硫酸，再置于电热板上继续加热至冒白烟，冷却，用水定容至 50mL 备用，同时做消化空白。

2. 测定

（1）仪器条件：根据各自仪器性能调至最佳状态。参考条件：波长 309.3nm，狭缝 0.8nm；灯电流 6.0mA；干燥温度 75℃保持 10s，105℃保持 10s，110℃保持 15s；灰化温度 1200℃保持 10s；原子化温度 2400℃保持 3s；净化温度 2500℃保持 4s。背景校正为塞曼效应。

（2）标准曲线绘制：吸取铝标准使用液 0、0.25mL，0.50mL，1.00mL，1.50mL，2.00mL，2.50mL 于 50mL 容量瓶中，分别加入 $50g\cdot L^{-1}$硝酸镁 1.0mL。用 1∶99 硝酸溶液定容至 50mL，分别配制成 0、$5.0\mu g\cdot L^{-1}$、$10.0\mu g\cdot L^{-1}$、$20.0\mu g\cdot L^{-1}$、$30.0\mu g\cdot L^{-1}$、$40.0\mu g\cdot L^{-1}$、$50.0\mu g\cdot L^{-1}$的铝标准系列，各吸取 $10\mu L$，注入石墨炉，按仪器工作条件测得其吸光值，并求得吸光值与浓度关系的一元线性回归方程。

（3）试样测定：分别吸取样液和试剂空白液各 $10\mu L$，注入石墨炉，测得其吸光值，代入标准系列的曲线方程中求得样液中铝含量。

四、实验数据记录与处理

$$X=\frac{(C_1-C_0)\times V\times 1000}{m\times 1000} \tag{8.11}$$

式中，X 为试样中铝含量，$\mu g\cdot kg^{-1}$；C_1 为测定样液中铝含量，$ng\cdot mL^{-1}$；C_0 为空白液中铝含量，$ng\cdot mL^{-1}$；V 为试样消化液定量总体积，mL；m 为试样质量，g。

五、参考文献

1. DB53/T 288—2009《食品中铅、砷、铁、钙、锌、铝、钠、镁、硼、锰、铜、钡、钛、锶、锡、镉、铬、钒含量的测定电感耦合等离子体原子发射光谱（ICP-AES）法》。

2. GB/T 5009.182—2017《食品安全国家标准食品中铝的测定》。

实验六　乙烯-乙酸乙烯酯共聚物中乙酸乙烯酯含量的测定（傅里叶变换红外光谱法）

一、实验原理

将试样压制成薄膜，采集薄膜的红外光谱图。通过内标峰校正试样薄膜厚度，再根据已知乙酸乙烯酯含量的标准样品所作的校正曲线测定样品中乙酸乙烯酯含量。

二、实验仪器与试剂

1. 仪器

傅里叶变换红外光谱仪，模压机。

2. 试剂

乙烯-乙酸乙烯酯共聚物树脂标准样品，聚四氟乙烯薄膜或铝箔。

三、实验步骤

1. 试样薄膜的制备

采用模压机在100～150℃和4～10MPa下，压塑试样约3min，制备50～150μm厚度的薄膜，制成的薄膜表面应平滑，厚度应较均匀。

注：1. 如果乙酸乙烯酯含量不同，压板温度可稍有不同。一般情况下，乙酸乙烯酯含量越高，压板温度可稍微降低；加压压力较大时，压塑时间可短些。

2. 为方便薄膜制备，避免压塑所得薄膜与压板黏结，可在试样与模板间放置一张聚四氟乙烯薄膜；当乙酸乙烯酯含量小于20%时，可用铝箔代替聚四氟乙烯薄膜。

2. 试样的测定

(1) 仪器的测试条件设置：按照傅里叶变换红外光谱仪操作说明书，调节仪器处于最佳状态，选择波数范围0～600cm^{-1}、分辨率为4cm^{-1}及其他测试参数。

(2) 试样的红外吸收光谱测定：在薄膜夹具无试样薄膜的条件下，测定并记录空白背景光谱，然后将一张按上述方法制备的试样薄膜放入薄膜夹具内，测定并记录试样薄膜光谱，试样薄膜光谱扣除空白背景光谱得到试样薄膜的红外吸收光谱图。

(3) 吸光度的测定：当试样的乙烯-乙酸乙烯酯含量范围在1%～10%时，分别对测得试样红外光谱的吸收峰1020cm^{-1}和2020cm^{-1}两边作基线切线，测定其吸光度A_{1020}和A_{2020}的值。

当试样的乙烯-乙酸乙烯酯含量在10%及以上范围时，分别对测得试样红外光谱的吸收峰33460cm^{-1}和2678cm^{-1}两边作基线切线，测定其吸光度A_{3460}和A_{2678}的值。

3. 校正曲线

(1) 标准样品的红外吸收光谱测定：按照上述测试方法，测定乙烯-乙酸乙烯酯共聚物树脂标准样品的红外吸收光谱以及A_{1020}和A_{2020}或A_{3460}和A_{2678}的值。

(2) 校正曲线的建立：当试样的乙酸乙烯酯含量范围在1%～10%时，以标准样品的乙酸乙烯酯含量和A_{1020}和A_{2020}比值画出校正曲线。当试样的乙酸乙烯酯含量在10%及以上范围时，以标准样品的乙酸乙烯酯含量和A_{3460}和A_{2678}的比值画出校正曲线。

四、实验数据记录与处理

1. 当试样的乙酸乙烯酯含量范围在1%～10%时，根据试样所测得A_{1020}和A_{2020}的比值在校正曲线上查出对应的乙酸乙烯酯含量即为试样的乙酸乙烯酯含量。

$$w = K \times A_{1020}/A_{2020} + C \tag{8.12}$$

式中，w为试样中乙酸乙烯酯质量分数，以%计；K为采用线性回归所得校正曲线的斜率；A_{1020}为试样在1020cm^{-1}处的吸光度；A_{2020}为试样在2020cm^{-1}处的吸光度；C为线性回归系数。

2. 当试样的乙酸乙烯酯含量在10%及以上范围时，根据试样所测得A_{3460}和A_{2678}的比值在校正曲线上查出对应的乙酸乙烯酯含量即为试样的乙酸乙烯酯含量。

如果试样所测得A_{3460}和A_{2678}的比值在校正曲线的直线部分，则试样的乙酸乙烯酯含量：

$$w = K \times A_{3460} / A_{2670} + C \tag{8.13}$$

式中，w 为试样中乙酸乙烯酯质量分数，以%计；K 为采用线性回归所得校正曲线的斜率；A_{3460} 为试样在 3460cm^{-1} 处的吸光度；A_{2670} 为试样在 2670cm^{-1} 处的吸光度；C 为线性回归系数。

五、参考文献

1. SH/T 1628.2—1996《工业用乙酸乙烯酯纯度及有机杂质的测定气相色谱法》。
2. YC/T 267—2008《烟用白乳胶中乙酸乙烯酯的测定 顶空-气相色谱法》。
3. GB 9347—1988《氯乙烯-乙酸乙烯酯共聚物中乙酸乙烯酯的测定方法》。

实验七　间、对二甲苯的红外吸收光谱定量分析——液膜法制样

一、实验原理

由于红外吸收池的光程长度极短，很难做成两个厚度完全一致的吸收池，而且在实验中吸收池窗片受到大气和溶剂中夹杂的水分侵蚀，从而使其透明特性不断下降，所以在红外测定中，透过试样的光束强度，通常只简单地通以空气或只放一块盐片作为参比的参比光束进行比较。并采用基线法测量吸光度，基线法如图 8.3 所示。测量时，在所选择的被测物质的吸收带上，以该谱带两肩的公切线 AB 作为基线在通过峰值波长处 t 的垂直线和基线相交于 r 点，分别测量入射光和透射光的强度 I_0 和 I，依照 $A = \lg(I_0/I)$ 求得该波长处的吸光度。

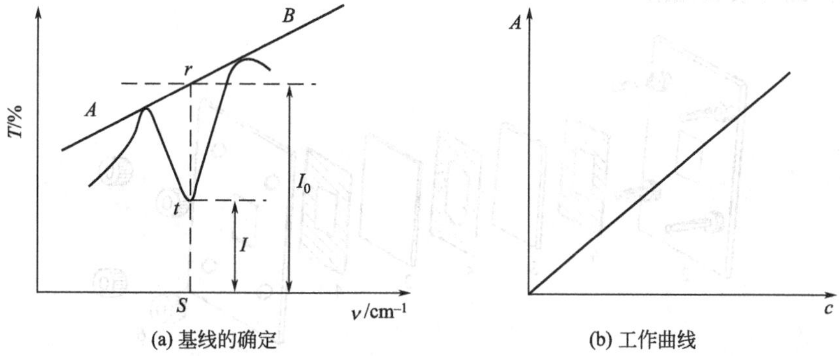

图 8.3　基线法

二、实验仪器与试剂

1. 仪器

红外光谱仪，金相砂纸和 5 号铁砂纸，麂皮革，红外干燥灯，平板玻璃（20cm×25cm）。

2. 试剂

邻、间、对二甲苯（均为分析纯），氯化钠单晶体，无水酒精（A. R.）。

三、实验步骤

1. 试验条件：测量波数范围为4000～650cm^{-1}；参比物为空气；室温18～20℃；相对湿度≤65%。

2. 氯化钠单晶块的处理：从干燥器中取出氯化钠单晶块，在红外灯的辐射下，于垫有平板玻璃的5号铁砂纸上，轻轻擦去单晶块上下表层，继而在金相砂纸上轻擦之，然后再在鹿皮革上摩擦，并不时滴入无水酒精，直擦到单晶块上下两面完全透明，保存于干燥器内备用。

3. 间二甲苯和对二甲苯的混合标样的配制：分别吸取2.50mL，3.50mL，4.50mL间二甲苯于三支10mL容量瓶中，依次加入4.50mL，3.50mL，2.50mL对二甲苯，然后分别用邻二甲苯稀释至刻度，摇匀，配制成1#、2#、3#混合标样。

4. 吸取不含邻二甲苯的试液7.00mL于10mL容量瓶中，用邻二甲苯稀释至刻度，摇匀，配制成4#混合试样。

5. 纯标样液膜的制作（包括邻、间、对三种二甲苯）：取两块已处理好的氯化钠单晶块，在其中一块的透明平面上放置间隔片，于间隔片的方孔内滴加一滴分析纯邻二甲苯溶液，将另一单晶块的透明平面对齐压上，然后将它固定在支架上，如图8.4所示。

这样两单晶块的液膜厚度约为0.001～0.05mm，随后以同样方法制作间二甲苯和对二甲苯纯标样液膜，然后把带有标样液膜支架安置在主机的试样窗口上，以空气作参比物。

根据实验条件，将红外分光光度计按仪器的操作步骤进行调节，然后分别测绘以上制作的三种标样液膜的红外吸收光谱。

同样方法制作1#、2#、3#混合标样和4#混合试样的液膜，并以相同的实验条件，分别测绘它们的红外吸收光谱。

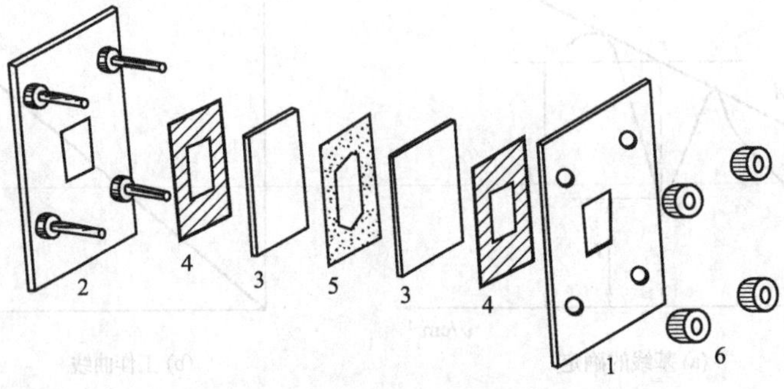

图8.4　可拆式液体槽

1—前框；2—后框；3—红外透光窗盐片；

4—垫圈（氯丁橡胶或四氯乙烯）；

5—间隔片（铝或铅）；6—螺帽

四、实验数据记录与处理

1. 在所测绘的三种纯标样红外吸收光谱图上，标出各基团基频峰的波数及其归属，并讨论这三种同分异构体在光谱上的异同点。

2. 测绘的混合标样和混合试样的红外吸收光谱图上，用基线法对邻二甲苯特征吸收峰

743cm^{-1}、间二甲苯特征吸收峰 692cm^{-1} 和对二甲苯特征吸收峰 792cm^{-1} 作图，并标出各自 I_0 和 I 及测定其值，列入表格中，同时计算各 $\lg(I_0/I)_{试样}/\lg(I_0/I)_{内标}$（以邻二甲苯作内标）。

项目		1	2	3	4
邻二甲苯(743cm^{-1})	I_0				
	I				
间二甲苯(692cm^{-1})	I_0				
	I				
对二甲苯(792cm^{-1})	I_0				
	I				
$\lg(I_0/I)_{试样}/\lg(I_0/I)_{内标}$	间二甲苯				
	对二甲苯				

分别作间二甲苯和对二甲苯的 $[\lg(I_0/I)_{试样}/\lg(I_0/I)_{内标}]$-$c$ 标准曲线，并在标准曲线上查出试样中的间二甲苯和对二甲苯的 c，进一步计算原试样中这两种成分的含量。

五、参考文献

1. HJ 583—2010《环境空气　苯系物的测定　固体吸附/热吸附-气相色谱法》。

2. GB/T 23990—2009《涂料中苯、甲苯、乙苯和二甲苯含量的测定 气相色谱法》。

实验八　自动电位滴定法测定混合碱中 Na_2CO_3 和 $NaHCO_3$ 的含量

一、方法原理

混合碱中 Na_2CO_3 和 $NaHCO_3$ 含量的测定，在经典的滴定分析中一般采用双指示剂法。虽然该法较简单，但由于 Na_2CO_3 被滴定至 $NaHCO_3$ 一步中，终点不够明显，所以误差比较大。电位（pH）值滴定是以测量溶液的电位（pH）值并找出滴定过程中电位（pH）的突跃来确定终点的，故准确度比较高，适用于突跃范围较窄的滴定。

自动电位（pH）滴定是利用仪器来控制滴定终点的。当准备就绪后，扳动 DC 操作单元上滴定开始键至“连续”，滴定便开始进行，标准溶液也不断滴入并与被测物质发生反应，电极电位（或溶液的 pH 值）也随之发生变化。观察台式记录仪纸上图形变化，超过终点位置后，可随时扳动键至“间断”，滴定停止，计算出标准溶液所消耗的体积。

本实验以 HCl 标准溶液滴定 Na_2CO_3 和 $NaHCO_3$ 的混合碱，从理论上的计算得到，第一化学计量点的 pH 值为 8.31，第二化学计量点的 pH 值为 3.89。

二、实验仪器与试剂

1. 仪器

ZD-3 型自动电位滴定仪（包含 ZD 滴定装置、DF 滴定放大器和 DK 滴定控制器），LM17 型台式记录仪，pH 复合电极，玻璃器皿一套。

2. 试剂

0.05mol·L^{-1} HCl，无水 Na_2CO_3。

三、实验步骤

1. 仪器操作及参数设定

（1）补液　启动ZD滴定装置电源开关，扳动阀门至补液方向，再扳动DC操作单元上的键至“间断”，然后按下“补液”键；若管内有气泡，扳动阀门至滴定方向，再扳动DC操作单元上的键至“连续”；如此反复操作，至补满为止。

（2）记录仪的设定　启动开关，按下列步骤对记录仪进行设定。

零位：通过“左移”和“右移”键调节针头在记录纸上的初始位置。

测量：通过“减小”和“增大”键调节纸宽所对应的电压范围。

纸速：按照实验要求，从记录仪上提供的显示纸速数据进行选择。不同的显示纸速，其含义不同，如纸速为“300”，表示滴定完20mL的标准溶液，走纸长度为250mm，即相当于走纸25格（每格宽为10mm），那么每格所对应的体积就可以算出，即20mL/25格＝0.8mL·格$^{-1}$。

（3）滴定类型

记录滴定：使用pH复合电极，DZ置手动，扳动阀门至滴定方向，DF置选择E，记录仪调零至“50”处，量程“1V”，纸速“300”，启动“搅拌”、记录仪和“连续”键。

微分滴定：使用pH复合电极，DZ置手动，DF置选择E，记录仪调零至“0”或“100”处，量程“1V”，DC滴定速度尽可能慢，一般放在慢挡偏左处，纸速“300”，启动“搅拌”、记录仪和“连续”键。

2. 滴定

（1）HCl溶液浓度的标定　准确称取无水 Na_2CO_3 0.40～0.45g（准确至0.1mg），置于50mL烧杯中，加入少量二次去离子水溶解，转移到50mL容量瓶中，用二次去离子水稀释至刻度，摇匀。

移取5.00mL上述溶液于锥形瓶中，加入适量二次去离子水至40mL左右，并固定在搅拌装置下，插入毛细滴管和pH复合电极（注意电极插入的深度，防止被搅拌螺旋桨碰撞），开动搅拌器把溶液搅拌均匀。启动记录仪和“连续”键，进行自动pH滴定。观察台式记录仪纸上图形变化，超过终点位置后，可随时扳动键至“间断”，滴定停止，量出终点至初始线的垂直距离，计算出标准溶液所消耗的体积。重复滴定一次。

（2）试样的测定　准确称取混合碱试样0.60～0.65g，置于50mL烧杯中，加入少量二次去离子水溶解，转移到50mL容量瓶中，用二次去离子水稀释至刻度，摇匀。

移取5.00mL上述溶液于锥形瓶中，加入适量二次去离子水至40mL左右，并固定在搅拌装置下，插入毛细滴管和pH复合电极，开动搅拌器把溶液搅拌均匀。启动记录仪和“连续”键，进行自动pH滴定。观察台式记录仪纸上图形变化，超过第二终点位置后，可随时扳动键至“间断”，滴定停止，分别量出终点至初始线的垂直距离，计算出标准溶液所消耗的体积。重复滴定一次。

四、实验数据记录与处理

1. 求出其准确浓度及两次标定的相对偏差（要求≤0.4%）。

2. 列出计算混合碱中 Na_2CO_3 和 $NaHCO_3$ 含量的公式，求出两次测定的结果及相对偏差。

五、思考题

1. 试比较双指示剂滴定法和自动 pH 滴定法测定混合碱组分含量的优缺点。
2. 使用 pH 复合电极时应注意哪些问题？

实验九　气相色谱法测定白酒中的杂醇

一、实验原理

由于食用酒精都是由粮食发酵酿造而成，由于其中有各种酶的作用，其发酵过程不可能准确地完全朝着乙醇的方向前进，必将产生一些其他的醇类，如异丙醇、丁醇、异戊醇等，这些醇类的存在，在一定范围内，会给酒添加风味，然而过多的话，就会对人的身体造成影响，特别是甲醇，摄入过量会导致双目失明甚至死亡。因此，对酒中的这类杂醇的分析监控，对人们的身体健康具有非常重要的意义。国家标准规定对以谷类为原料的酒，甲醇含量不得大于 0.04g/100mL。本实验采用比较保留值定性，归一化法定量。

本实验所使用的 Agilent 6890N 气相色谱仪的生产厂商是美国安捷伦公司（原惠普公司）。气路系统采用电子气路控制（EPC），进样系统可同时配置两个进样口（目前配置的是填充柱进样口和分流/不分流进样口）。并可外接气体进样阀、自动进样器及其他辅助进样装置，可同时配置两个检测器，数据处理可全部由工作站控制，并可实现远程控制，是一种先进的分析仪器。

二、实验仪器与试剂

1. 仪器

气相色谱仪（使用 DB Wax $30m\times0.32mm\times0.25\mu m$ 极性色谱柱），FID 检测器；Hamilton $10\mu L$ 进样针。

2. 试剂

乙醇、正丙醇、异丙醇、正丁醇、异丁醇标准溶液，市售白酒的处理溶液，混合未知溶液（四种杂醇、乙醇）。

三、实验步骤

1. 开机：打开气体发生器，待压力达到设定值后，打开气相色谱仪。

2. 打开色谱工作站，设定工作条件。

程序升温：起始温度 50℃，保持 3min，然后以 $15℃\cdot min^{-1}$ 升温到 100℃；进样口温度：200℃，分流，分流比：50∶1；载气：N_2；恒流 $1.5mL\cdot min^{-1}$；检测器：FID；基温：250℃，空气：$450mL\cdot min^{-1}$，氢气：$45mL\cdot min^{-1}$，辅助气：$40mL\cdot min^{-1}$。

3. 分别吸取正丙醇、异丙醇、正丁醇、异丁醇标准溶液进行测定，记录下其保留时间。

项目	正丙醇	异丙醇	正丁醇	异丁醇
i 溶剂				
t_i				

进样应注意的问题：GC中手动进样技术的熟练与否，直接影响到分析结果的好坏。正确的进样手法是：取样后，一手持注射器（防止汽化室的高气压将针芯吹出），另一只手保护针尖（防止插入隔垫时弯曲）。先小心地将注射针头穿过隔垫，随即快速将注射器插到底，并将样品轻轻注入汽化室（注意不要用力过猛使针芯弯曲），同时按“start”键，拔出注射器，注射样品所用时间及注射器在汽化室中停留的时间越短越好。另外，在进多个不同样品时，每次进样前都要将进样针润洗干净，确保洗针溶剂不干扰样品检测。

4. 在相同条件下测定白酒处理样品，将所出各峰的保留时间分别与以上物质对照，判断各峰的组成。

项目	正丙醇	异丙醇	正丁醇	异丁醇
i 溶剂				
t_i				

5. 在相同条件下测定混合未知样品，用归一化法算出未知样品中各组分的含量。

项目	正丙醇	异丙醇	正丁醇	异丁醇
i 溶剂				
t_i				

四、思考题

1. 色谱定性方法有哪几种？本实验中使用的是什么定性方法？
2. 色谱定量方法有哪几种？归一化法有什么优缺点？
3. 可以通过哪些途径实现色谱分离条件的优化？
4. 讨论极性柱条件下不同化合物的出峰顺序。

五、参考文献

1. YC/T 285—2009《卷烟　配方烟丝中薄荷醇的测定　气相色谱法》。
2. GB/T 24800.9—2009《化妆品中柠檬醛、肉桂醇、茴香醇、肉桂醛和香豆素的测定　气相色谱法》。

实验十　内墙涂料中总挥发性有机化合物含量的测定

一、实验原理

涂料中总挥发物含量扣除水分含量，即为涂料中挥发性有机化合物含量。涂料试样以二甲基甲酰胺（DMF）为溶剂，以异丙醇为内标物，萃取出其中的水分，经离心分离后，取上层清液注入气相色谱仪。

有害物质限量值如表 8.2 所示。

表 8.2 有害物质限量值

项目		限量值
挥发性有机化合物(VOC)/$g\cdot L^{-1}$		≤200
游离甲醛/$g\cdot L^{-1}$		≤0.1
重金属/$mg\cdot kg^{-1}$	可溶性铅	≤90
	可溶性镉	≤75
	可溶性铬	≤60
	可溶性汞	≤60

二、实验仪器与试剂

1. 仪器

鼓风恒温烘箱，铝质平底圆盘（直径约 75mm），长约 100mm 的细玻璃棒，玻璃干燥器（内放干燥剂），天平（感量为 0.0001g）。

2. 试剂

(1) 分析纯：二甲基甲酰胺（DMF）、异丙醇。

(2) 样品：高级内墙环保乳胶漆、合成树脂内墙涂料、合成树脂乳液内墙涂料。

三、实验步骤

(一) 涂料中总挥发物含量的测定

1. 试样

在 (105±2)℃的烘箱内，干燥铝质的圆盘和玻璃棒，并在干燥器内使其冷却至室温。称量带有玻璃棒的圆盘，准确到 0.1mg，然后以同样的精度在盘内称入受试样品 (2±0.2) g。确保样品均匀地分散在盘面上。

2. 测定

把盛玻璃棒和试样的盘一起放入预热到 (105±2)℃的烘箱内，保持 3h。经短时间的加热后从烘箱内取出盘，用玻璃棒搅拌试样，把表面结皮加以破碎，再将棒、盘放回烘箱。到规定的时间后，将盘、棒移入干燥器内，冷却到室温再称重，精确到 0.1mg。

3. 总挥发物的计算

以被测产品质量的百分数来计算挥发物的含量 (V)

$$V=100\times(m_1-m_2)/m_1 \tag{8.14}$$

式中，m_1 为加热前试样的质量，mg；m_2 为加热后试样的质量，mg。

(二) 水分含量的测定

1. 实验仪器

气相色谱仪（配有热导池检测器） 色谱柱：填装高分子多孔微球的不锈钢柱；载气：氢气；记录仪；离心机；微量注射器：1μL；具塞玻璃瓶：10mL；离心管：10mL。

2. 实验步骤

(1) 水响应因子 R 的测定：准确称取约 0.2g 蒸馏水和约 0.2g 的异丙醇于具塞玻璃瓶中，均精确至 0.1mg，记录数据。再加入 2mL 的二甲基甲酰胺，轻轻摇动玻璃瓶，使其中液体混匀，此混合液体为标准混样。设定气相色谱仪，用微量注射器注射进 1μL 的标准混样，记录其色谱图。称取同样量的异丙醇和二甲基甲酰胺（混合液），但不加水作为空白标液，在同一条件下注射 1μL 于气相色谱仪中，记录空白的水峰面积。

(2) 样品分析：将试样充分搅拌均匀，准确称取 0.6g 试样和 0.2g 异丙醇于干燥洁净的离心管中，记录数据。再加入 2mL 二甲基甲酰胺，盖好盖，同时准备一个不加涂料的异丙醇和二甲基甲酰胺作为空白样。将离心管放入离心机中，以中速离心 20min，使其完全沉淀。用微量注射器吸取 1μL 试样瓶中的上清液，注入色谱仪中，并记录其色谱图。

(三) 密度的测定

1. 实验仪器

容量为 20～100mL 的适宜玻璃比重瓶，温度计（分度为 0.1℃，精确到 0.2℃），水浴或恒温室，分析天平（感量为 0.0001g）。

2. 实验步骤

(1) 比重瓶的校准：用铬酸溶液、蒸馏水和蒸发后不留下残余物的溶剂依次清洗比重瓶，并使其充分干燥。将比重瓶放置到室温，并将它称重。在低于试验温度［(23±2)℃］不超过 1℃的温度下，在比重瓶中注满蒸馏水。塞住比重瓶，使溢流孔开口，严格注意在比重瓶中产生气泡。将比重瓶放置在恒温水浴中，直至瓶的温度和瓶中所含物的温度恒定为止。立即称量该注满蒸馏水的比重瓶，精确到其质量的 0.001%。

(2) 试样密度的测定：用试样代替蒸馏水，重复上述操作步骤。

四、实验数据记录与处理

1. 水响应因子 R 的测定

$$R=m_1(A_{H_2O}-B)/m_{H_2O}A_1 \tag{8.15}$$

式中，R 为响应因子；m_1 为异丙醇质量，g；m_{H_2O} 为水的质量，g；A_1 为异丙醇峰面积；A_{H_2O} 为水峰面积；B 为空白中水的峰面积。

2. 样品分析

$$V_{H_2O}=(A_{H_2O}-B)m_1\times 100/A_1 m_P R \tag{8.16}$$

式中，A_{H_2O} 为水峰面积；B 为空白中水峰面积；A_1 为异丙醇峰面积；m_1 为异丙醇质量，g；m_P 为涂料质量，g；R 为响应因子。

3. 比重瓶容积的计算

$$V=(m_1-m_0)/\rho \tag{8.17}$$

式中，m_0 为空比重瓶的质量，g；m_1 为比重瓶的质量，g；ρ 为水在 23℃下的密度，$0.9975g\cdot mL^{-1}$。

4. 密度的计算

$$\rho_t=(m_2-m_0)/V \tag{8.18}$$

式中，m_0 为空比重瓶的质量，g；m_2 为比重瓶和试样的质量，g；V 为在试验温度下测得的比重瓶的体积，mL；t 为试验温度（23℃）。

5. 涂料中 VOC 含量的计算

$$VOC=(V-V_{H_2O})\times\rho\times1000 \tag{8.19}$$

式中，VOC 为涂料中挥发性有机化合物含量，$g\cdot L^{-1}$；V 为涂料中总挥发物的质量分数；V_{H_2O}为涂料中 H_2O 的质量分数；ρ 为涂料的密度，$g\cdot mL^{-1}$。

五、参考文献

GB 18582—2008《室内装饰装修材料内墙涂料中有害物质限量》。

实验十一　食品中甜蜜素含量的测定

一、实验原理

在酸性介质中环己基氨基磺酸钠与亚硝酸反应，生成环己醇亚硝酸酯，利用气相色谱法进行定量。

二、实验仪器与试剂

1. 仪器

GC-122 气象色谱仪（附氢火焰离子化检测器），毛细管气相色谱柱 OV101，5μL 微量注射器，离心机，电子天平（精确度为 0.001g），50mL 具塞比色管，10mL 带塞离心管，各种体积烧杯，吸量管（1mL、5mL、10mL 若干支），胶头滴管。

2. 试剂

(1) 正己烷（分析纯），氯化钠，$50g\cdot L^{-1}$亚硝酸钠溶液，$100g\cdot L^{-1}$硫酸溶液。

(2) 环己基氨基磺酸钠标准溶液（含环己基氨基磺酸钠>98%）：精确称取 1.000g 环己基氨基磺酸钠，加水溶解并定容至 100mL，此溶液每毫升含环己基氨基磺酸钠 10mg。

三、实验步骤

1. 标准提取液的制备

准确吸取 2mL 环己基氨基磺酸钠标准溶液于 50mL 具塞比色管中，加水 20mL，置冰水浴中，加入 5mL $50g\cdot L^{-1}$亚硝酸钠溶液，5mL $100g\cdot L^{-1}$硫酸溶液，摇匀，在冰水浴中放置 30min，并经常摇动，然后准确加入 10mL 正己烷，5g 氯化钠，振摇 80 次以上至均匀，待静止分层后吸出正己烷层于 10mL 带塞离心管中进行离心分离，每毫升正己烷提取液相当于 2mg 环己基氨基磺酸钠。

2. 最佳分流比的确定

确定气相色谱仪的柱温 80℃、进样器温度 150℃和检测器温度 150℃不变，调节分流比，将表盘示数先后调至 1.0、2.0、3.0、4.0、5.0、6.0、7.0，将标准提取液进样 1μL 于气相色谱仪中，根据响应值，比较各个分析结果，确定最佳分流比。

3. 最佳柱温的确定

确定气相色谱仪的进样器温度 150℃、检测器温度 150℃，将分流比调节至最佳分流比，在不同的柱温条件下，将标准提取液进样 1μL 于气相色谱仪中，根据响应值确定最佳柱温。

4. 最佳进样器温度的确定

将气相色谱仪的柱温设定为最佳柱温，调节最佳分流比，确定检测器温度150℃不变，在不同的进样器温度条件下，将标准提取液进样1μL于气相色谱仪中，根据响应值确定最佳进样器温度。

5. 最佳检测器温度的确定

气相色谱仪条件设定最佳柱温、最佳进样器温度，调节最佳分流比，在不同的检测器温度条件下，将标准提取液进样1μL于气相色谱仪中，根据响应值确定最佳检测器温度。

6. 标准提取液放置时间的影响

标准提取液放置的时间可能对谱图的形状有一定的影响，将标准提取液制备好后放置，在不同的时间段，将标准提取液进样1μL于气相色谱仪中，找出时间对分析结果的影响。

7. 标准曲线的制备

甜蜜素转化为环己醇亚硝酸酯后，在最佳实验条件下，将标准提取液进样0.3μL、0.6μL、0.9μL、1.2μL、1.5μL（相当于3μg、6μg、9μg、12μg、15μg甜蜜素）于气相色谱仪中，根据响应值绘制标准曲线。

8. 样品的测定

（1）样品溶液的制备：将饮料摇匀后直接称取20.0g，置于50mL比色管中，放在冰浴中，加入5.0mL质量浓度$100g \cdot L^{-1}$的亚硝酸钠溶液，5.0mL硫酸溶液，摇匀后放置于冰水混合物中30min并经常摇动或放置于旋涡混合器中，然后加入氯化钠和10.0mL正己烷，充分振荡80次，待静止分层后吸出己烷层，于10mL的带塞离心管中进心分离，取1.0μL上清液，在最佳实验条件下通过对比试验条件，即柱温70℃、进样器温度150℃、检测器温度160℃时，分流的刻度示数为4.0的条件下注入气相色谱仪进行测定。

（2）测定：将处理好的样品溶液，在最佳实验条件下进样分析，根据标准工作曲线的回归方程，计算出样品中甜蜜素的含量。

9. 回收率的测定

取5g样品，按上述方法处理好后，将处理好的样品溶液在最佳实验条件下进样分析，根据标准工作曲线的回归方程，计算出样品中甜蜜素的含量。

另取一份5g的样品，向样品中加入5.00mL甜蜜素标准溶液，用同样方法处理后计算出样品中甜蜜素的含量。再根据加入甜蜜素标准溶液的量（即加标量和）最终测得的甜蜜素含量，计算本实验方法的回收率。

四、实验数据记录与处理

1. 实验条件记录

最佳分流比：______________；最佳柱温：______________；

最佳进样器温度：______________；最佳检测器温度：______________。

2. 标准曲线：______________；相关系数：______________；

甜蜜素含量：______________。

五、参考文献

GB 1886.37—2015《食品安全国家标准　食品添加剂　环己基氨基磺酸钠（又名甜蜜

素）》。

实验十二 高效液相色谱法测定乳制品中的三聚氰胺

一、实验目的

1. 熟练掌握高效液相色谱法的基本原理。
2. 了解高效液相色谱仪各主要部件的作用，进一步掌握高效液相色谱仪的操作。
3. 熟悉固相萃取技术原理、类型以及影响因素，学会固相萃取操作。
4. 掌握高效液相色谱法测定乳制品样品中三聚氰胺的含量。

二、实验原理

三氯乙酸溶液-乙腈提取样品，经阳离子交换固相萃取柱净化后，用高效液相色谱仪进行测定。

三、实验仪器与试剂

1. 仪器

岛津高效液相色谱仪，分析天平，台式高速离心机，超声波水浴仪，氮吹仪。

2. 试剂

甲醇（色谱纯），乙腈（色谱纯），氨水（含量为25%～28%），三氯乙酸，柠檬酸，辛烷磺酸钠，三聚氰胺标准品，阳离子交换固相萃取柱。

3. 固相萃取装置

XY-12SPE 固相萃取装置如图 8.5 所示。

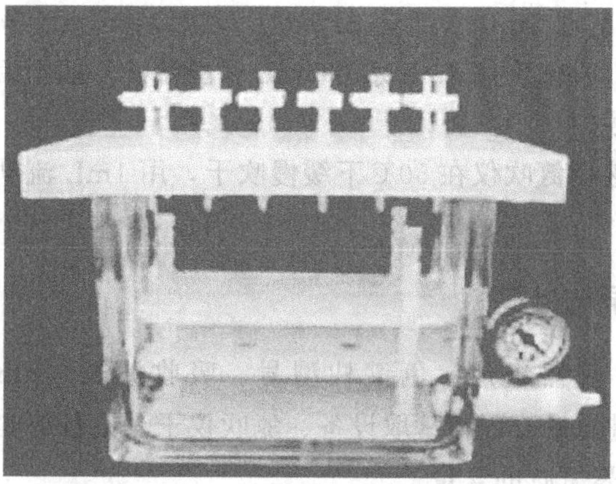

图 8.5 XY-12SPE 固相萃取装置

四、实验步骤

1. 溶液配制

（1）甲醇水溶液：准确量取 50mL 甲醇和 50mL 水，混合后备用。

(2) 三氯乙酸溶液（1%）：准确称取10g三氯乙酸于1L容量瓶中，用水溶解并定容至刻度，混匀后备用。

(3) 氨化甲醇溶液（5%）：准确量取5mL氨水和95mL甲醇，混匀后备用。

(4) 离子对试剂缓冲液：准确称取2.101g柠檬酸和2.16g辛烷磺酸钠，加入约980mL水溶解，调节pH值至3.0后，定容后备用。

(5) 三聚氰胺标准储备液：准确称取100mg（精确到0.1mg）三聚氰胺标准品于100mL容量瓶中，用甲醇水溶液溶解并定容至刻度，配制成浓度为$1mg \cdot mL^{-1}$的标准储备液。

2. 标准溶液的配制

用甲醇将三聚氰胺标准储备液逐级稀释到浓度为$5.0\mu g \cdot mL^{-1}$、$10.0\mu g \cdot mL^{-1}$、$20.0\mu g \cdot mL^{-1}$、$40.0\mu g \cdot mL^{-1}$、$80.0\mu g \cdot mL^{-1}$的标准工作液。

3. 仪器调节和测定

色谱柱：C_{18}柱 250mm×4.6mm（i.d.）；流动相：离子对试剂缓冲液-乙腈；流速：$1.0mL \cdot min^{-1}$；柱温：35℃；波长：240nm；进样量：5μL。

4. 标准曲线绘制

待高效液相色谱仪基线走稳后，将标准样品根据浓度由低到高依次进样进行分析检测，得到各个浓度下的色谱图，再以峰面积对浓度作图，回归线性方程。

5. 样品的固相萃取与定量测定

(1) 提取：准确称取样品2g（精确到0.01g）于50mL具塞三角烧瓶中，加入15mL 1%的三氯乙酸和5mL乙腈作为提取液，充分混合均匀，放置于超声波水浴仪中，进行超声萃取30min后，转入离心试管中在$4000r \cdot min^{-1}$进行离心10min，吸取上清液5mL置于样品瓶中，再加入5mL水准备过柱。

(2) 净化：将固相萃取柱（Bond Elut Plexa PCX，60mg、3mL）置于XY-12SPE固相萃取装置上，用3mL甲醇和5mL水活化SPE柱；然后将10mL净化液分多次转移到固相萃取柱中，靠重力自流；再依次用3mL水和3mL甲醇淋洗，抽干后，用6mL的5%氨化甲醇溶液（体积分数）洗脱。

(3) 浓缩：将洗脱液用氮吹仪在50℃下缓慢吹干，用1mL流动相定容，再用针头式过滤器过滤后，进样。

五、实验数据记录与处理

1. 记录实验条件：仪器组成、色谱柱型号、吸收波长（nm）、流动相组成、流速（$mL \cdot min^{-1}$）、柱温、进样量、固相萃取设备、氮吹仪干燥设备等实验条件。

2. 计算出样品中三聚氰胺的含量。

六、思考题

1. 固相萃取操作过程中要注意哪些事项？

2. 影响固相萃取的主要因素有哪些？

3. 简述固相萃取的原理。

4. 对实验过程中出现的问题进行分析讨论。

实验十三　高效液相色谱法测定蔬菜中喹诺酮类抗生素

一、实验原理

用酸化乙腈进行微波萃取，再用正己烷进行液-液萃取，用高效液相色谱-荧光法测定蔬菜中喹诺酮类抗生素。

二、实验仪器与试剂

1. 仪器

高效液相色谱仪，台式高速离心机，超声波水浴仪，针头过滤器，氮吹仪。

2. 试剂

乙腈（色谱纯），甲醇（色谱纯），氢氧化钠（A. R.），盐酸（A. R.），喹诺酮类抗生素：诺氟沙星（NOR）、环丙沙星（CIP）、洛美沙星（LOM）和恩诺沙星（ENR）。

三、实验步骤

1. 溶液配制

（1）酸化甲醇溶液：准确移取 250mL 甲醇和 2mL 盐酸充分混合后备用。

（2）标准品储备液：准确称取 0.0100g 标准品溶于 0.05mol·L^{-1}氢氧化钠溶液中，并定容于 100mL 容量瓶中，配制成浓度为 100μg·mL^{-1}的储备液，避光保存。

2. 标准溶液的配制

将标准品储备液用流动相逐级稀释成 0.10μg·mL^{-1}、0.20μg·mL^{-1}、0.50μg·mL^{-1}、1.0μg·mL^{-1}、1.5μg·mL^{-1}、2.0μg·mL^{-1}、3.0μg·mL^{-1}、4.0μg·mL^{-1}的系列混合标准溶液备用。

3. 仪器调节和测定

荧光检测器 RF-10AXL：激发波长 280nm，发射波长 450nm；色谱柱：ODS 柱[250mm×4.6mm（i. d.）]；流动相：（乙腈：0.08mol·L^{-1}磷酸＝15：85，用三乙胺调节 pH 值为 2.5）；流速：1.0mL·min^{-1}；柱温：25℃；进样量：10μL。

4. 标准曲线绘制

待高效液相色谱仪基线走稳后，将标准样品根据浓度由低到高依次进样进行分析检测，得到各个浓度下的色谱图，再以峰面积对浓度作图，回归线性方程。

5. 样品的预处理与定量测定

（1）超声萃取处理　将风干后的蔬菜样品研磨，准确称取 2.0000g 于 50mL 离心管中，加入 10mL 酸化乙腈溶液，振荡后放入超声波水浴仪中提取 10min，离心分离 10min，收集上清液，残渣用上述方法反复提取 2 次，合并上清液。用 20mL 正己烷进行液-液萃取上清液，除去脂类物质，重复萃取 1 次。

（2）收集下清液用氮吹仪吹至近干，用乙腈：0.08mol·L^{-1}磷酸（15：85）定容至 5mL，吸取 1mL 用针头过滤器过滤后进样。

四、实验数据记录与处理

1. 记录实验条件：仪器组成、色谱柱型号、激发波长、发射波长、流动相组成、流速

(mL•min^{-1})、柱温、进样量、氮吹仪干燥设备等实验条件。

2. 计算出蔬菜中喹诺酮类抗生素的含量。

五、思考题

1. 荧光检测器的原理是什么?
2. 影响测定的主要因素有哪些?
3. 如何提高蔬菜中喹诺酮类抗生素的检测效果?

六、参考文献

GB/T 20366—2006《动物源产品中喹诺酮类残留量的测定液相色谱-串联质谱法》。

参 考 文 献

[1] 华中师范大学，东北师范大学，陕西师范大学，北京师范大学. 分析化学实验 [M]. 北京：高等教育出版社，2005.

[2] 武汉大学. 分析化学实验 [M]. 北京：高等教育出版社，2006.

[3] 陈宏. 常用分析仪器使用与维护 [M]. 北京：高等教育出版社，2007.

[4] 朱明华. 仪器分析实验 [M]. 北京：高等教育出版社，2001.

[5] 张济新，孙海霖，朱明华. 仪器分析实验 [M]. 北京：高等教育出版社，1992.

[6] 黄一石，吴朝华，杨小林. 仪器分析 [M]. 北京：化学工业出版社，2013.

[7] 董慧茹. 仪器分析 [M]. 北京：化学工业出版社，2000.

[8] 崔学桂，张晓明. 基础化学实验 [M]. 北京：化学工业出版社，2003.

[9] 郭景文. 现代仪器分析技术 [M]. 北京：化学工业出版社，2004.

[10] 董慧茹. 仪器分析 [M]. 北京：化学工业出版社，2000.

[11] 孙凤霞. 仪器分析 [M]. 北京：化学工业出版社，2004.

[12] 彭图志，王国顺. 分析化学手册　第四分册 [M]. 北京：化学工业出版社，2003.

[13] 柯以侃，董慧茹. 分析化学手册　第三分册. [M]. 第 2 版. 北京：化学工业出版社，2004.

[14] 黄一石. 分析仪器操作技术与维护 [M]. 北京：化学工业出版社，2005.

[15] 郭景文. 现代仪器分析技术 [M]. 北京：化学工业出版社，2004.

[16] 王秀萍，王宪恩. 仪器分析技术 [M]. 北京：化学工业出版社，2003.

[17] 方惠群，于俊生，史坚. 仪器分析 [M]. 北京：科学出版社，2002.

[18] 穆华荣，陈志超. 仪器分析实验 [M]. 第二版. 北京：化学工业出版社，2004.

[19] 朱良漪. 分析仪器手册 [M]. 北京：化学工业出版社，1997.

[20] 蔡艳荣. 仪器分析实验教程 [M]. 北京：中国环境科学出版社，2010.

[21] 叶宪曾，张新祥，等. 仪器分析教程 [M]. 北京：北京大学出版社，2007.

[22] 冯玉红. 现代仪器分析实用教程 [M]. 北京：北京大学出版社，2008.

[23] 刘志广. 仪器分析 [M]. 北京：高等教育出版社，2007.

[24] 张华，刘志广. 仪器分析简明教程 [M]. 大连：大连理工大学出版社，2007.

[25] 俞英. 基础化学实验　仪器分析实验 [M]. 北京：化学工业出版社，2008.